工程造价 BIM 软件应用

主　编　李　娟　蒋钧波　李　奇
副主编　肖恒升　陈　翔　唐友君　陈　森
参　编　张金保

北京理工大学出版社
BEIJING INSTITUTE OF TECHNOLOGY PRESS

内容提要

本书对接“1＋X”工程造价数字化应用职业技能证书知识与技能要求，以项目为载体，以工程造价算量和计价典型工作任务为主线进行阐述。全书分4个模块共17个任务，模块1初识工程造价软件（3个任务），包括：初识建筑工程算量软件、初识建筑工程计价软件、软件算量及计价的基本流程与方法；模块2建筑工程计量（5个任务），包括：算量前期准备、主体构件算量、基础土方算量、装修工程算量、零星工程算量；模块3CAD识别计量（3个任务），包括：CAD识别前期准备、CAD识别主体构件、CAD识别后期完善；模块4建筑工程计价（6个任务），包括：新建工程与文件导入、分部分项清单组价、施项目清单组价、其他项目清单组价、调整人材机、费用汇总及报表导出；此外，还收入4个附录，包括：常用快捷键表、行政办公楼报表实例、工程造价数字化应用职业技能等级要求、工程图纸。

本书可作为高等院校工程造价专业的实训教材，也可作为建筑工程技术、工程管理专业等土木工程类相关专业的教学参考用书及岗位培训教材或自学用书。

图书在版编目（CIP）数据

工程造价BIM软件应用/李娟，蒋钧波，李奇主编
.-- 北京：北京理工大学出版社，2023.7
ISBN 978-7-5763-2598-0

Ⅰ.①工…　Ⅱ.①李…②蒋…③李…　Ⅲ.①建筑造价管理—应用软件　Ⅳ.①TU723.3-39

中国国家版本馆CIP数据核字（2023）第131466号

出版发行/北京理工大学出版社有限责任公司
社　址/北京市丰台区四合庄路6号院
邮　编/100070
电　话/（010）68914775（总编室）
（010）82562903（教材售后服务热线）
（010）68944723（其他图书服务热线）
网　址/http://www.bitpress.com.cn
经　销/全国各地新华书店
印　刷/北京紫瑞利印刷有限公司
开　本/787毫米×1092毫米　1/16
印　张/15.5
字　数/369千字
版　次/2023年7月第1版　2023年7月第1次印刷
定　价/89.00元

责任编辑/钟　博
文案编辑/钟　博
责任校对/周瑞红
责任印制/王美丽

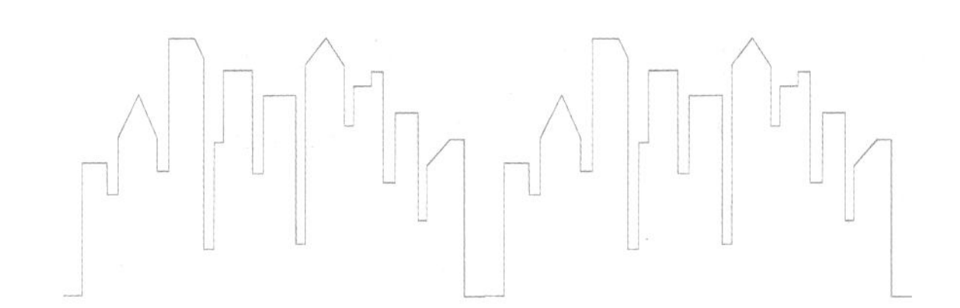

前言

本书为工程建设行业“1 + X”工程造价数字化应用职业技能证书融通教材。本书以培养工程造价行业高素质技术技能型人才为出发点，以国家新发布的专业教学标准、课程标准与专业技能考核标准为依据，根据高等院校学生的特点与认知规律，对接现行国家新规范、新标准、新定额，以项目为载体，以工程造价算量和计价典型工作任务为主线组织编写，突出以应用为主的特色，注重培养学习者的职业能力与实际动手操作能力。

本书具有以下特点：

1. 本书对接造价员岗位，基于工作过程，设计典型工作任务。

本书各模块目标清晰、任务明确，每个模块均呈现对应的三维教学目标，每个任务点的任务说明部分均附有任务工单，帮助学习者更清晰地掌握任务目标、任务内容与完成任务的流程。教学内容基于工作过程，以“认识工程造价软件—前期准备—手工建模算量—CAD 识别建模算量—软件计价”串联各模块，教学内容层层递进，符合学生认知规律，反映真实工作任务，从而培养学生的职业能力。

2. 本书对接新标准、新规范。

本书基于 2020 湖南省消耗量标准与最新计价规范，采用市场应用广泛的广联达量筋合一 GTJ2021 计量软件与 GCCP6.0 云计价软件，选取两个难易不同的案例为载体，以二层行政办公楼为入门基础案例，进行手工建模算量，以多层办公楼为拓展提升案例进行 CAD 识别建模算量，适应不同学习者的需求，方便教师根据学情特点开展分层教学，根据学时数不同选取模块开展教学。

3. 本书对接“1 + X”职业技能等级证书技能要求。

本书对接“1 + X”工程造价数字化应用职业技能等级证书考试考核要点，将考核内容融入各任务点，在完成任务过程中掌握技能。

4. 本书将业务集成，规范图集以方便查阅。

在任务探究部分，按照工作流程，将图纸分析、清单、定额计算规则学习、相关构造与施工工艺融入，帮助学习者更好地将专业知识融会贯通。本书将常用图集规范作做二维码，附于书中相应位置，同时附录部分提供软件快捷键表、“1 + X”职业技能等级证书考点要求、案例图纸与参考工程量和计价答案表格，从而成为方便查阅的工具书。

5. 本书结合数字资源，支持线上线下混合式教学。

本书每个任务点均配备二维码，扫码即可进行视频学习，可反复观看，掌握操作要点，帮助学习者更好地掌握技能，同时配套 MOOC 在线开放课程，支持在线学习与考核，支持学分互认。

本书在编写过程中汇聚了各大高校及相关企业的力量，由具有丰富的实践及教学经验的教师及企业工程师参与编写。长沙职业技术学院李娟、蒋钧波、李奇担任主编；怀化职业技术学院肖恒升、常德职业技术学院陈翔、长沙建筑工程学校唐友君、邵阳职业技术学院陈淼担任副主编，广联达科技股份有限公司张金保参与编写。具体编写分工如下：陈淼与张金保共同编写模块 1，李娟与唐友君共同编写模块 2，肖恒升与蒋钧波共同编写模块 3，蒋钧波与陈翔共同编写模块 4，全书由李娟负责统稿。湖南交通职业技术学院魏丽梅老师为本书编写提供了图纸案例，广联达科技股份有限公司、国泰新点软件股份有限公司等为本书编写提供了指导，在此一并表示衷心的感谢！

本书在编写过程中参考了相关资料和著作，在此向原作者表示感谢。书中不足之处在所难免，敬请读者批评指正。

编　者

目录

模块 1 初识工程造价软件 …… 001

任务 1 初识建筑工程算量软件 …… 001

任务 2 初识建筑工程计价软件 …… 004

任务 3 软件算量及计价的基本流程与方法 …… 006

模块 2 建筑工程计量 …… 012

任务 1 算量前期准备 …… 013

1.1 新建工程与计算设置 …… 013

1.2 楼层设置 …… 018

1.3 新建轴网 …… 020

任务 2 主体构件算量 …… 026

2.1 柱构件算量 …… 026

2.2 梁构件算量 …… 034

2.3 板构件算量 …… 045

2.4 墙体算量 …… 054

2.5 门窗算量 …… 061

2.6 二次结构算量 …… 070

2.7 楼梯算量 …… 077

2.8 层间复制 …… 084

任务 3 基础土方算量 …… 087

3.1 基础算量 …… 087

3.2 垫层土方算量 …… 094

任务 4 装修工程算量 …… 101

4.1 室内装修算量 …… 101
4.2 室外装修算量 …… 110
任务 5 零星工程算量 …… 114
5.1 建筑面积、平整场地算量 …… 114
5.2 台阶算量 …… 117
5.3 散水算量 …… 122
5.4 暗沟算量 …… 126
5.5 挑檐天沟算量 …… 129
5.6 防水保温算量 …… 133

模块 3 CAD 识别计量 …… 140

任务 1 CAD 识别前期准备 …… 140
1.1 图纸管理 …… 141
1.2 识别楼层表 …… 148
1.3 识别轴网 …… 151
任务 2 CAD 识别主体构件 …… 155
2.1 识别剪力墙柱大样 …… 155
2.2 识别柱 …… 159
2.3 识别墙 …… 167
2.4 识别梁 …… 173
2.5 识别板 …… 180
2.6 识别独立基础 …… 186
任务 3 CAD 识别后期完善 …… 189
3.1 识别门窗表 …… 189
3.2 识别装修表 …… 192

模块 4 建筑工程计价 …… 198

任务 1 新建工程与文件导入 …… 199
任务 2 分部分项清单组价 …… 202
2.1 输入清单和定额 …… 202
2.2 输入清单和定额工程量 …… 207
2.3 项目特征描述 …… 210
2.4 定额换算 …… 212

任务 3　措施项目清单组价……217
任务 4　其他项目清单组价……220
任务 5　调整人材机……224
任务 6　费用汇总及报表导出……230

附录一　常用快捷键表……235

附录二　行政办公楼报表实例……236

附录三　工程造价数字化应用职业技能等级要求……236

附录四　工程图纸……238

参考文献……239

模块1　初识工程造价软件

模块简介

本模块旨在帮助学习者建立对工程造价软件的基本认识，包含3个子任务，主要介绍建筑工程算量（也称计量）软件概述和种类、建筑工程计价软件概述和种类、软件算量及计价的基本流程与方法。

教学目标

任务点	知识目标	能力目标	素质目标
任务1 初识建筑工程算量软件	•掌握常用建筑工程算量软件的种类、特点	•具备根据项目图纸进行软件算量前相关设置与轴网绘制的能力	•具有分析问题、解决问题的能力和良好团队协作精神； •培养高效与创新的精神； •具备良好的信息技术应用素养
任务2 初识建筑工程计价软件	•掌握常用建筑工程计价软件的种类、特点	•具备使用工程造价BIM软件进行主体构件建模算量的能力及对量、核量的能力	
任务3 软件算量及计价的基本流程与方法	•了解建筑工程软件算量的基本原理； •掌握建筑工程软件算量及计价的操作流程	•具备使用工程造价BIM软件进行基础与土方建模算量的能力及对量、核量的能力	

任务1　初识建筑工程算量软件

任务说明

利用网络资源了解工程造价计量软件，完成表1.1-1建筑工程计量软件安装任务工单中至少两种计量软件学习版的下载和安装。

表 1.1–1　建筑工程计量软件安装任务工单

序号	任务名称	任务内容
1	广联达云计量软件安装	登录官网下载并安装广联达 BIM 土建计量 GTJ 软件
2	湖南智多星计量软件安装	登录官网下载并安装智在舍得土建钢筋算量软件
3	斯维尔清单计量软件安装	登录官网下载并安装斯维尔三维算量软件
4	鲁班计量软件安装	登录官网下载并安装鲁班造价软件
5	品茗计量软件安装	登录官网下载并安装品茗胜算造价计控软件 2022V7.0
6	神机妙算计量软件安装	登录官网下载并安装神机妙算计价平台 V60
7	国泰新点计量软件安装	登录官网下载并安装国泰新点清单计价软件

任务探究

1. 思考建筑工程算量过程中的问题

回顾编制造价文件手工算量的工作，思考表 1.1–2 中所列的问题。

表 1.1–2　思考建筑工程算量过程中的问题

序号	思考问题
1	如何解决“建筑工程计量与计价”课程中，编制造价文件最烦琐的手工算量工作
2	是否采用过 Excel 表格形式帮助计算工程量
3	是否借用材料消耗量指标估算过工程量
4	据你观察市场中使用的算量软件有哪些

2. 记录建筑工程算量软件种类

上网搜索，完成表 1.1–3 中内容的填写，包含并不限于建筑工程算量软件名称及版本、软件公司名称及下载网址。

表 1.1–3　建筑工程算量软件信息记录表

建筑工程算量软件名称及版本	建筑工程算量软件公司名称	软件下载网址

任务实施

1. 建筑工程计量软件概述

随着建筑信息化的发展，利用算量软件完成建筑工程计量工作已成为现今建筑行业发

展的趋势，BIM 技术的快速发展推动了模型精准算量及信息共享。

算量软件通过识别设计图纸和手工三维建模两种方式，将设计蓝图转化为面向工程量及套价计算的图形构件对象，整体考虑各类构件之间的扣减关系，非常直观地解决了在招投标过程中的算量、过程提量和结算阶段土建工程量计算、钢筋工程量计算中的各类问题。在计算过程中能够快速准确地计算和校对，达到算量方法的实用化、算量过程的可视化和算量结果的准确化。

2. 建筑工程计量软件种类

目前，常见计量软件的种类如下：

（1）广联达科技股份有限公司的 BIM 土建计量 GTJ 软件帮助工程造价企业和从业者解决土建专业估概算、招投标预算、施工进度变更、竣工结算全过程各阶段算量、提量、检查、审核全流程业务，实现一站式的 BIM 土建计量。广联达 BIM 土建计量软件 GTJ2021 是基于自主平台研发的一款计量软件，无须安装 AutoCAD 软件即可运行，量筋合一、一次建模无须互导，BIM 模型数据上下游无缝链接。

（2）湖南智多星软件有限公司的智在舍得土建钢筋算量软件是将土建算量和钢筋算量合二为一的新一代工程量计算软件，内置我国自主平台 CAD 软件，高效识别，快速建模；规则全面，自动扣减；一模多用，数据留痕。作为湖南本土企业的智在舍得土建钢筋算量软件在沟通和响应速度上具有优势。

（3）深圳市斯维尔科技有限公司的三维算量软件是基于 AutoCAD 平台的算量软件。软件采用了三维立体建模的方式，实现建筑模型和钢筋计算实时联动、数据共享，并同时输出清单工程量、定额工程量、构件实物量。

（4）杭州品茗股份公司的品茗 BIM 土建钢筋算量软件是集土建、钢筋工程量计算为一体的算量软件。软件底层采用国际领先的 CAD 平台，独创 RCAD 导入技术，使工程模块化快速导入，并利用 SPM 识别技术，通过数据库进行大数据类比分析，以达到图纸识别的全面性与准确性。

（5）上海神机妙算软件有限公司开发并创新具有自主知识产权的四维图形算量平台，按不同楼层统计不同构件的工程量，生成清单工程量明细表和传统地方定额工程量明细表，平台不依附于其他任何绘图软件。

（6）上海鲁班软件有限公司致力于中国 BIM 技术研发和推广，公司研发的鲁班大师（土建）为基于 CAD 图形平台开发的工程量自动计算软件。软件内置了全国各地定额的计算规则，最终得出可靠的计算结果并输出各种形式的工程量数据。由于软件采用了三维立体建模的方式，整个计算过程可视化，可较为直观地模拟现实情况。

（7）国泰新点软件股份有限公司现有新点 BIM 量筋合一和新点 BIM 5D 算量两款算量软件。新点 BIM 量筋合一软件是专注于 CAD 图纸建模出量的工程算量软件。软件采用创新的数据库平台和三维图形技术，可实现土建和钢筋工程量的统一计算。而新点 BIM 5D 算量是基于 BIM 技术的计算软件，软件集成了 CAD 识别建模、二次构件和实体装饰构建辅助建模、四维进度、五维成本等应用模块，满足设计、招投标、施工及竣工阶段对于 BIM 模型精准出量的应用需求。

任务拓展

通过网络资源搜索，了解其他建筑工程计量软件的名称、特点及应用范围。

任务 2　初识建筑工程计价软件

任务说明

利用网络资源了解工程造价计价软件，完成表 1.2–1 建筑工程计价软件安装任务工单中至少两种计价软件学习版的下载和安装。

表 1.2–1　建筑工程计价软件安装任务工单

序号	任务名称	任务内容
1	广联达计价软件安装	登录官网下载并安装广联达云计价 GCCP6.0 软件
2	湖南智多星计价软件安装	登录官网下载并安装湖南 2020 智能云造价软件 V1.0
3	斯维尔清单计价软件安装	登录官网下载并安装斯维尔清单计价软件 2022 湖南版（arm 版）
4	鲁班造价软件安装	登录官网下载并安装鲁班造价软件
5	品茗计价软件安装	登录官网下载并安装品茗胜算造价计控软件 2022 V7.0
6	神机妙算计价软件安装	登录官网下载并安装神机妙算计价平台 V60
7	国泰新点清单计价软件安装	登录官网下载并安装国泰新点清单计价软件

任务探究

1. 思考建筑工程计价过程中的问题

回顾编制造价文件计价部分的工作，思考表 1.2–2 中所列的问题。

表 1.2–2　思考建筑工程计价过程中的问题

序号	思考问题
1	如何解决在编制造价文件过程中避免任务重复，从而提高编制效率
2	是否采用过 Excel 表格形式帮助计算工料机分析表和综合单价分析表
3	是否借用经济指标估算过综合单价
4	周围环境中使用计价软件有哪些

2. 记录建筑工程计价软件种类

上网搜索，完成表 1.2–3 中内容的填写，可以扩展了解网站内容，如新手入门、常用软件使用问题解答等。

表 1.2-3　建筑工程计价软件信息记录表

建筑工程计价软件名称及版本	建筑工程计价软件公司名称	软件下载网址

任务实施

1. 建筑工程计价软件概述

工程造价类软件随着建筑业信息化应运而生，计价软件实现概、预、结、审之间数据一键转化，支持算量构件直接导入计价工程，实现量价一体、快速提量、数据实时刷新、核量精准反查、提量速度翻倍。计价软件覆盖各个专业，其中包括建筑工程、装饰装修工程、安装工程、市政工程、园林绿化工程、仿古建筑工程、市政管道维护等。

由于目前国内各地区采用的定额不同，造价软件的应用有很大的地区性和行业性差异。各类造价软件在各地的应用一般要进行本地化开发，要挂接当地现行的定额消耗量和价格，并按当地住房城乡建设主管部门规定的程序进行运算，但软件操作原理基本都是相同的。

2. 建筑工程计价软件种类

国内建筑工程计价软件个性突出，种类繁多，专属某地区、某行业使用。现介绍面向省内的部分计价软件。

（1）广联达科技股份有限公司推出的广联达云计价 GCCP6.0 软件满足国标清单及市场清单两种业务模式，覆盖了民建工程造价全专业、全岗位、全过程的计价业务场景，通过端 · 云 · 大数据产品形态，旨在解决造价作业效率低、企业数据应用难等问题，助力企业实现作业高效化、数据标准化、应用智能化，达成造价数字化管理的终极目标。

（2）湖南智多星软件有限公司的智多星工程项目管理造价软件（湖南 2020 智能云造价软件 V1.0），符合《建设工程工程量清单计价规范》(GB 50500—2013)、《湖南省建设工程 2020 消耗量标准》及《湖南省建设工程 2020 计价办法》的规定，利用大数据技术积累造价数据，在组价、提量、成果文件整个编制过程全面提高效率。此公司专注于本省定额计价软件市场，以其简洁高效的特色在湖南市场使用的范围比较广。

（3）深圳市斯维尔科技有限公司的清单计价软件，是一款适用于全国所有地区、所有专业的工程计价软件，支持概算、预算、结算不同阶段，以及招投标文件的编制。软件内置清单计价、定额计价、综合计价、全费用计价等多种计价方法，并可在各计价方法之间快速切换，也有专为地区打造的版本，如清单计价 2020 湖南版和斯维尔国产平台计价软件 2022 湖南版（arm 版）。

（4）杭州品茗股份公司的品茗胜算造价计控软件 2022 V7.0 是品茗全过程造价管理信息化的核心产品，是一款融招投标管理和计价于一体的全新造价计控软件。支持清单计价和定额计价两种模式，并以国标清单计价为基础，全面支持电子招投标应用实现招投标管理一体化，使计价更高效，招标更快捷，投标更安全。该软件可导入品茗 HiBIM，为全过

程跟踪审计提供准确的工程造价。

（5）上海神机妙算软件有限公司研发的计价平台 V60，全面实现了定额数据的宏变量化，率先推出了“传统定额管理、新的量价分离、接轨国际惯例”相结合的、适应不同需求的工程造价计算软件。上海神机妙算软件能编制工程量清单，能完成概算、预算、结算、审计审核，能编制标底、投标报价，还能进行电子发标评标和造价指标计算分析等。

（6）上海鲁班软件有限公司研发的鲁班造价是基于 BIM 技术的图形可视化造价软件，它兼容鲁班算量的工程文件，可快速生成预算书、招投标文件。软件内置全国各地配套清单、定额，一键实现“营改增”税制之间的自由切换，无须再做组价换算；智能检查的规则系统，可全面检查组价过程、招投标规范要求出现的错误。

（7）国泰新点软件股份有限公司研发的清单计价软件，应满足《建设工程工程量清单计价规范》（GB 50500—2013）要求及各省市不同专业的计价规则，与全国多地区电子招投标系统无缝对接。配合新点 BIM 算量软件，清单计价软件还可为工程管理人员提供 BIM 三维模型、成本（量价）、进度等五个维度的数据管理，实现模型、量价、进度的统一，从而构建五维一体的信息化管理平台，满足建筑成本的动态管理。

任务拓展

通过网络资源搜索，了解其他建筑工程计价软件的名称、特点及应用范围。

任务 3　软件算量及计价的基本流程与方法

任务说明

通过搜索网络资源完成表 1.3-1 软件算量及计价流程与方法安装任务工单中所列的任务内容。

表 1.3-1　软件算量及计价流程与方法安装任务工单

序号	任务名称	任务内容
1	熟悉算量与计价的相关规范	通过网络熟悉最新的与工程算量和计价有关的规范与图集
2	了解软件应用的基本原理	通过网络了解计量与计价软件应用的基本原理
3	了解软件应用的操作流程	通过网络了解计量与计价软件操作的基本流程

任务探究

1. 学习算量相关规范

软件算量的主要依据是国家标准规范、施工图及常规施工方案等，而国家标准规范是工程量计算最为根本也必须执行的依据，因此，应充分了解现行的相关规范。如《建

筑抗震设计规范（2016年版）》（GB 50011—2010）、《混凝土结构设计规范（2015年版）》（GB 50010—2010）、《高层建筑混凝土结构技术规程》（JGJ 3—2010）、《外墙内保温建筑设计构造》等14项设计标准为国家建筑设计标准。

结合我国新规范的修订及发行，使国家建筑标准设计图集能够及时地与新规范衔接，以满足结构设计的使用要求，使用22G101平法系列代替原来的16G101平法系列，这也是软件算量的直接依据。主要有以下几个分册：

（1）《混凝土结构施工图平面整体表示方法制图规则和构造详图（现浇混凝土框架、剪力墙、梁、板）》（22G101-1）；

（2）《混凝土结构施工图平面整体表示方法制图规则和结构详图（现浇混凝土板式楼梯）》（22G101-2）；

（3）《混凝土结构施工图平面整体表示方法制图规则和结构详图（独立基础、条形基础、筏行基础及桩基承台）》（22G101-3）。

2. 学习计价相关规范

（1）《建设工程工程量清单计价规范》（GB 50500—2013）。

（2）《房屋建筑与装饰工程工程量计算规范》（GB 50854—2013）。

（3）《湖南省建设工程计价办法》（2020年）。

（4）《湖南省建设工程消耗量标准》（2020年）。

（5）《湖南省建设工程计价依据动态调整汇编》（2022年度第一期）。

（6）现行的湘建价文件和建设信息价文件及配套解释和相关文件。

任务实施

1. 软件算量的基本原理与流程

建筑工程算量工作是一项相当烦琐的计算工作，纯手工操作效率低，容易出错。为了能迅速、准确地完成工程算量工作，运用计算机软件完成工程的计量与计价工作就成了解决问题的最佳途径。

最初的算量工作都是借助算盘、计算器等工具在纸质文档上进行工程列项、计算等工作。随着计算机的普及和应用，算量工作借助办公软件（如Excel、Access等）来进行，相对纸质介质的计算方式稍微提高了一点工作效率。后期出现了一些算量软件公司，开发出了以表格法、构件法等方式进行工程量计算工作的工具软件（如快表算量等），报表汇总比较智能，出现问题查找问题源头比较方便。

近几年，算量软件已经发展到了以BIM模型为载体，工程量自动计算的阶段。这个阶段的算量软件环境从平面蓝图搬到了计算机三维模型上，真实地将设计图纸通过建模在计算机上反映出实际三维效果，查看工程量直观形象，报表统计灵活快捷，大大提高了算量工作效率。工程量计算的算量工具发展经历阶段如图1.3-1所示。

BIM土建算量软件通过设计图纸或模型建立与软件的有效关联，软件可以自动识别设计图纸或模型中的相应构件，只需要向软件发出命令并且对软件执行的结果进行检查和必要的修改，BIM模型作为一个带有信息的项目构件和部件数据库，可以通过内置的计算规则，最终得出可靠的计算结果并输出各种形式的工程量统计数据，从而大大减少人工的工作量。

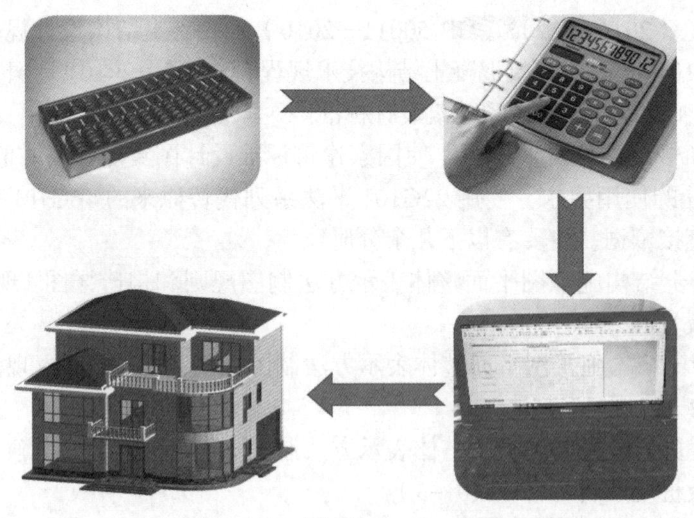

图 1.3-1

广联达 BIM 土建计量平台 GTJ 是针对建造全过程提供全流程、全方位的土建工程计量，如图 1.3-2 所示。

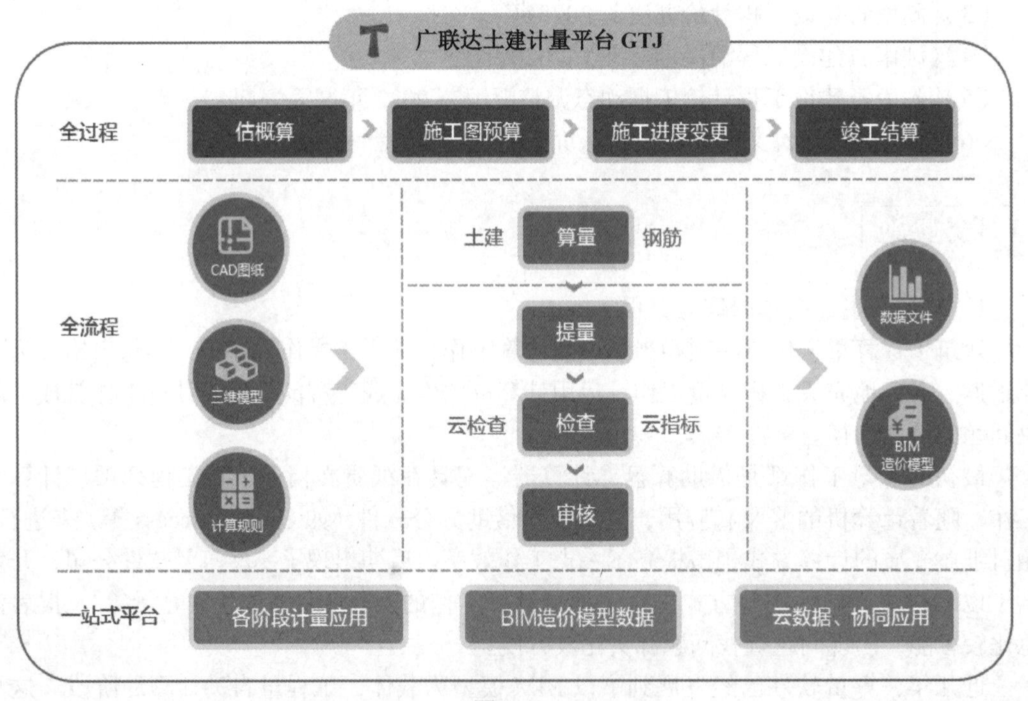

图 1.3-2

在进行实际工程的绘制与计算时，软件算量操作流程如图 1.3-3 所示。

（1）算量前期准备。算量前应先分析图纸，熟悉工程的建筑施工图和结构施工图，准确识读图纸。启动软件后，会出现新建工程的界面，详细步骤见后续模块 2 中 1.1 新建工程与计算设置中的相关内容。

工程设置包括基本设置、与算量有关的设置和与钢筋有关的设置三个部分，如图 1.3-4 所示。

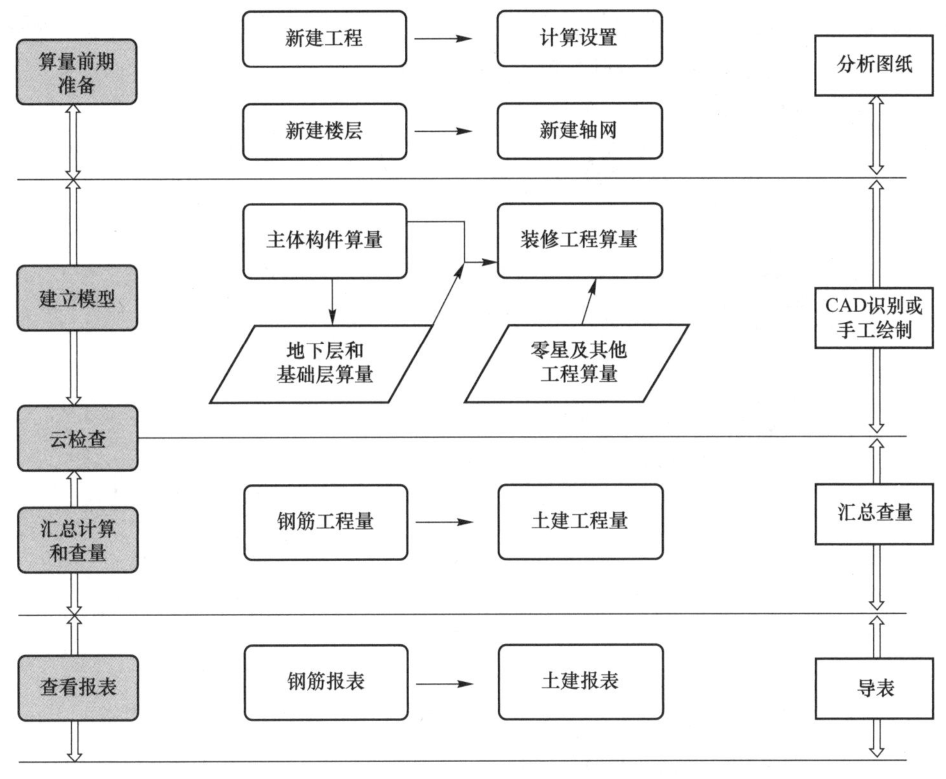

图 1.3-3

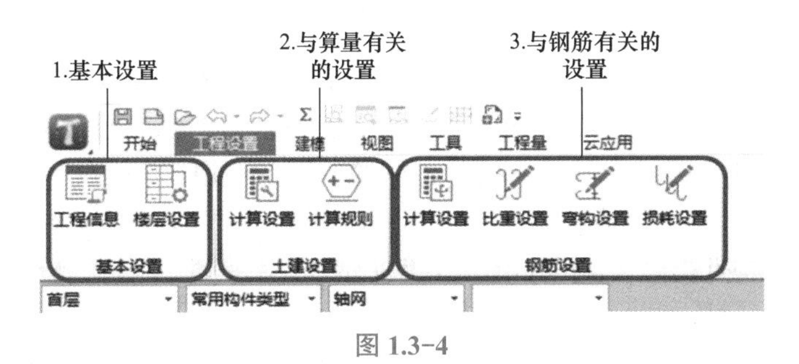

图 1.3-4

在楼层设置中，根据图纸结构层楼面标高表新建楼层，楼层建立完毕后，需要建立轴网。施工时用放线来定位建筑物的位置，使用软件绘制工程图时用轴网来定位建筑物的位置。

（2）建立模型。建立模型可以通过手工绘制，手工绘制包括定义属性、套取做法及绘制图元。在建立模型过程中，包含主体构件算量、地下层和基础层算量、装修工程算量、零星及其他工程算量。建立的构件包括柱、墙、门窗洞、梁、楼梯、装修、土方、基础等。

提示

软件做工程的处理流程一般如下：

1. 先地上、后地下：首层→二层→三层→…→顶层→基础层。
2. 先主体、后零星：柱→梁→板→基础→楼梯→零星构件。

软件算量时，一般可将建筑构件分为点式构件、线式构件与面式构件三种类型，如图 1.3–5 所示。不同结构类型的构件绘制顺序如图 1.3–6 所示。

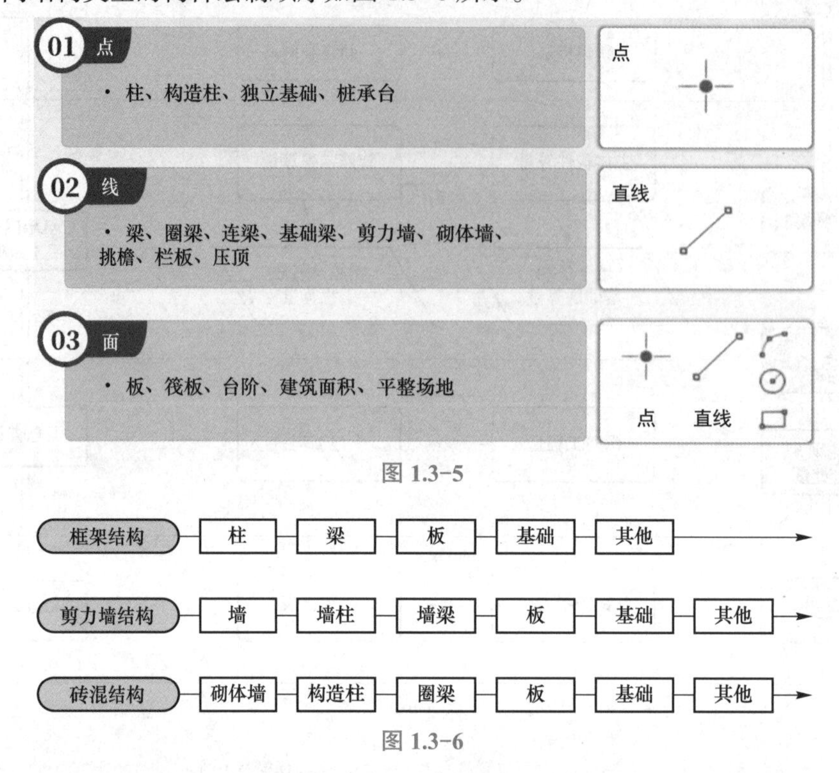

图 1.3–5

图 1.3–6

建立模型除使用手工绘制的方式外，还提供了功能强大、高效快捷的 CAD 识别。可将电子图导入到软件中，利用软件提供的识别构件功能，快速将电子图纸中的信息识别为图形软件的各类构件和图元，用最快捷的方法绘制图形得出工程量。利用 CAD 识别的流程主要是新建工程→图纸管理→符号转换→识别构件→构件校核。CAD 能够识别的构件主要包括表格类与构件类两大类，如图 1.3–7 所示。

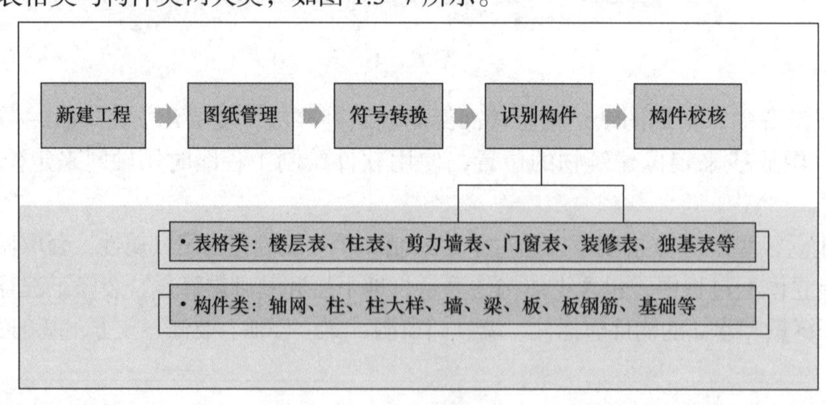

图 1.3–7

（3）云检查。模型绘制完成后可进行云检查，软件会从业务方面检查构件图元之间的逻辑关系。云检查功能很多，也很强大，可以制定检查，也可以反查到画图阶段。

（4）汇总计算和查量。云检查无误后，进行工程量汇总计算，计算钢筋工程量和土建

工程量。汇总计算后，可直接查看钢筋和土建工程量，包括查看钢筋三维显示、钢筋及土建工程量的计算式。

（5）查看报表。最后是查看报表，包括钢筋报表和土建报表。

2. 计价软件的操作流程

计价软件的操作流程如图 1.3–8 所示。

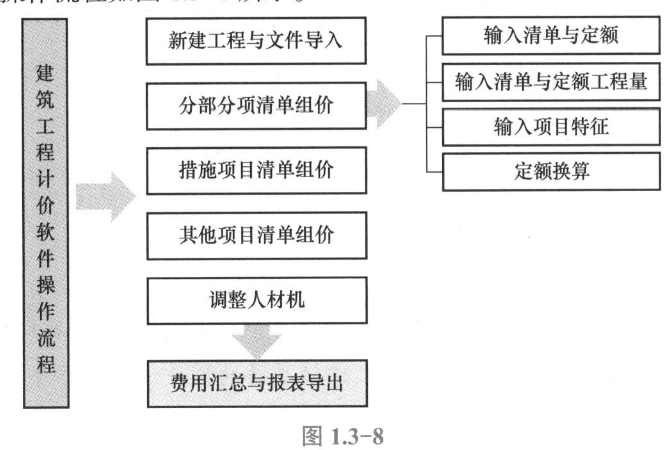

图 1.3–8

任务拓展

登录工程造价相关公司网址，通过其软件介绍与相关课程资源，加深对软件特点与应用流程的了解，提供部分软件公司网址如下：

（1）广联达服务新干线网址：https://www.fwxgx.com/。

（2）长沙智多星信息技术有限公司网址：http://www.wisestar.cn。

（3）深圳市斯维尔科技有限公司网址：http://www.thsware.com/。

（4）上海鲁班软件有限公司网址：http://www.lubansoft.com/index.php。

（5）上海神机妙算软件有限公司网址：http://www.sjms.info/。

模块2　建筑工程计量

模块简介

本模块主要介绍了在造价软件中进行建模算量的操作方法，包含5个典型工作任务，21个子任务。通过本模块的学习，学会手工建模算量的操作流程与方法。

教学目标

任务点	知识目标	能力目标	素质目标
任务1 算量前期准备	•掌握软件算量前工程设置、楼层设置、轴网绘制等准备工作及操作要点	•具备根据项目图纸进行软件算量前相关设置与轴网绘制的能力	•具有钻研精神和团队协作精神； •具备诚实守信、数据真实可靠的职业操守； •具备利用信息技术解决实际问题的素养
任务2 主体构件算量	•掌握柱、梁、墙、板、楼梯等建筑主体构件的属性定义、做法定义和图元绘制的操作方法	•具备使用工程造价BIM软件进行主体构件建模算量的能力及对量、核量的能力	
任务3 基础土方算量	•掌握常见独立基础与条形基础的属性定义、做法定义和图元绘制的操作方法； •掌握基坑与基槽土方的属性定义、做法定义和图元绘制的操作方法	•具备使用工程造价BIM软件进行基础与土方建模算量的能力及对量、核量的能力	
任务4 装修工程算量	•掌握室内与室外装修工程算量的内容、流程与属性定义、做法定义、添加依附构件和图元绘制的操作方法	•具备使用工程造价BIM软件进行建筑装修构件建模算量的能力及对量、核量的能力	
任务5 零星工程算量	•掌握暗沟、散水等室外附属工程及挑檐天沟、防水保温等构件属性定义、做法定义和图元绘制的操作方法	•具备使用工程造价BIM软件进行零星工程建模算量的能力及对量、核量的能力	

任务 1　算量前期准备

1.1　新建工程与计算设置

任务说明

根据行政办公楼施工图，在软件中完成表 2.1–1 计算设置任务工单所列的任务内容。

表 2.1–1　计算设置任务工单

序号	任务名称	任务内容	备注
1	新建工程	新建案例项目工程文件，完成文件命名，计算规则、清单定额库、钢筋规则选择，并保存为 .GTJ 格式	
2	设置基本信息	根据图纸设置工程概况、建筑结构等级参数、抗震参数等	蓝色字体信息需按实输入
3	设置土建信息	根据图纸修改土建计算设置参数与计算规则	
4	设置钢筋信息	根据图纸修改钢筋计算设置	
5	文件导出	修改计算规则与清单定额库，将文件导出并保存	

任务探究

新建工程前需要熟悉图纸，通过查询建筑设计总说明、结构设计总说明，获知本工程采用的规范、图集，一般需要查阅图纸，明确表 2.1–2 中的信息。

表 2.1–2　查阅图纸信息一览表

序号	查询图纸	需明确的图纸信息	对工程量的影响
1	结构设计总说明	设计规范或施工图集	影响工程量计算结果
2	结构设计总说明	抗震等级、结构类型、檐高、设防烈度	影响搭接锚固长度
3	结构设计总说明	楼层、混凝土强度等级、保护层	影响竖向构件工程量
4	平面图	轴网形式与距离	影响水平构件工程量
5	基础图	基础类型	影响基础工程量
6	立面图	室外地坪标高	影响脚手架、土方、外墙装修工程量
7	建筑设计总说明	装修做法表、门窗表、防水和保温做法表等	影响相应工程量的计算结果

任务实施

1. 新建工程

（1）分析图纸了解项目基本概况后，启动软件，进入软件“开始”界面，如图 2.1–1 所示。

（2）单击“新建工程”按钮，弹出“新建工程”对话框（图 2.1–2），在该对话框中输入各项工程信息。

图 2.1–1

工程名称：办公楼工程。

计算规则：可根据现行当地清单规则与定额规则选择。

清单定额库：选定计算规则后清单库与定额库会根据选定的规则自动匹配。

钢筋规则：平法规则，选择“16 系平法规则”；汇总方式，选择“按照钢筋图示尺寸–即外皮汇总”。

单击“创建工程”按钮，即可完成工程新建。

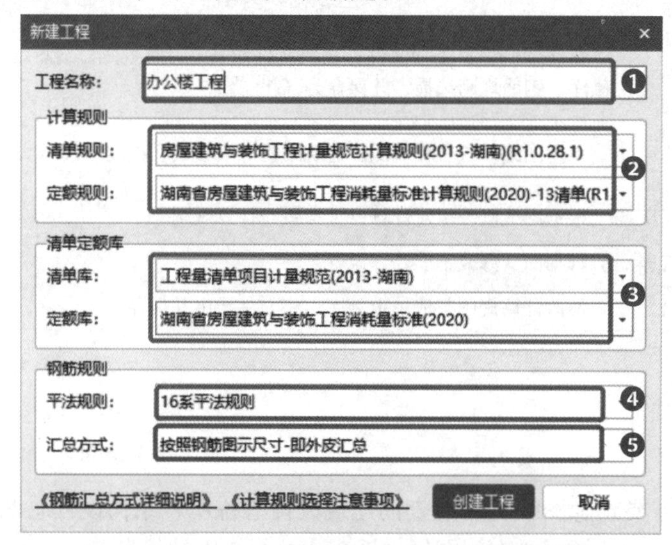

图 2.1–2

2. 基本设置

在“工程设置”选项卡“基本设置”面板中单击“工程信息”按钮，如图 2.1–3 所示。弹出“工程信息”对话框，查阅图纸，根据项目实际情况，输入相关信息，如图 2.1–4 所示。

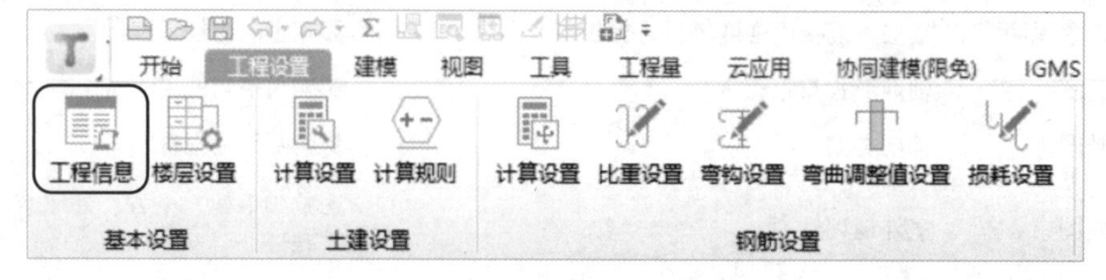

图 2.1–3

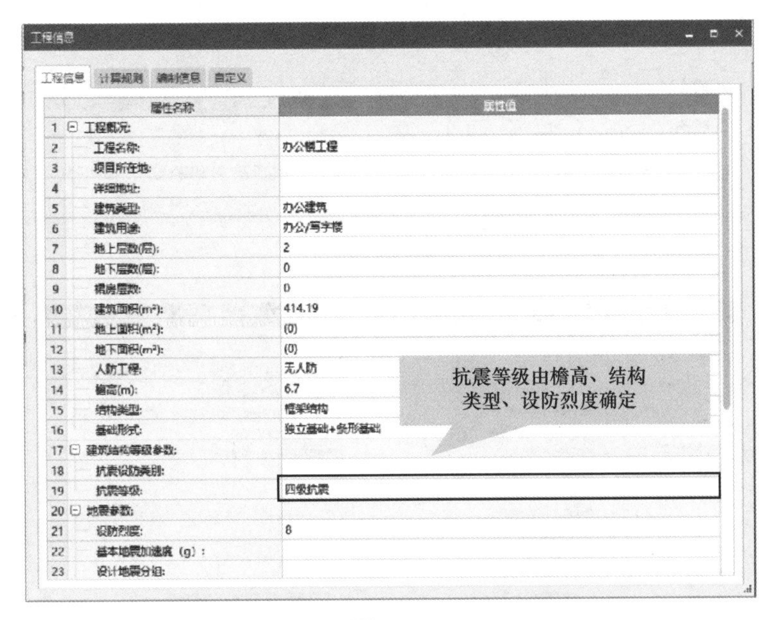

图 2.1-4

查阅办公楼工程结构设计总说明可知，结构类型为框架结构；抗震等级为四级抗震。查阅建筑立面图可知，设计室外地坪标高为 −0.6 m，檐高为 6.7 m，即室外地坪至檐口的高度：6.1 + 0.6 = 6.7（m）。

提示

1. 蓝色字体信息必须填写，否则会影响工程量计算结果，黑色字体信息只起标识作用，不影响算量结果。

2. 抗震等级根据结构类型、设防烈度、檐高 3 项确定，若结构设计说明已写明抗震等级，可直接输入抗震等级，抗震等级影响钢筋锚固搭接的长度计算，需要准确填写。

3. 土建设置

土建设置的计算规则是根据新建工程时所选择的清单定额计算规则来进行计算，如图 2.1-5 所示。在此不做修改。

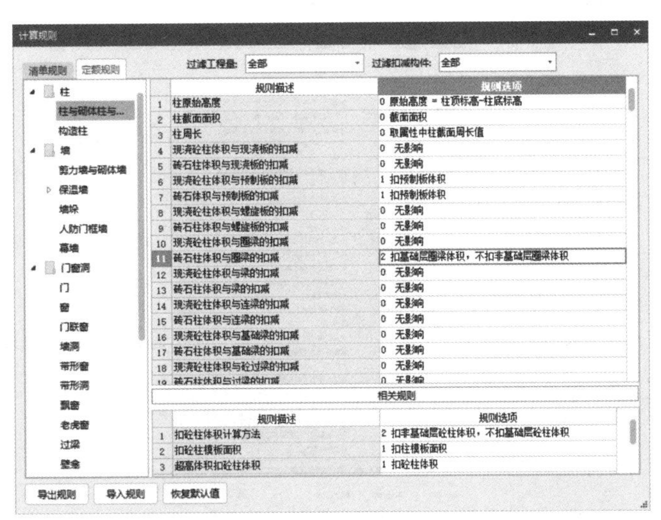

图 2.1-5

单击“工程设置”选项卡“土建设置”面板中的“计算设置”按钮，如图 2.1-6 所示，弹出“计算设置”对话框。例如，选择“剪力墙与砌体墙相交”，修改第 19 项，“砌体墙钢丝网片宽度（mm）”默认值为“200”，修改为“300”，则软件将按 300 mm 宽度

计算钢丝网片工程量，如图 2.1-7 所示。

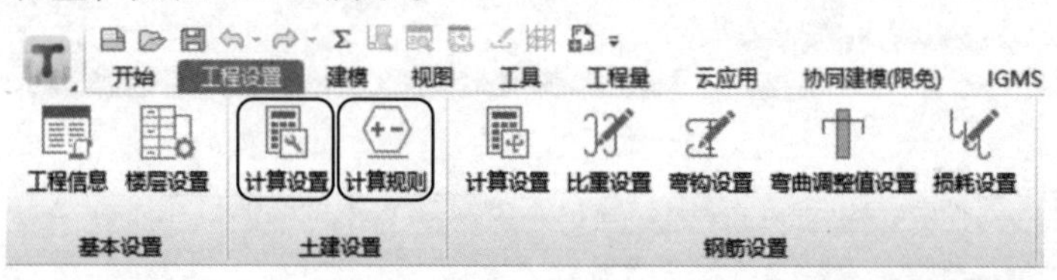

图 2.1-6

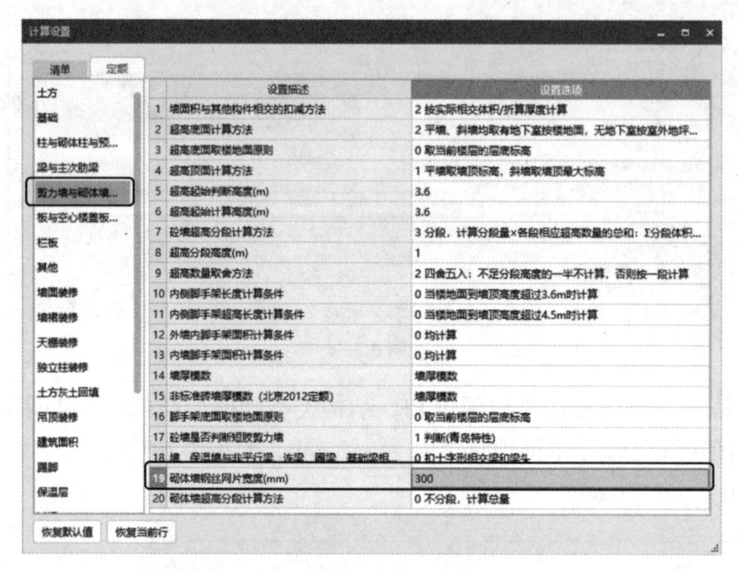

图 2.1-7

4. 钢筋设置

（1）计算设置修改。查阅办公楼工程结施图“3.27 层梁平面配筋图”注写“在主次梁相交处未注明的加密箍筋，直径同主梁箍筋，每边 3 个，间距 50”，可知附加箍筋的数量为 6，因此，在钢筋“计算设置”对话框中，将框架梁的第 27 项次梁两侧共增加箍筋数量修改为“6A8”，如图 2.1-8 所示。

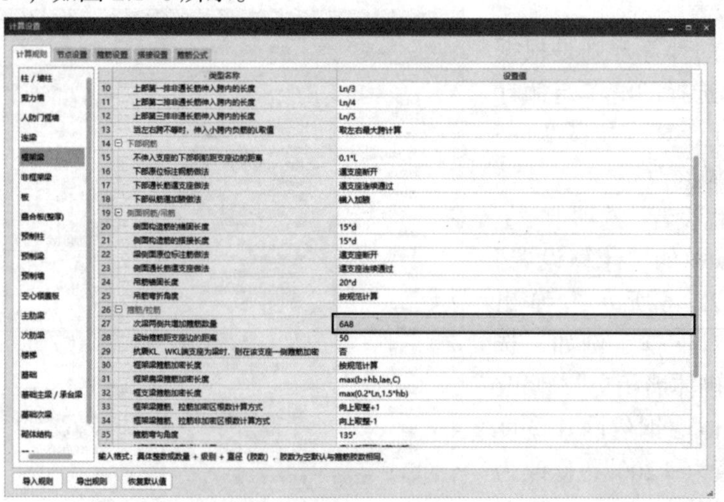

图 2.1-8

（2）比重设置修改。单击“工程设置”选项卡“钢筋设置”面板中的“比重设置”按钮，在“比重设置”对话框中，将直径为 6 mm 的钢筋比重修改为 6.5 mm 钢筋比重，即“0.26”，如图 2.1-9 所示。

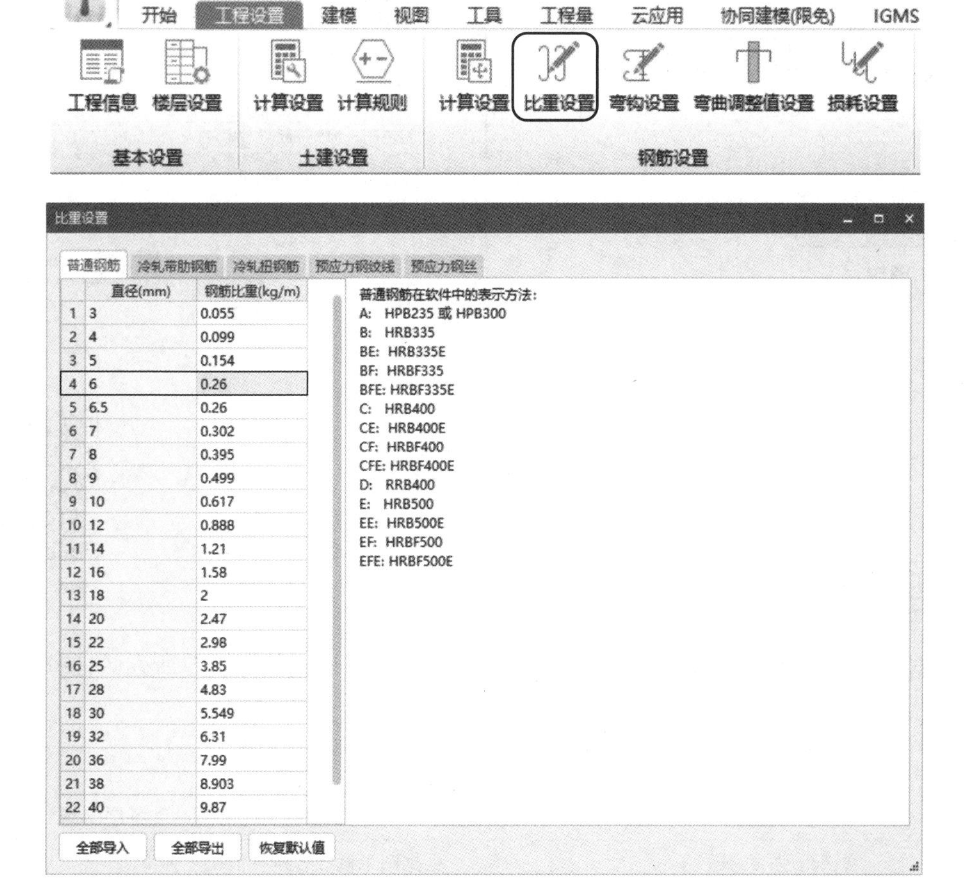

图 2.1-9

任务拓展

文件导出

如果在工程新建时所选择的“计算规则”“清单定额库”错误，可以将工程文件导出，在导出时选择正确的“计算规则”与“清单定额库”进行保存，再次打开文件即可修改之前的错误选项。

（1）单击左上角“程序”按钮，在下拉列表中选择“导出”→“导出工程”选项，如图 2.1-10 所示。

（2）在弹出的“导出”对话框中选择“计算规则”或“清单定额库”，单击“导出”按钮，将文件存盘，如图 2.1-11 所示。再次打开就已修改好之前错选的“计算规则”与“清单定额库”。

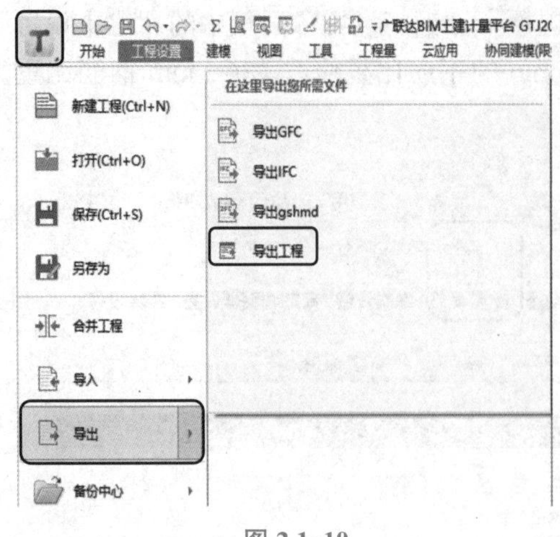

图 2.1-10

图 2.1-11

1.2 楼层设置

微课：楼层设置

任务说明

根据行政办公楼施工图，在软件中完成表 2.1-3 楼层设置任务工单所列的任务内容。

表 2.1-3 楼层设置任务工单

序号	任务名称	任务内容
1	楼层设置	根据图纸插入楼层，修改首层底标高和各层层高
2	混凝土强度修改	根据图纸修改各构件混凝土强度
3	保护层修改	根据图纸修改各构件保护层厚度
4	砂浆强度等级和类型修改	根据图纸修改砂浆强度等级和类型

任务探究

通过查阅行政办公楼图纸，明确表 2.1-4 中的信息。

表 2.1-4 查阅图纸信息

序号	查阅图纸	需明确的图纸信息
1	结构施工图	各楼层层高与底标高
2	基础详图	基础标高
3	结构设计总说明	混凝土强度等级、保护层厚度
4	建筑设计总说明	砌体与砂浆强度等级

任务实施

1. 楼层设置

（1）单击“工程设置”选项卡“基本设置”面板中的“楼层设置”按钮，如图 2.1-12 所示。弹出“楼层设置”对话框，进入楼层设置操作界面。

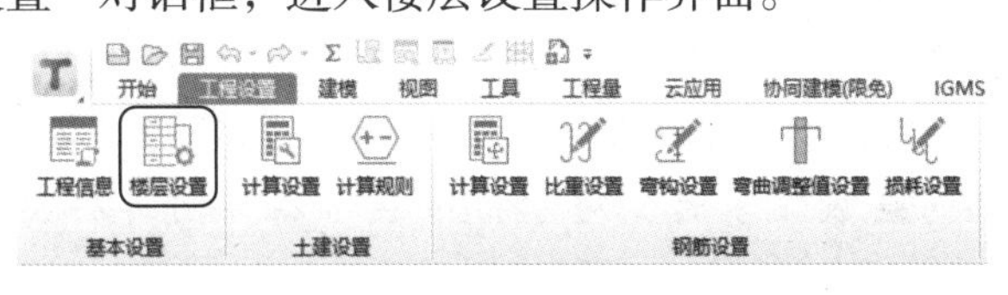

图 2.1-12

（2）鼠标光标定位在首层，单击“插入楼层”，则插入地上楼层；鼠标光标定位在“基础层”，则插入地下楼层。插入地上楼层两层，修改名称为“第 2 层”“屋顶层”。

（3）将“首层”的“底标高”修改为“-0.03”，“首层”“第 2 层”及“屋顶层”的“层高”分别修改为“3.3”“3”“0.6”，“基础层”的“层高”修改为“1.87”。

楼层设置详细内容如图 2.1-13 所示。

图 2.1-13

2. 混凝土强度与保护层修改

（1）根据结构设计总说明中主要结构材料表要求，将混凝土强度等级与保护层厚度进行修改，如图 2.1-14 所示。

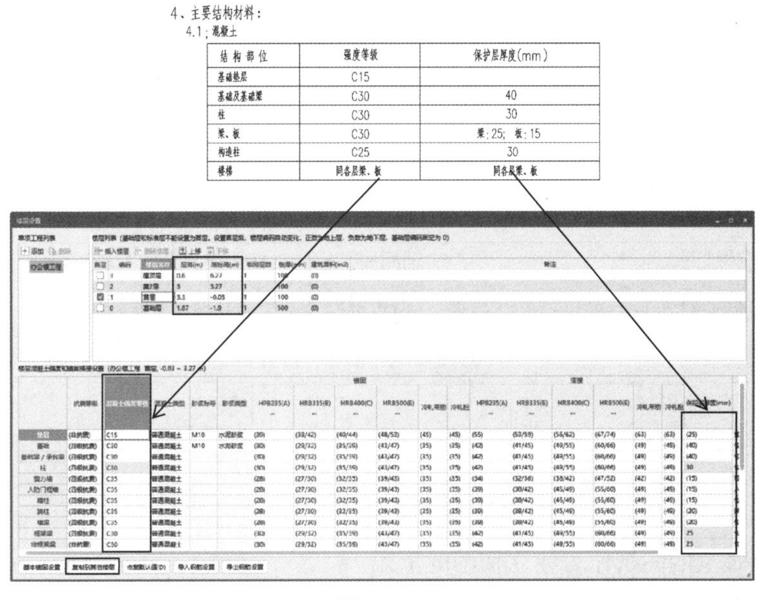

4、主要结构材料：

4.1：混凝土

结构部位	强度等级	保护层厚度(mm)
基础垫层	C15	
基础及基础梁	C30	40
柱	C30	30
梁、板	C30	梁：25；板：15
构造柱	C25	30
楼梯	同各层梁、板	同各层梁、板

图 2.1-14

（2）单击“复制到其他楼层”按钮，在弹出的对话框中，勾选其他所有楼层，单击“确定”按钮即可。

提示

1. 底标高是指各层的结构底标高，软件只允许修改首层的底标高，其余楼层输入层高后，软件会根据层高反算各层底标高。

2. 基础层底标高需查询不同基础标高，以最低点标高为底标高。

3. 高层建筑相同层数较多时，对于标准层可在“相同层数”列输入标准层的层数。

4. 相同板厚100是软件给的默认值，可以根据图纸最常用的板厚进行修改设置。在绘图输入板厚时，板的属性定义板厚就会继承这里设置的板厚值。

5. 设置好一层的混凝土强度等级与保护层厚度，其余楼层无须重复操作，可以采用“复制到其他楼层”命令，把首层修改好的数值复制到参数相同的楼层。

6. 保护层厚度值修改时注意连同括号一起选中后再修改。

3. 砂浆强度等级和类型修改

查阅行政办公楼图纸“建筑设计总说明”第3条墙体构造。修改基础层基础砂浆强度等级为“M7.5”，砂浆类型为“水泥砂浆”；修改首层砌体墙砂浆强度等级为“M5.0”，砂浆类型为“混合砂浆”。

1.3 新建轴网

微课：新建轴网

任务说明

根据行政办公楼施工图，在软件中完成表2.1-5新建轴网任务工单所列的任务内容。

表2.1-5 新建轴网任务工单

序号	任务名称	任务内容
1	新建轴网	轴网属性定义，按图设置开间与进深值
2	绘制轴网	设置轴网角度，绘制轴网和平行辅轴
3	编辑轴网	修改轴距、轴号、修剪轴线等，进行轴网二次编辑

任务探究

选择轴线最全的图纸作为建立轴网的依据。

通过查阅行政办公楼一层平面图，如图2.1-15所示，可知该工程轴网为简单的正交

轴网，上下开间轴间距相同，左右进深轴间距也相同。

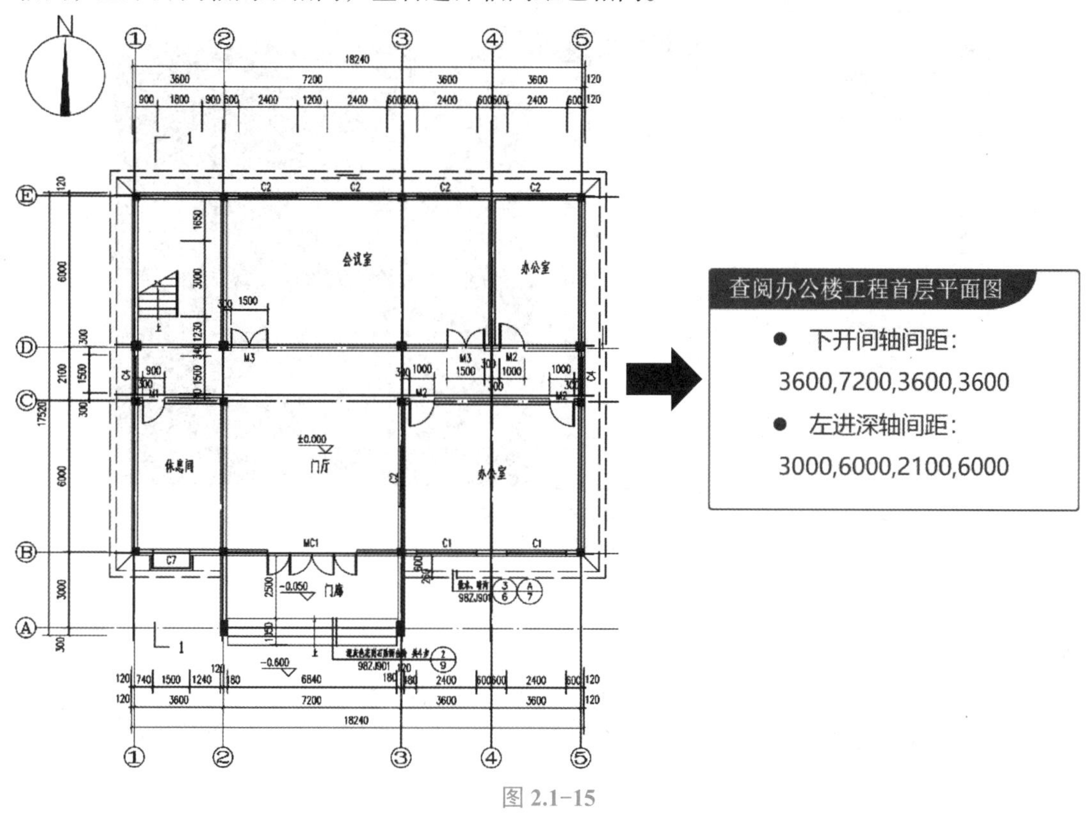

图 2.1-15

任务实施

1. 轴网属性定义

（1）在导航树中选择“轴线”，“构件列表”选择“新建”→“新建正交轴网”。

（2）输入下开间值，在“常用值”列表中依次双击，选择数值“3600”“7200”“3600”“3600”。

（3）复制“定义数据”框中的数值，切换至“上开间”将数值粘贴到上开间定义数据框中，即完成上开间数据录入。

（4）切换至“左进深”，按照图纸中从下往上的顺序，依次在“常用值”中选择数值“3000”“6000”“2100”“6000”。右侧预览窗口显示轴网的预览效果，如图 2.1-16 所示。

（5）按相同的方法复制左进深定义数据值切换至“右进深”定义数据框中粘贴。

（6）如有需要可对轴号进行修改，单击右上角关闭按钮完成轴网定义。

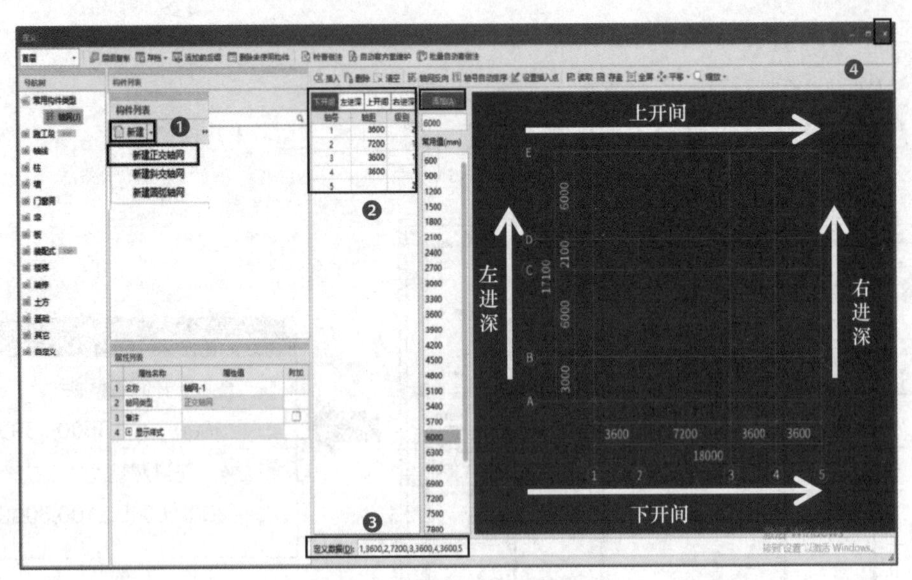

图 2.1–16

> **提示**
>
> 定义轴网时，有两种方式输入轴距，一种是双击选择软件提供的常用值；另一种是键盘直接输入轴距。连续几个相同的轴距可以双击常用值输入，轴距数值后乘以数量，如 3 000×6。

2. 绘制轴网

（1）轴网定义完成后切换至绘图界面。

（2）弹出“请输入角度”对话框，该对话框提示用户输入轴网整体需要旋转的角度，本工程为正交轴网，故输入角度为“0”即可，如图 2.1–17 所示。单击“确定”按钮，完成轴网的绘制，效果如图 2.1–18 所示。

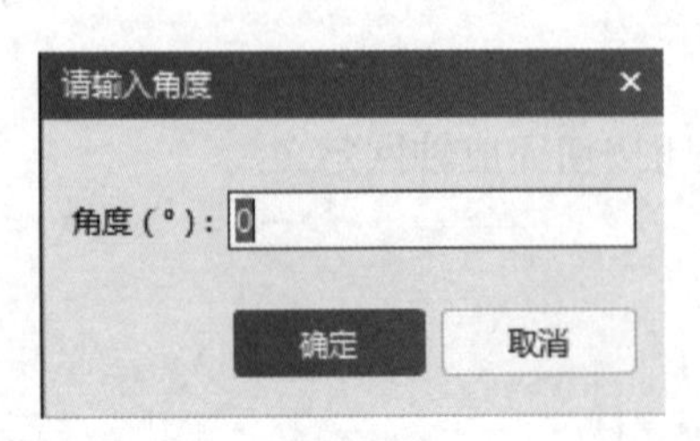

图 2.1–17

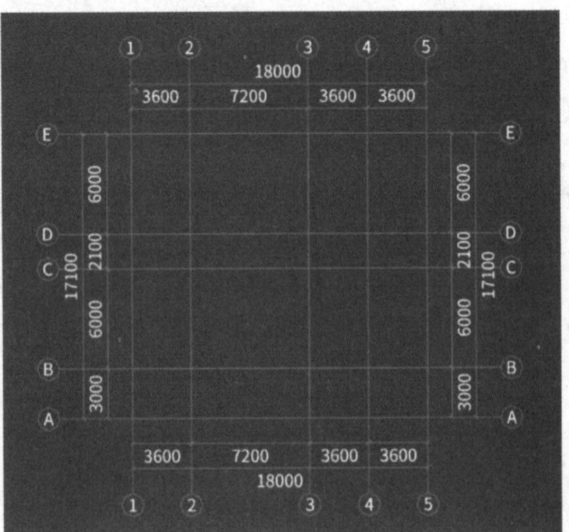

图 2.1–18

3. 轴网二次编辑

（1）利用“修改轴号位置”功能，选择“两端标注”→拉框选择轴网，单击鼠标右键即可完成轴网四周的轴号及尺寸标注，如图 2.1-19 所示。

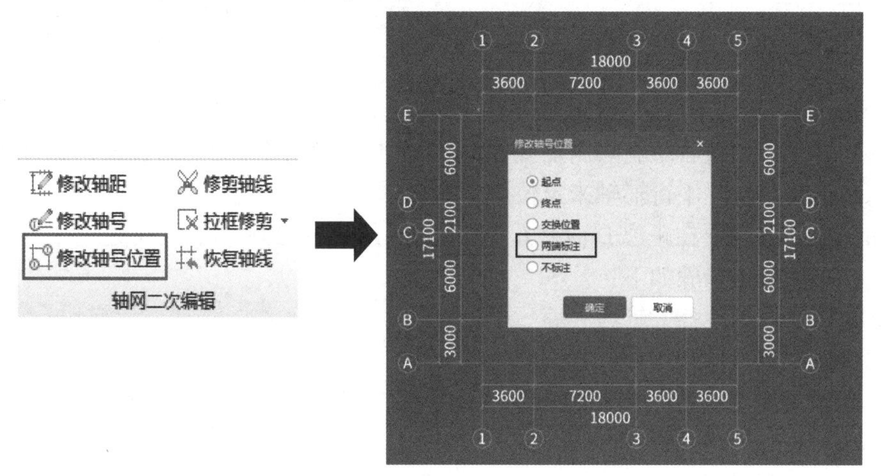

图 2.1-19

（2）修改轴距。单击“修改轴距”按钮，在绘图区域单击某一轴距数值，如选择①～②轴轴距 3 600，会弹出“请输入轴距”对话框，此时输入新的轴距“3000”即可，如图 2.1-20 所示。

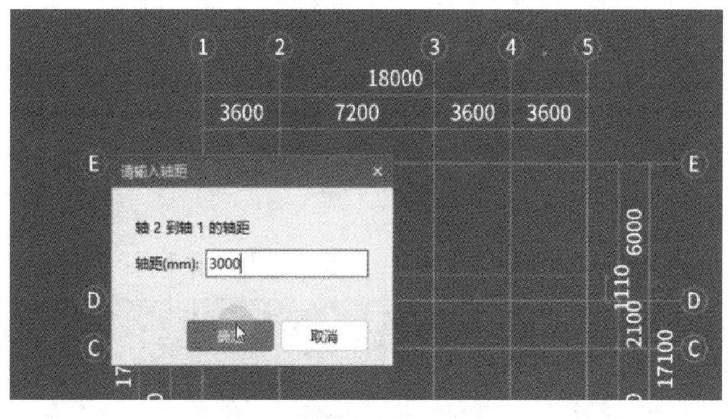

图 2.1-20

（3）修剪轴线。选择“轴网二次编辑”面板中“修剪轴线”工具，单击绘制的Ⓓ轴以上的辅助轴线与②轴的交点，将会出现一个“ × ”标记，同时辅助轴线亮显，再单击辅轴右侧要修剪掉的一段即可完成轴线修剪，效果如图 2.1-21 所示。

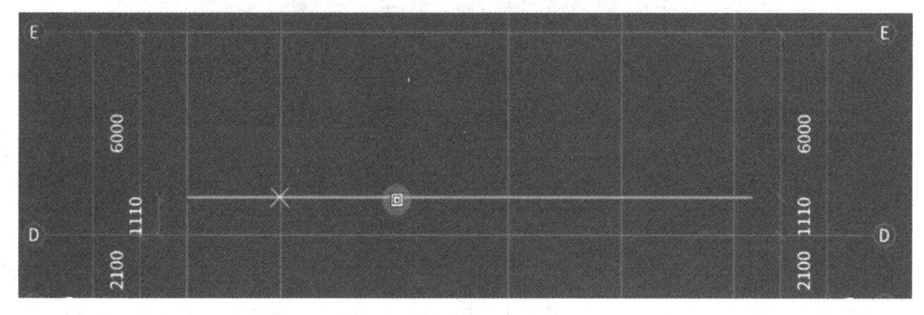

图 2.1-21

"拉框修剪"工具可对鼠标框选范围的轴线进行修剪，选择"恢复轴线"工具后，单击修剪过的轴线可对修剪部分进行恢复。

任务拓展

1. 平行辅轴

在建立算量模型过程中，有时需要做一些辅轴来帮助定位图元的位置，如悬挑板、次梁等，这时可采用建立平行辅轴来定位图元。

例如，本工程需要在距离Ⓓ轴上方 1 110 mm 的位置绘制 L1，则可建立平行于Ⓓ轴的辅助轴线，具体操作步骤如下：

（1）在导航树中选择"轴线"→"辅助轴线"。

（2）选择"两点辅轴"→"平行辅轴"。

（3）绘图区域单击Ⓓ轴，在弹出的"请输入"对话框中输入偏移距离"1110"，单击"确定"按钮，即可完成辅助轴线的绘制，如图 2.1-22 所示。

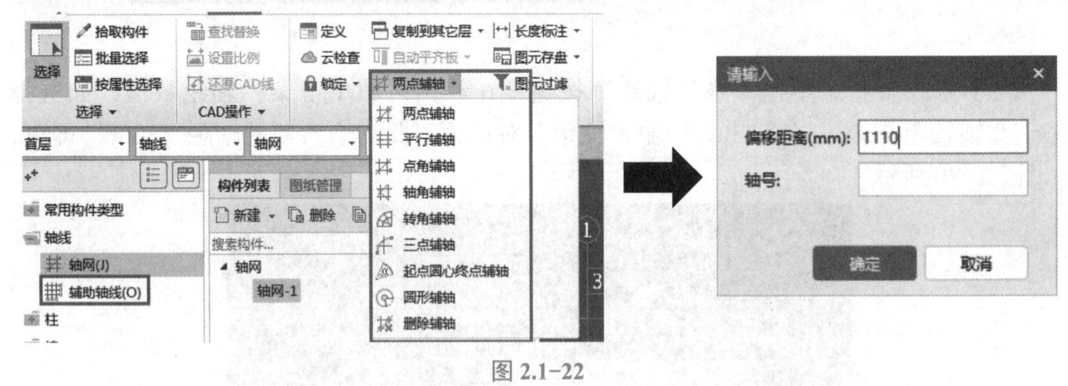

图 2.1-22

（4）绘制的辅助轴线将以红色淡显方式呈现，效果如图 2.1-23 所示。

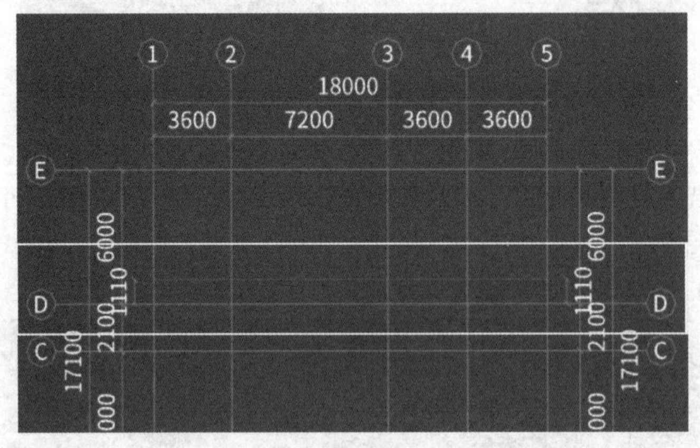

图 2.1-23

2. 设置插入点

大型复杂的工程项目轴网相对更复杂，可能会同时包含正交轴网与斜交轴网，甚至是弧形轴网等，那么就需要绘制几个不同的轴网进行拼接形成整体复杂的轴网。

（1）在轴网定义窗口中新建正交轴网 –2。

（2）单击"设置插入点"按钮，在预览图形区域单击轴网 –2 左上角交点，将产生一个红色的小 × 标记，关闭窗口，如图 2.1–24 所示。

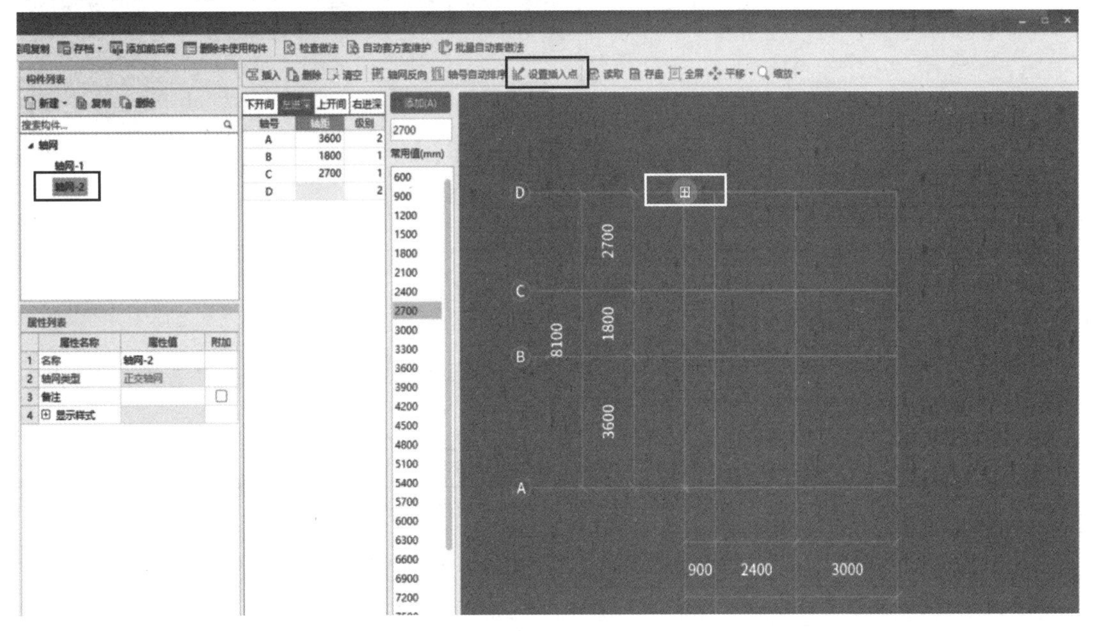

图 2.1–24

（3）进入绘图界面，选择"点"绘制方式，勾选"旋转点角度"复选框，输入角度为"30"，轴网 –2 跟随鼠标光标移动而显示，单击轴网 –1 右下角交点则将两个轴网进行了拼接，如图 2.1–25 所示。

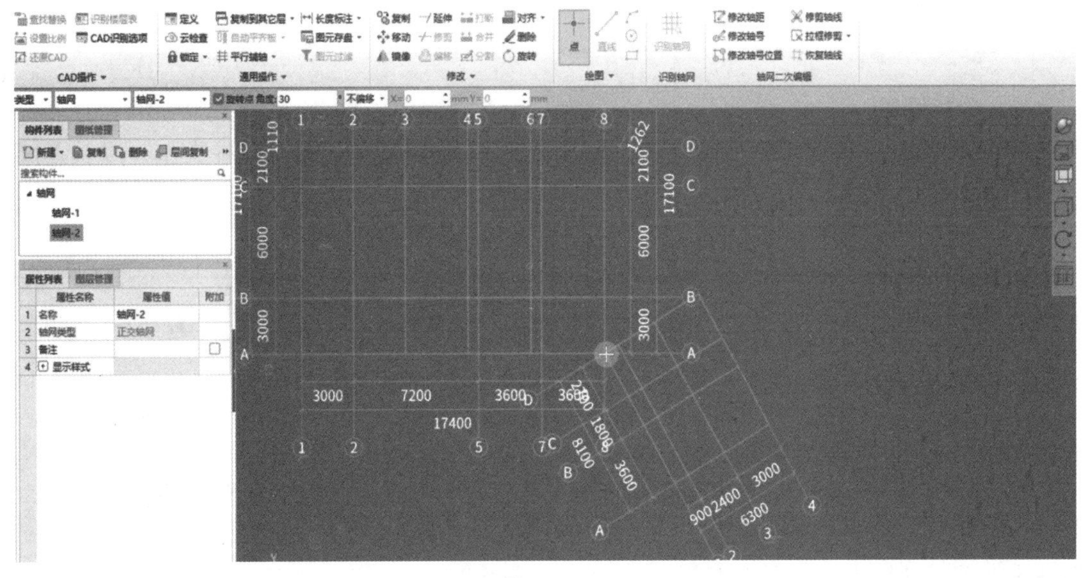

图 2.1–25

任务2　主体构件算量

2.1　柱构件算量

微课：柱构件算量

任务说明

根据行政办公楼施工图，在软件中完成表 2.2-1 柱构件算量任务工单所列的任务内容。

表 2.2-1　柱构件算量任务工单

序号	任务名称	任务内容
1	柱属性定义	新建柱类型，设置柱名称、截面尺寸、钢筋、标高等属性信息
2	柱套做法	套取柱清单与定额
3	柱绘制	采用智能布置方式绘制柱，并修改柱图元位置
4	工程量查询	汇总计算，查询柱工程量

任务探究

1. 分析图纸

查阅行政办公楼图纸结施图柱表，见表 2.2-2，确定需新建多少种柱类型，以及不同类型柱的标高、截面尺寸、钢筋信息等。

表 2.2-2　柱表

柱号	标高	$b\times h$（$b_1\times h_1$）（圆柱直径 D）	从部纵筋	角筋	b 边一侧中部筋	h 边一侧中部筋	箍筋类型号	箍筋	备注
KZ-1	基础顶～3.27	350×350		4⌀18	1⌀16	1⌀16	1.（3×3）	Φ10@100/200	
	3.27～6.27	350×350	8⌀16				1.（3×3）	Φ8@100/200	
KZ-2	基础顶～4.17	300×600		4⌀18	1⌀18	2⌀18	1.（3×3）	Φ8@100/200	

查阅柱平面布置图，确定柱的平面位置，以及柱是否居中放置，有无偏心柱情况。

2. 清单定额规则学习

（1）柱清单计算规则，见表 2.2-3。

表 2.2-3　柱清单计算规则

项目编码	项目名称	计量单位	计算规则
010502001	矩形柱	m^3	按设计图示尺寸以体积计算柱高： （1）有梁板的柱高，应自柱基上表面（或楼板上表面）至上一层楼板上表面之间的高度计算； （2）无梁板的柱高，应自柱基上表面（或楼板上表面）至柱帽下表面之间的高度计算； （3）框架柱的柱高：应自柱基上表面至柱顶高度计算； （4）构，造柱按全高计算，嵌接墙体部分（马牙槎）并入柱身体积； （5）依附柱上的牛腿和升板的柱帽，并入柱身体积计算
010502002	构造柱		
010502003	异形柱		
010515001	现浇构件钢筋	t	按设计图示钢筋（网）长度（面积）乘单位理论质量计算

（2）柱定额计算规则，见表 2.2-4。

表 2.2-4　柱定额计算规则

项目编号	项目名称	计量单位	计算规则
A5-91	独立矩形柱	10 m^3	按图示断面尺寸乘以柱高以立方米计算。柱高按以下规定确定： （1）有梁板的柱高，应自柱基上表面（或楼板上表面）至上一层楼板上表面之间的高度计算； （2）无梁板的柱高，应自柱基上表面（或楼板上表面）至柱帽下表面之间的高度计算； （3）框架柱的柱高应自柱基上表面至柱顶高度计算； （4）构造柱按全高计算，与砖墙嵌接部分的体积并入柱身体积内计算； （5）依附柱上的牛腿，并入柱身体积内计算
A5-92	独立异形柱	10 m^3	
A5-93	构造柱	10 m^3	
A5-2	圆钢筋 直径 8 mm	t	（1）钢筋工程，应区别不同钢筋种类和规格，分别按设计长度乘以单位质量，以吨计算； （2）计算钢筋工程量时，按图示尺寸计算长度。钢筋的电渣压力焊接、套筒挤压、直螺纹接头，以个计算，执行相应项目，但不计取搭接长度
A5-3	圆钢筋 直径 10 mm	t	
A5-19	带肋钢筋 直径 16 mm	t	
A5-20	带肋钢筋 直径 18 mm	t	
A19-18	矩形柱	100 m^2	（1）现浇混凝土及钢筋混凝土模板工程量，除另有规定者外，均应按混凝土与模板接触面的面积，以平方米计算； （2）柱、墙：底层，以基础顶面为界算至上层楼板表面；楼层中，以楼面为界算至上层楼板表面（有柱帽的柱应扣柱帽部分量）； （3）构造柱外露面均应按图示柱宽加马牙槎宽度乘以高度计算模板面积。构造柱与墙接触面不计算模板面积
A19-19	构造柱	100 m^2	
A19-20	异形柱	100 m^2	
A19-21	柱支撑高度超 3.6 m （每超过 1m）	100 m^2	

任务实施

1. 柱的属性定义

（1）在模块导航树中选择“柱”→“柱”，在“构件列表”中选择“新建”→“新建矩形柱”，如图 2.2–1 所示。

（2）在“属性列表”中输入相应的属性值，KZ–1 的属性值如图 2.2–2 所示。

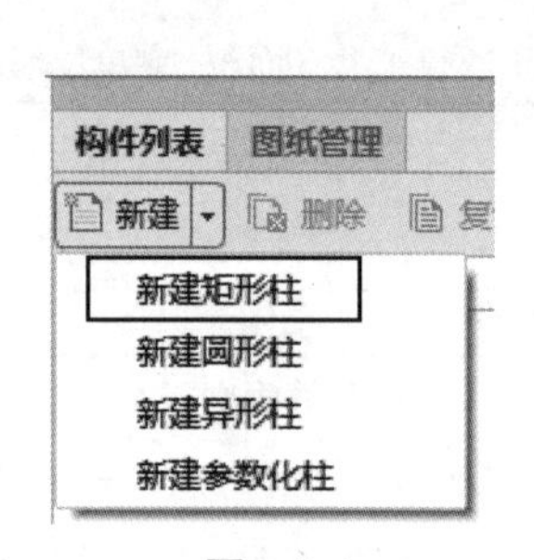

图 2.2–1

	属性名称	属性值	附加
1	名称	KZ-1	
2	结构类别	框架柱	☐
3	定额类别	普通柱	☐
4	截面宽度(B边)(...	350	☐
5	截面高度(H边)(...	350	☐
6	全部纵筋		☐
7	角筋	4Φ18	☐
8	B边一侧中部筋	1Φ16	☐
9	H边一侧中部筋	1Φ16	☐
10	箍筋	Φ10@100/200(3	☐
11	节点区箍筋		☐
12	箍筋肢数	3*3	
13	柱类型	(中柱)	☐
14	材质	商品混凝土	☐
15	混凝土类型	商品混凝土	☐
16	混凝土强度等级	(C30)	☐

图 2.2–2

（3）可以复制 KZ–1 并修改名称为 KZ–2，在此基础上按照图纸修改属性值。

提示：

1. 常规的矩形柱采用“新建矩形柱”的方式可以定义，但是剪力墙内的暗柱、端柱及截面复杂的柱类型则需要采用“新建异形柱”或“新建参数化柱”来进行定义。(详见任务拓展)

2. “属性列表”中输入全部纵筋与输入角筋、B 边、H 边一侧中部筋只能二者取其一，输入全部纵筋后其他三项输入框均为灰色锁定状态。

3. HPB300、HRB335、HRB400 级钢筋可分别用字母 A、B、C（大小写均可）快捷输入，钢筋间距符号 @ 可用横断线“–”快捷输入。

2. 柱套做法

套做法是指为构件套取对应清单项和定额子目，软件将按照计算规则计算汇总做法工程量，同类项工程量将汇总计算并且与计价软件数据对接。构件套做法有以下几种方式：

（1）软件自动套做法：软件提供了“当前构件自动套做法”功能，能自动套取当前构件的常用做法。如混凝土柱构件，软件自动套取柱构件混凝土和模板清单定额，可极大提高效率，但需要复核套取的做法是否符合工程实际情况，并根据实际情况进行修改。此方法一般不建议初学者使用，以避免出现套错的情况。

（2）查询匹配方式：软件提供的查询匹配清单和查询匹配定额选项，可筛选出与定义构件相近的清单和定额，缩小查找范围，指引用户快速套取做法，是比较常用的套做法方式。

（3）手动查询方式：软件提供了查询清单库、查询定额库的选项，通过该选项可以打开清单库和定额库按章节进行查找选择，对于匹配清单定额不满足要求的情况，可按此方式进行查找。

（4）查询外部清单：对于提供了清单的情况，可在软件左上角“文件”下导入外部清单，可以在“查询外部清单”页签下查找导入的清单选项。

下面以行政办公楼项目 KZ-1 套做法为例，介绍操作步骤：

（1）双击“构件列表”名称“KZ-1”，在弹出的对话框中选择“构件做法”。

（2）单击“查询匹配清单”，再双击清单编码为 010502001 的矩形柱项目，即可套取一条柱混凝土清单。

（3）切换至“查询匹配定额”，在展开列表中双击选择“A5-91 独立矩形柱”，即可套取柱混凝土定额子目。

（4）按此方法完成柱模板的清单套取，结果如图 2.2-3 所示。

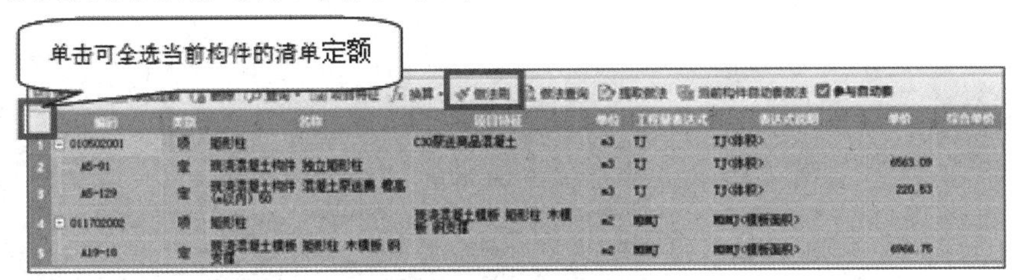

图 2.2-3

（5）利用“做法刷”功能完成 KZ-2 套做法。选择 KZ-1 套取的全部做法，单击“做法刷”按钮，在弹开的对话框中选择“过滤”→“按同类型构件过滤”，勾选“KZ-2”，单击“确定”按钮，完成做法套取，如图 2.2-4 所示。

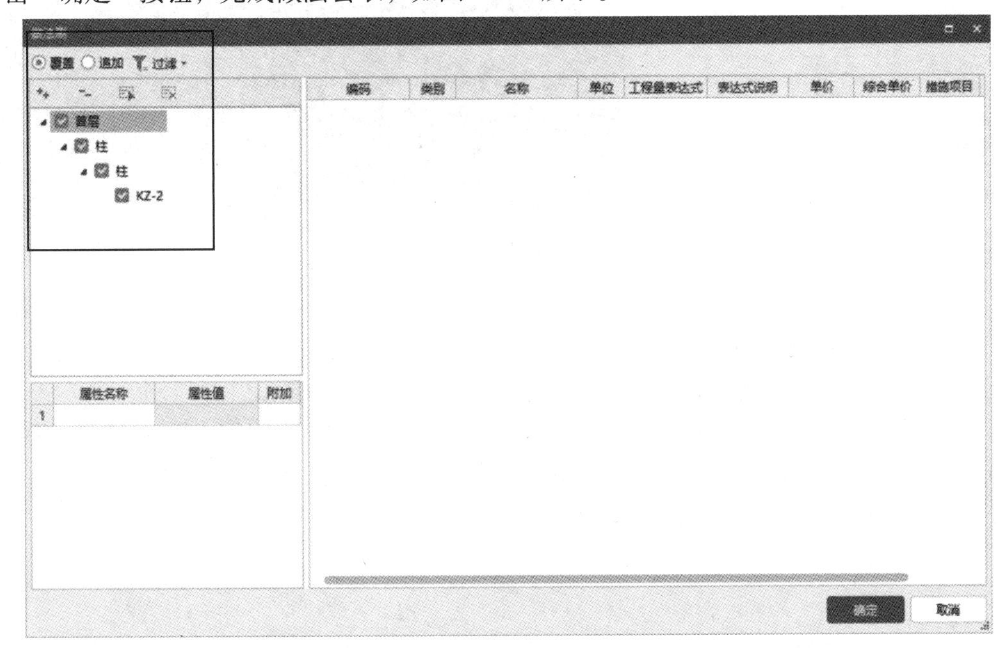

图 2.2-4

提示

1. 采用"做法刷"功能选择当前构件的所有清单定额，可以单击左上角的灰色小方框快速选取，如图 2.2-3 所示。

2. 按照需求设置套做法的过滤条件，可以根据选择的过滤条件快速筛选所需的构件，在构件类型众多时可体现其便利性。

3. 柱绘制

（1）单击"定义"按钮，切换至绘图界面，在"构件列表"中选择"KZ1"，在"绘图"面板中选择"点"绘制方式，在绘图区域轴网交点，如在①轴和Ⓓ轴交点处单击，如图 2.2-5 所示，即可绘制柱。

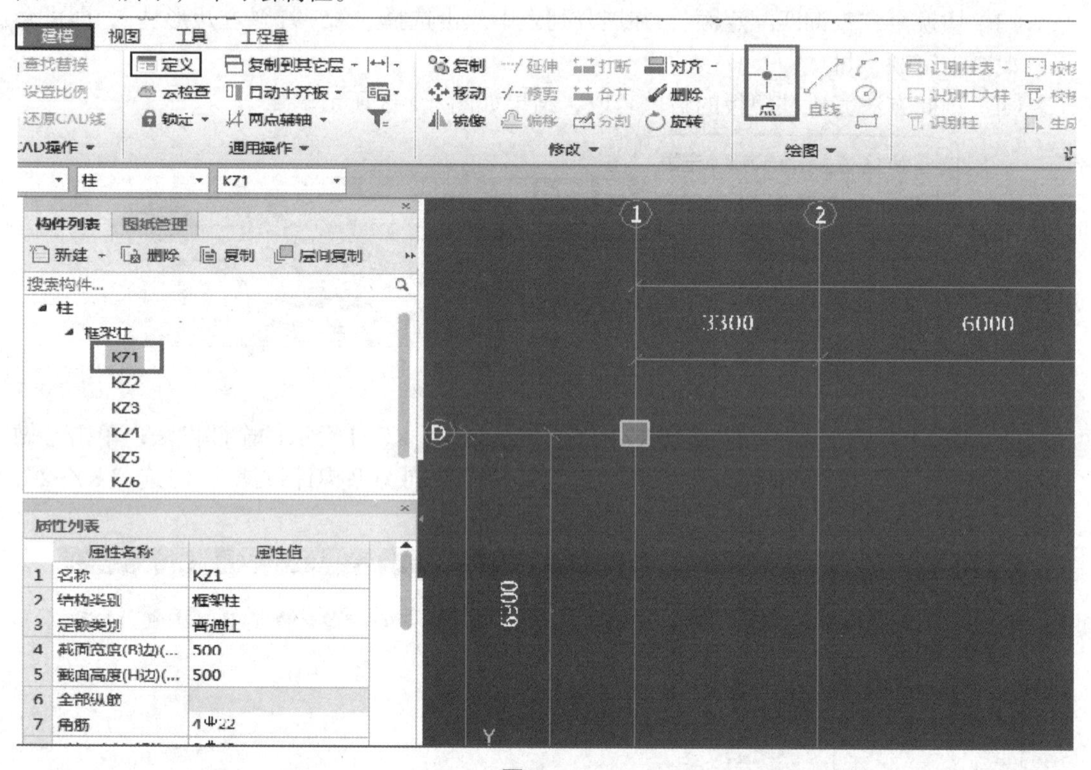

图 2.2-5

（2）执行"柱二次编辑"→"智能布置"→"轴线"命令。在绘图区域框选需要绘制柱的轴线交点，完成所有 KZ1 的绘制，如图 2.2-6 所示。

（3）"构件列表"中切换选择"KZ2"，采用"点"方式完成 KZ2 的绘制。

（4）利用"查改标注"功能完成柱的偏心柱的修改。单击"柱二次编辑"面板中的"查改标注"按钮，如图 2.2-7 所示，则柱图元四周出现白色和绿色数值，如图 2.2-8 所示。单击需要修改的数值，在输入框输入修改值即可。

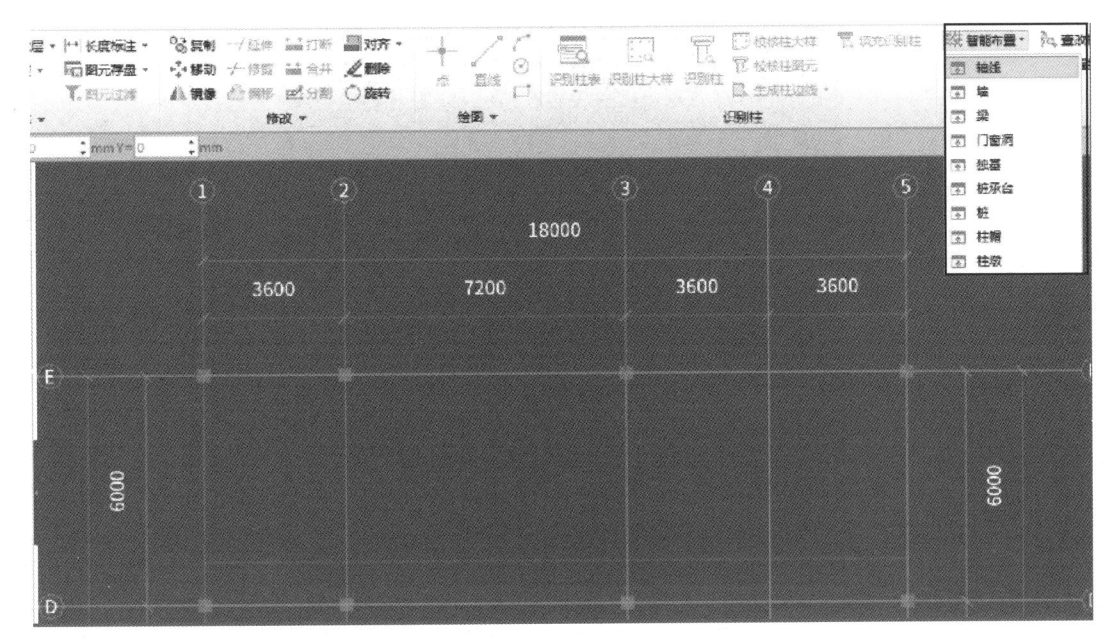

图 2.2-6

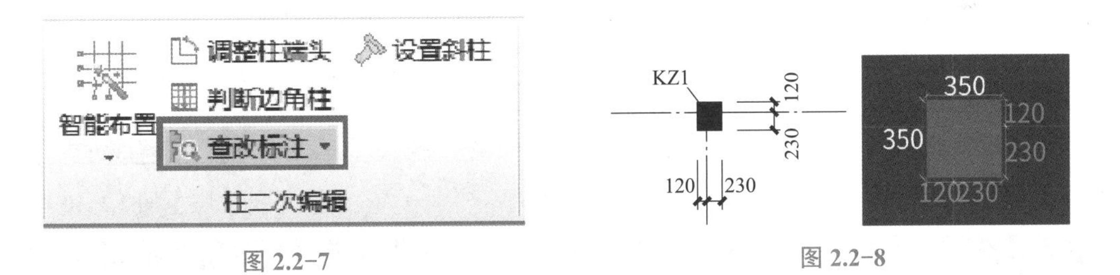

图 2.2-7　　　　图 2.2-8

提示

1. 偏心柱的偏心值无须逐个修改，完成一个柱的偏心值修改后，可利用对齐、移动等修改方式提高操作效率。

2. 柱绘制完成后需要认真核对属性信息是否输入正确，柱绘制数量位置是否正确。

3. 属性信息中蓝色字体修改将影响同名称的构件，需要单独修改某一个柱构件信息时，则选择该柱后再修改其属性值。

4. 在绘图区域显示柱名称可方便根据名称核对柱位置绘制是否正确，柱名称显示可按 Shift ＋ Z 键，控制柱图元的显隐按 Z 键。

任务拓展

参数化柱的定义

在剪力墙结构或框架剪力墙结构中，常见暗柱和端柱，需要掌握其算量方法，以工程一号办公楼剪力墙暗柱 YBZ2 为例，介绍参数化柱的算量，如图 2.2-9 所示。

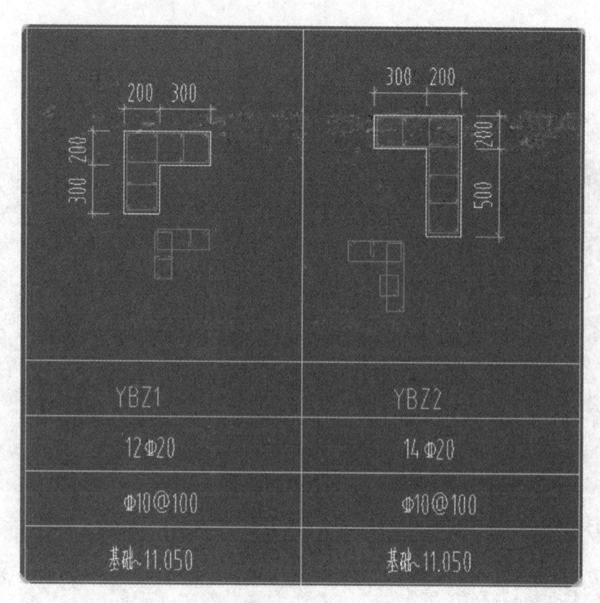

图 2.2-9

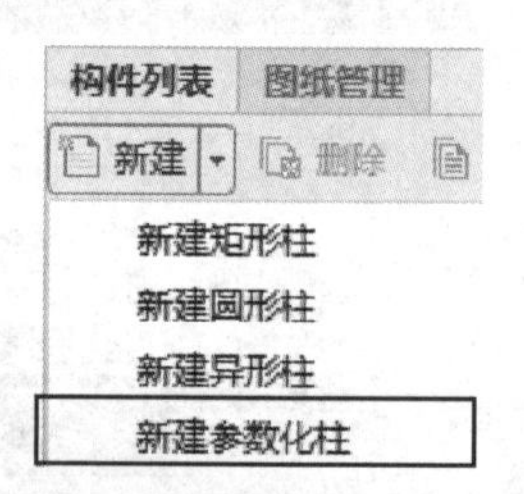

图 2.2-10

（1）执行“构件列表”→“新建参数化柱”命令，如图 2.2-10 所示。在“选择参数化图形”对话框中选择“参数化截面类型”为“L 形”，在选择窗口选择“L-c 形”，修改参数如图 2.2-11 所示。

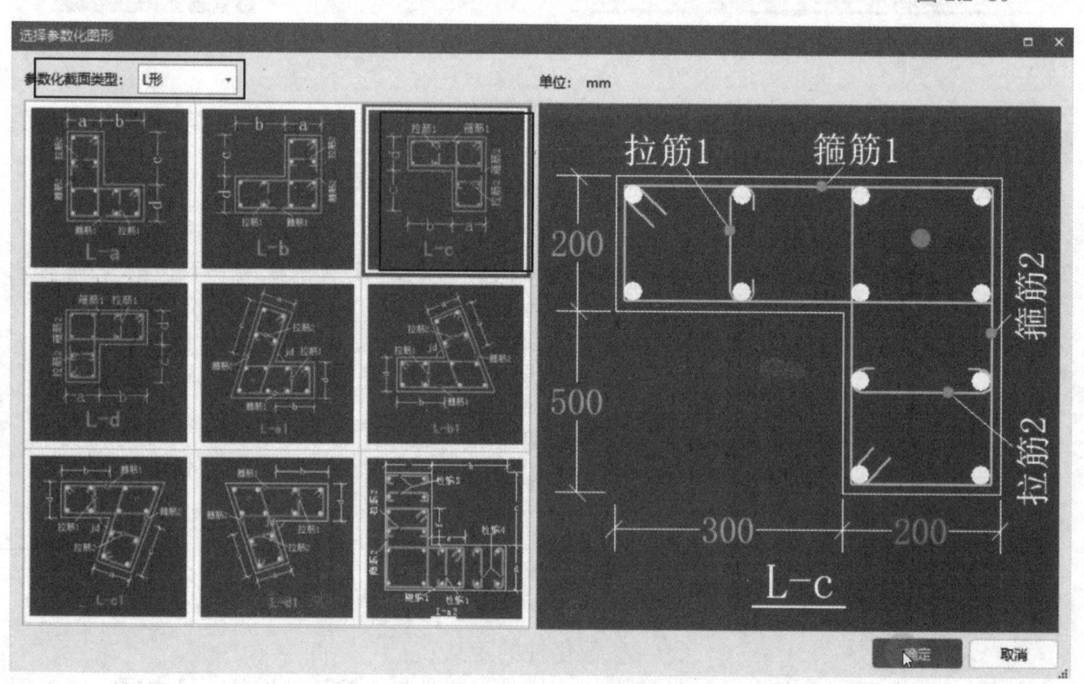

图 2.2-11

（2）在“属性列表”中修改 YBZ2 属性信息，如图 2.2-12 所示。

属性列表　图层管理

	属性名称	属性值	附加
1	名称	YBZ2	
2	截面形状	L-c形	☐
3	结构类别	暗柱	☐
4	定额类别	普通柱	☐
5	截面宽度(B边)(...	500	☐
6	截面高度(H边)(...	700	☐
7	全部纵筋	14Φ20	☐
8	材质	现浇混凝土	☐
9	混凝土类型	(普通混凝土)	☐
10	混凝土强度等级	(C35)	☐
11	混凝土外加剂	(无)	
12	泵送类型	(混凝土泵)	
13	泵送高度(m)		
14	截面面积(m²)	0.2	☐
15	截面周长(m)	2.4	☐
16	顶标高(m)	层顶标高	☐
17	底标高(m)	层底标高	☐
18	备注		☐

截面编辑

图 2.2-12

（3）单击“截面编辑”按钮，修改箍筋信息为“Φ10@100”，如图 2.2-13 所示。

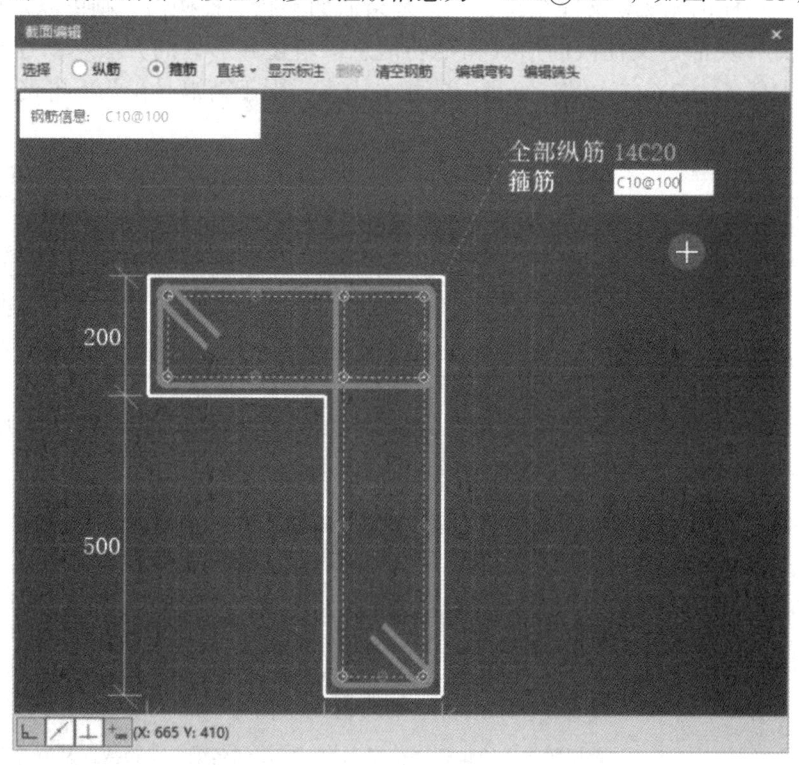

图 2.2-13

（4）修改纵筋和箍筋，结果如图 2.2-14 所示。

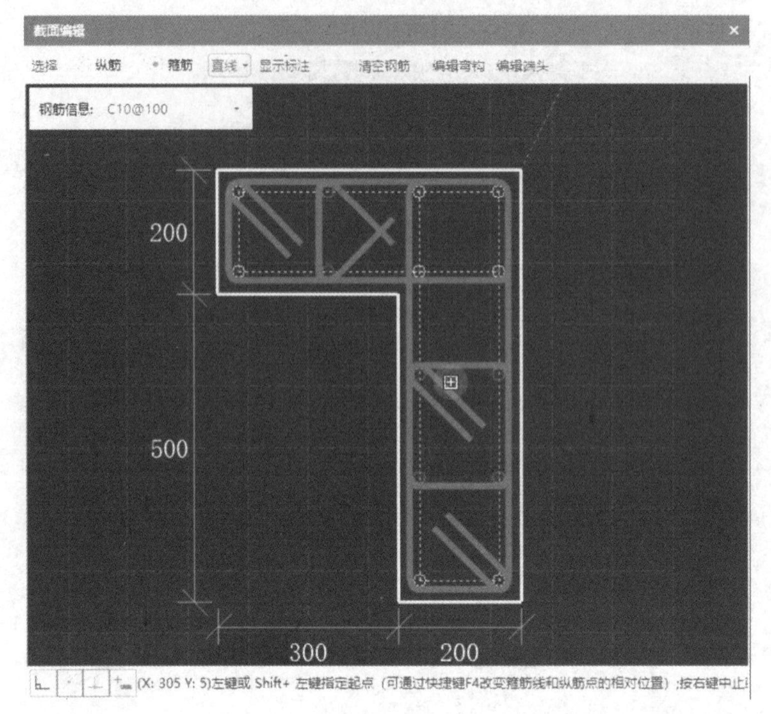

图 2.2-14

如果参数化柱仍无法定义完全符合工程复杂截面形状的柱构件，则可以采用“新建异形柱”的方式，灵活定义柱截面形状和钢筋信息，新建异形柱的方法与新建异形挑檐类似，请参考本任务中 2.6 二次结构算量中的相关内容，限于篇幅，在此不再赘述。

2.2　梁构件算量

微课：梁构件算量

任务说明

根据行政办公楼施工图，在软件中完成表 2.2-5 梁构件算量任务工单所列的任务内容。

表 2.2-5　梁构件算量任务工单

序号	任务名称	任务内容
1	梁属性定义	新建梁类型，设置梁名称、截面尺寸、钢筋、标高等属性信息
2	梁套做法	套取梁清单与定额
3	梁绘制	采用直线绘制方式绘制梁，并修改梁图元位置
4	梁原位标注	为首层梁录入原位标注信息，使用应用同名梁、梁跨数据复制等命令提高原位标注录入效率
5	工程量查询	汇总计算，查询梁工程量

任务探究

1. 分析图纸

查阅行政办公楼图纸结施图“3.27 层梁的平面配筋图”，从下往上，从左往右查找梁的编号，可知需新建框架梁类型为 10 种，KL1 ～ KL10，非框架梁类型为 3 种，L1 ～ L3，以及不同类型梁的标高、截面尺寸、钢筋信息等，梳理本工程梁集中标注信息，见表 2.2-6。

表 2.2-6　梁集中标注信息表

序号	类型	名称	截面尺寸	顶标高	上部钢筋	下部钢筋	构造钢筋	箍筋
1	框架梁	KL1（1）	240 × 600	3.6 m	2Φ20	3Φ16	G4Φ10	Φ8@100/150（2）
		KL2（3）	240 × 600	第 2 跨为 3.6 m，其余跨为层顶标高	2Φ18	—	N4Φ10	Φ8@100/150（2）
		KL3（3）	240 × 600	层顶标高	2Φ20	—	G4Φ10	Φ8@100/150（2）
		KL4（3）	240 × 600	层顶标高	2Φ25	4Φ22	G4Φ10	Φ8@100/150（2）
		KL5（1）	240 × 400	1.65 m	2Φ14	3Φ14		Φ8@100/150（2）
		KL6（2）	240 × 600	层顶标高	2Φ20	—	N4Φ10	Φ8@100/150（2）
		KL7（3）	240 × 600	层顶标高	2Φ20	—	G4Φ10	Φ8@100/150（2）
		KL8（4）	240 × 600	第 1 跨为 3.6 m，其余跨为层顶标高	2Φ20	—	—	Φ8@100/150（2）
		KL9（4）	240 × 600	第 1 跨为 3.6 m，其余跨为层顶标高	2Φ16	—	G4Φ10	Φ8@100/150（2）
		KL10（4）	240 × 600	层顶标高	2Φ20	—	G4Φ10	Φ8@100/150（2）
2	非框架梁	L1（1）	240 × 400	层顶标高	2Φ14	2Φ18	—	Φ8@100/150（2）
		L2（3）	240 × 500	层顶标高	2Φ14	3Φ18	—	Φ8@100/150（2）
		L3（3）	240 × 600	层顶标高	2Φ18	—	—	Φ8@100/150（2）

2. 清单定额规则学习

（1）梁清单计算规则，见表 2.2-7。

表 2.2-7　梁清单计算规则

项目编码	项目名称	计量单位	计算规则
010503002	矩形梁	m^3	按设计图示尺寸以体积计算。伸入墙内的梁头、梁垫并入梁体积内。 梁长： （1）梁与柱连接时，梁长算至柱侧面； （2）主梁与次梁连接时，次梁算至主梁侧面
010505001	有梁板		按设计图示尺寸以体积计算，不扣除单个面积＝ 0.3 m^2 的柱、梁及孔洞所占体积。有梁板（包括主、次梁与板）按梁、板体积之和计算

续表

<table>
<tr><th>项目编码</th><th>项目名称</th><th>计量单位</th><th>计算规则</th></tr>
<tr><td>011702006</td><td>矩形梁</td><td rowspan="2">m^2</td><td rowspan="2">按模板与现浇混凝土构件的接触面积计算</td></tr>
<tr><td>011702014</td><td>有梁板</td></tr>
<tr><td>010515001</td><td>现浇构件钢筋</td><td>t</td><td>按设计图示钢筋（网）长度（面积）乘单位理论质量计算</td></tr>
</table>

（2）梁定额计算规则，见表 2.2-8。

表 2.2-8　梁定额计算规则

<table>
<tr><th>项目编号</th><th>项目名称</th><th>计量单位</th><th>计算规则</th></tr>
<tr><td>A5-96</td><td>单梁、连续梁
（混凝土）</td><td rowspan="2">10 m^3</td><td>按图示断面尺寸乘以梁长以立方米计算。梁长按下列规定确定：
（1）梁与混凝土柱连接时，梁长算至柱侧面；梁与混凝土墙连接时，梁长算至墙侧面；
（2）主梁与次梁连接时，次梁长算至主梁侧面。伸入砌体墙、柱内的梁头、梁垫体积并入梁体积内计算</td></tr>
<tr><td>A5-104</td><td>有梁板
（混凝土）</td><td>按图示面积乘以板厚以立方米计算，其中：
（1）有梁板包括主、次梁与板，按梁、板体积之和计算；
（2）无梁板按板（包括其边梁）和柱帽体积之和计算；
（3）平板按板实体体积计算</td></tr>
<tr><td>A19-23</td><td>单梁、连续梁
（模板）</td><td rowspan="3">100 m^2</td><td rowspan="3">现浇混凝土及钢筋混凝土模板工程量，除另有规定者外，均应按混凝土与模板接触面的面积，以平方米计算。
（1）柱、墙：底层，以基础顶面为界算至上层楼板表面；楼层中，以楼面为界算至上层楼板表面（有柱帽的柱应扣柱帽部分量）；
（2）有梁板：主梁算至柱或混凝土墙侧面；次梁算至主梁侧面；伸入砌体墙内的梁头与梁垫模板并入梁内；板算至梁的侧面；
（3）无梁板：板算至边梁的侧面，柱帽部分按接触面积计算工程量，套取柱帽项目</td></tr>
<tr><td>A19-36</td><td>有梁板
（模板）</td></tr>
<tr><td>A19-29</td><td>梁支撑高度超 3.6 m
（每超过 1 m）</td></tr>
<tr><td>A5-2</td><td>圆钢筋
直径 8 mm</td><td rowspan="6">t</td><td rowspan="6">（1）钢筋工程，应区别不同钢筋种类和规格，分别按设计长度乘以单位质量，以吨计算；
（2）计算钢筋工程量时，按图示尺寸计算长度。钢筋的电渣压力焊接、套筒挤压、直螺纹接头，以个计算，执行相应项目，但不计搭接长度</td></tr>
<tr><td>A5-18</td><td>带肋钢筋
直径 14 mm</td></tr>
<tr><td>A5-19</td><td>带肋钢筋
直径 16 mm</td></tr>
<tr><td>A5-20</td><td>带肋钢筋
直径 18 mm</td></tr>
<tr><td>A5-21</td><td>带肋钢筋
直径 20 mm</td></tr>
<tr><td>A5-22</td><td>带肋钢筋
直径 22 mm</td></tr>
</table>

（3）梁平法知识。梁平面布置图上采用平面注写和截面注写方式表达梁信息。

微课：梁原位标注与附加钢筋算量

1）平面注写。平面注写是在梁平面图上同一编号的梁中选取一根注写其截面尺寸和配筋等信息。平面注写方式又可分为集中标注和原位标注两种标注样式，如图 2.2-15 所示。集中标注表达的是一根梁的通用信息；原位标注表达这根梁某一跨的特殊数值，施工时，原位标注数值优先于集中标注。集中标注与原位标注释义见表 2.2-9。

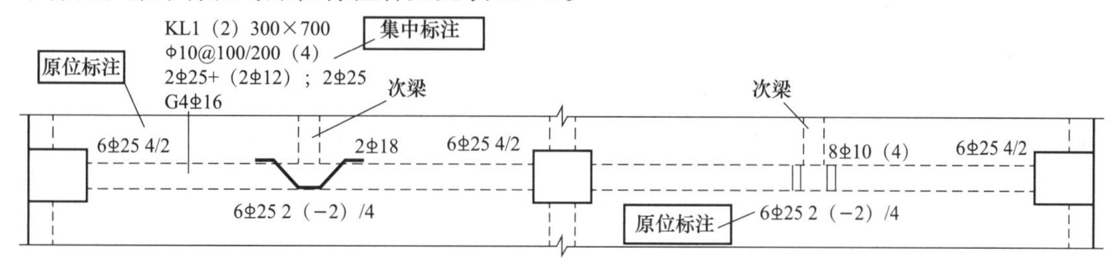

图 2.2-15

表 2.2-9　框架梁钢筋平面注写释义

集中标注	KL1（2）300×700	表示 1 号框架梁，两跨，截面宽为 300 mm，截面高为 700 mm
	Φ10@100/200（4）	表示箍筋为 HPB300 钢筋，直径为 10 mm，加密区间距为 100 mm，非加密区间距为 200 mm，均为四肢箍
	2Φ25 +（2Φ12）；2Φ25	表示梁的上部配置 2Φ25 的通长筋，2Φ12 为架立筋；梁下部配置 2Φ25 的通长筋
	G4B16	表示梁的侧面共配置 4Φ16 的构造钢筋，两侧各配置 2Φ16
原位标注	两端支座处 6Φ25 4/2	表示梁的端支座有 6Φ25 的钢筋，分两排布置，上一排纵筋为 4Φ25，下一排纵筋为 2Φ25
	中间支座处 6Φ25 4/2	表示梁的中间支座有 6Φ25 的钢筋，分两排布置，上一排纵筋为 4Φ25，下一排纵筋为 2Φ25
	梁下部 6Φ25 2（−2）/4	表示梁下部共配置 6Φ25 的钢筋，分两排布置，上排纵筋为 2Φ25，且不伸入支座；下一排纵筋为 4Φ25，全部伸入支座
	吊筋标注 2Φ18	表示主次梁相交的主梁内配置 2 根 HRB335 的钢筋，直径为 18 mm，作为吊筋
	附加箍筋 8Φ10（4）	表示梁的次梁处共增加 8 根 HRB335 的箍筋，直径为 10 mm，均为四肢箍

2）截面注写。截面注写是分别在不同编号的梁中各选取一根梁用剖面符号引出对应截面配筋图，如 1—1 剖面符号对应 1—1 剖面图，并在剖面图上注写截面尺寸和配筋信息的表达方式，如图 2.2-16 所示。

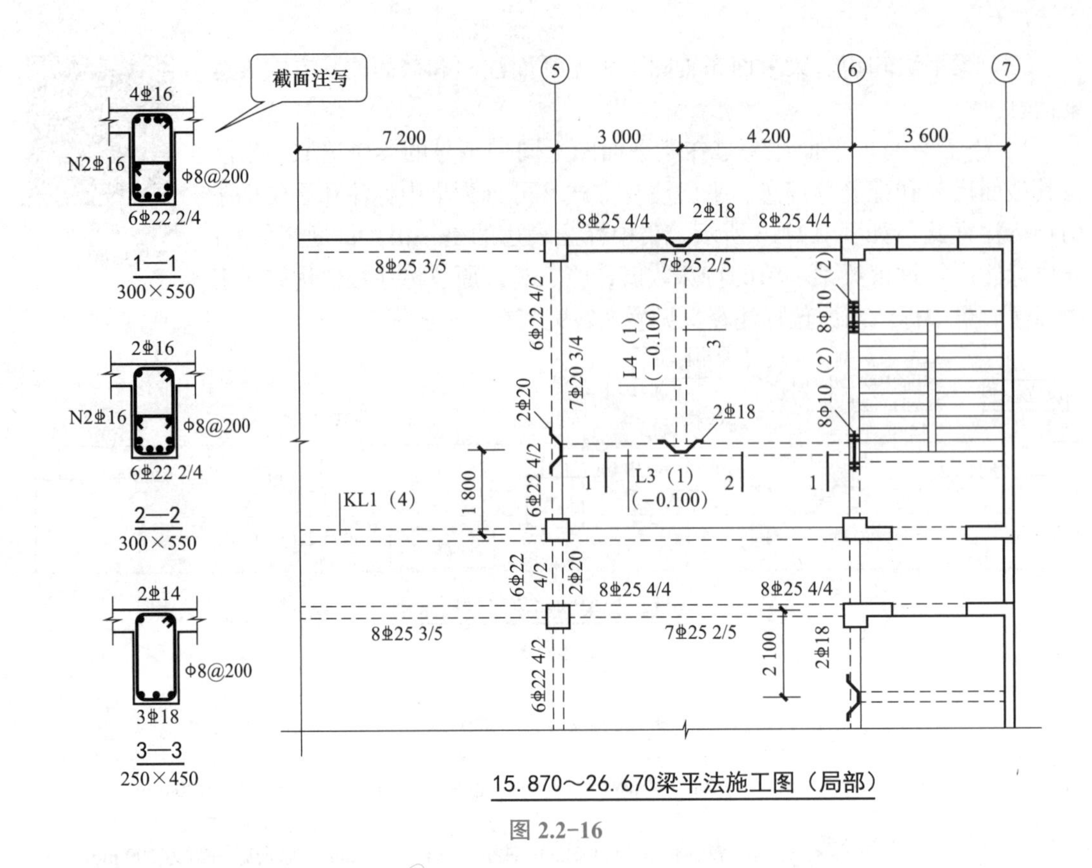

图 2.2-16

任务实施

1．梁的属性定义

（1）在模块导航树中选择“梁”→“梁”，在“构件列表”中选择“新建”→“新建矩形梁”。输入 KL-1 的属性信息，如图 2.2-17 所示。

（2）按此方法完成其余框架梁与非框架梁的属性定义，结果如图 2.2-18 所示。

图 2.2-17

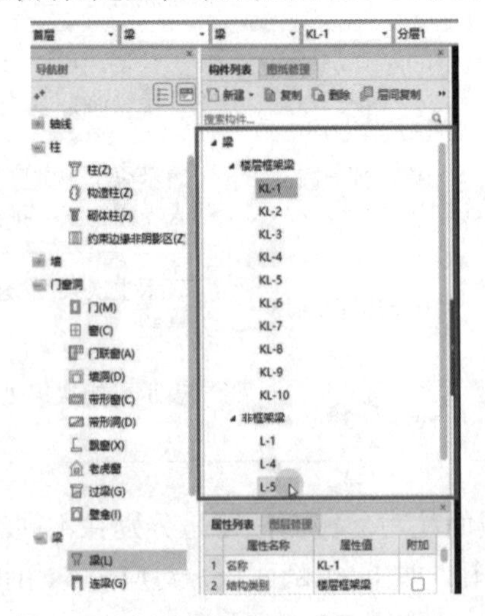

图 2.2-18

提示

1. “属性列表”中梁类别一般不需要修改，软件根据输入的代号自动匹配梁类型。

2. 跨数量按集中标注信息输入，如忘记修改，在梁绘制完毕重提梁跨后会生成正确的跨数量。

3. 除当前构件中已经输入的箍筋外，还有需要计算的箍筋，则可以通过其他箍筋来输入。

2. 梁套做法

（1）双击“构件列表”中“KL-1”名称，弹出“定义”对话框，切换至“构件做法”，单击“查询清单库”，双击“010505001 有梁板”和“011702014 有梁板”进行添加，切换至“查询定额库”，按章节查询选择“A5-104”和“A19-36”编码。

（2）单击对应清单“项目特征”列，根据图纸信息手动输入项目特征。

（3）单击“工程量表达式”列，逐项选择工程量表达式计算代码，结果如图 2.2-19 所示。

（4）利用“做法刷”功能，将 KL-1 做法刷给其余框架梁和非框架梁。

箍筋组合示意图　构件做法

添加清单　添加定额　删除　查询　项目特征　f_x 换算　做法刷　做法查询　提取做法　当前构件自动套做法　参与自动套

	编码	类别	名称	项目特征	单位	工程量表达式	表达式说明
1	010505001	项	有梁板	C30现浇混凝土	m3	TJ	TJ<体积>
2	A5-104	定	现浇混凝土构件 有梁板		m3	TJ	TJ<体积>
3	011702014	项	有梁板	木模板 钢支撑	m2	MBMJ	MBMJ<模板面积>
4	A19-36	定	现浇混凝土模板 有梁板 木模板 钢支撑		m2	MBMJ	MBMJ<模板面积>

图 2.2-19

3. 梁绘制

梁绘制时按照先主梁后次梁、先下后上、先左后右的顺序，避免漏画。梁属于线式构件，梁绘制方式常用的有直线、三点画弧等，本工程采用直线绘制方式即可。

（1）选择“KL-2”，单击“建模”选项“绘图”面板中的“直线”按钮，进行绘制，在绘图区域单击起点①轴、Ⓑ轴交点外的梁，向右移动鼠标光标，单击终点⑤轴、Ⓑ轴交点，即可完成一道梁的绘制。

（2）其他梁均可按此操作完成绘制，结果如图 2.2-20 所示。

（3）L-1，L-2 不在轴线上，没有可捕捉的轴网，可以采用补画辅轴或偏移绘制方式进行绘制。如 L-2，鼠标光标放置在①轴和Ⓓ轴交点处，按住 Shift ＋鼠标左键，弹出“请输入偏移值”对话框，如图 2.2-21 所示。输入 X 值为“0”，Y 值为“1110”即可定位 L-1 起点，向右移动鼠标光标放置在②轴和Ⓓ轴交点，按住 Shift ＋鼠标左键，保持相同 X、Y 偏移值不变，单击“确定”按钮退出。

提示

1. “修改”面板提供了“对齐”“镜像”“复制”等工具，可方便对梁进行修改。

2. 单击 Shift ＋ L 键显示梁名称，单击 L 控制梁图元显隐，单击～键显示梁绘制方向。

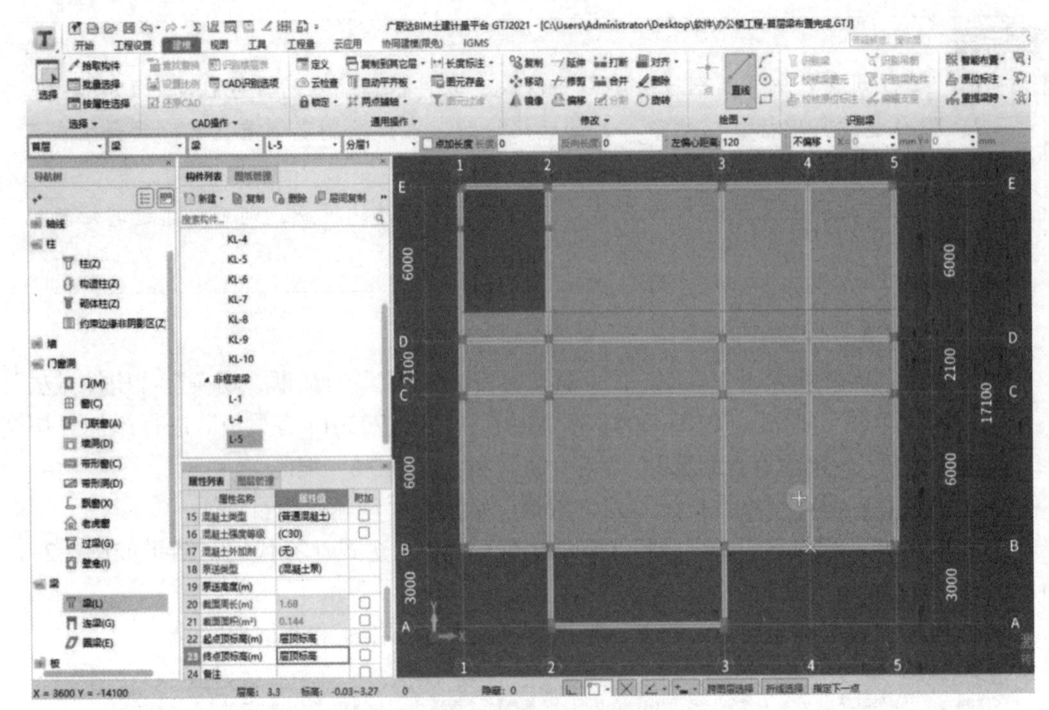

图 2.2-20

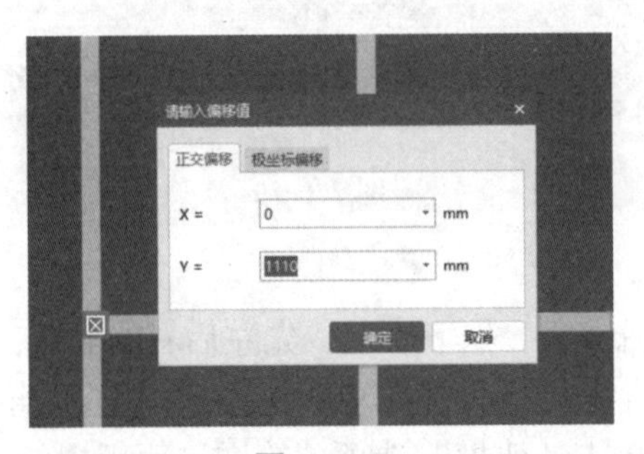

图 2.2-21

4. 梁二次编辑

梁定义完成后仅对集中标注信息进行了录入，还需要输入梁的原位标注信息，梁的原位标注信息输入有两种方式，分别是“图元框输入”和“梁平法表格中输入”，如图 2.2-22 所示。

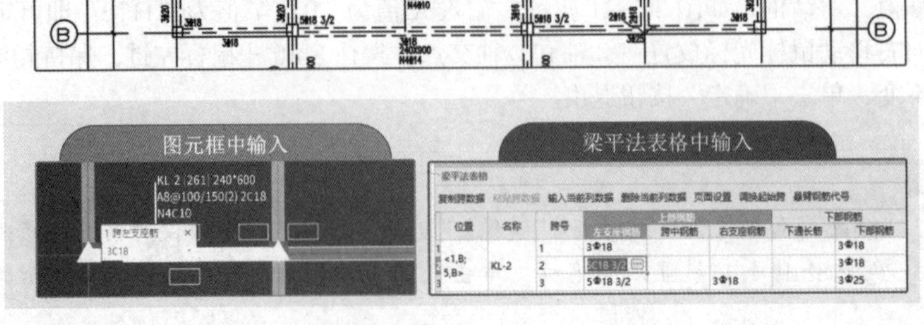

图 2.2-22

在原位标注前需要完成梁的支座绘制，进行过原位标注的梁将呈绿色显示，没有原位标注的梁通过“重提梁跨”也将变成绿色。通过颜色可以区分哪些梁已经完成了原位标注，便于检查，避免漏算。

下面以 KL-2 为例，采用比较直观的“图元框中输入”方式，介绍原位标注的操作步骤。

（1）选择 KL-2，单击“建模”选项卡“梁二次编辑”面板中的“原位标注”按钮，将在梁附近出现灰色输入框，单击输入框，按图输入对应原位标注数值，如图 2.2-23 所示。

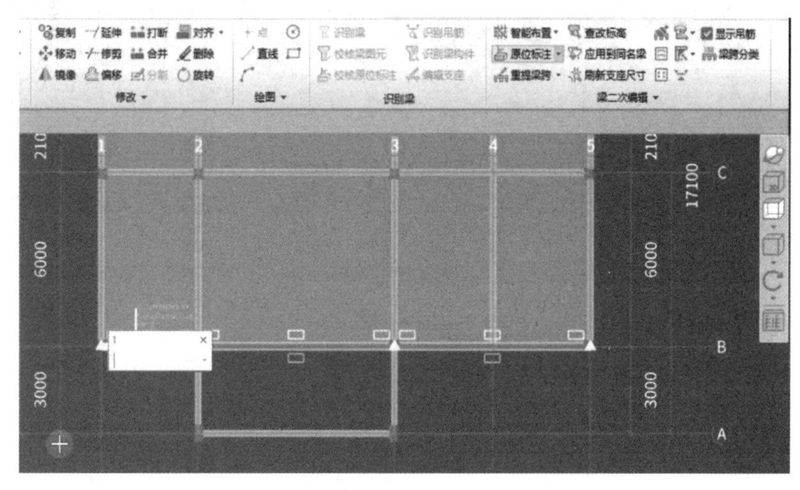

图 2.2-23

提示

1. 符号输入时输入法需在英文状态输入，字母大小写均可。
2. 按 Enter 键自动跳转下一个输入框，单击输入框也可进行切换。
3. 输入过的数值软件将自动保存，方便下次选择调用。

（2）侧面构造筋与梁截面尺寸的修改，需单击输入框后小三角按钮后展开进行输入，如图 2.2-24 所示。

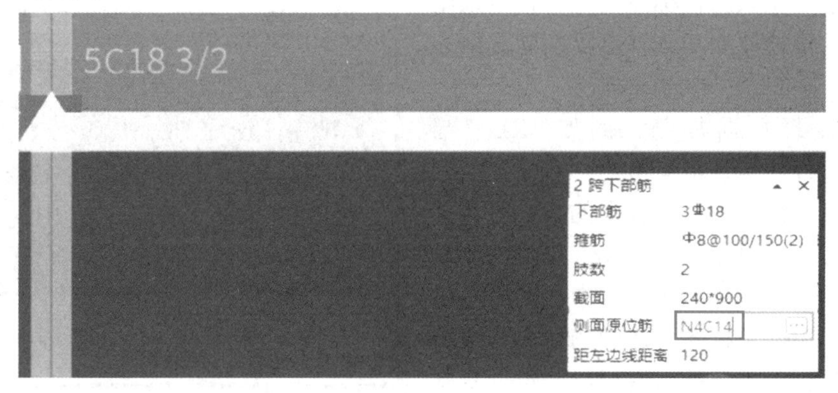

图 2.2-24

（3）梁平法表格输入，如修改 KL–2 第 2 跨梁高，选择 KL–2 后，将第 2 跨“起点标高”和“终点标高”值均输入“3.6”，如图 2.2–25 所示。

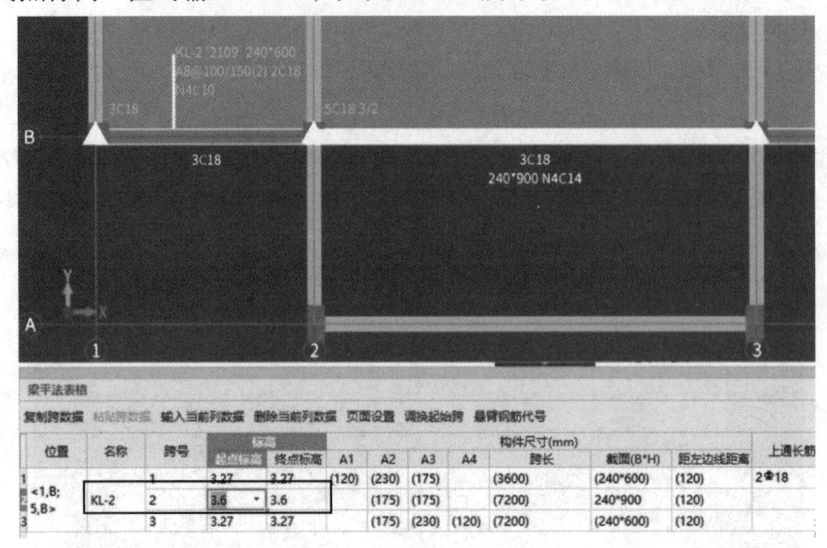

位置	名称	跨号	标高 起点标高	标高 终点标高	构件尺寸(mm) A1	A2	A3	A4	跨长	截面(B*H)	距左边线距离	上通长筋
<1,B;5,B>		1	3.27	3.27	(120)	(230)	(175)		(3600)	(240*600)	(120)	2⌀18
	KL-2	2	3.6	3.6		(175)	(175)		(7200)	240*900	(120)	
		3	3.27	3.27		(175)	(230)	(120)	(7200)	(240*600)	(120)	

图 2.2–25

提示

1. 输入竖向梁的原位标注时，为方便看图、可将屏幕旋转 90°。

2. 当增减梁的支座后需要重提梁跨，以及原位标注后需要计算梁钢筋，也需要重提梁跨，软件在提取了梁跨后才能识别梁跨数、梁支座进行计算。

任务拓展

1. 梁标注快捷复制

梁平面图中往往存在很多不同编号名称的梁，但原位标注数据却相同，这时不需要对每道梁逐一录入原位标注信息，直接采用软件提供的快捷复制功能，可提高原位标注效率。

（1）梁跨数据复制。例如，KL–7 与 KL–10 原位标注信息基本相同，单击“建模”选项卡“梁二次编辑”面板中的“梁跨数据复制”按钮，如图 2.2–26 所示。单击需要复制的梁跨后单击鼠标右键，选中的梁段将呈红色显示；单击目标跨，选中的目标跨段将呈黄色显示，单击鼠标右键后梁跨数据复制完成。

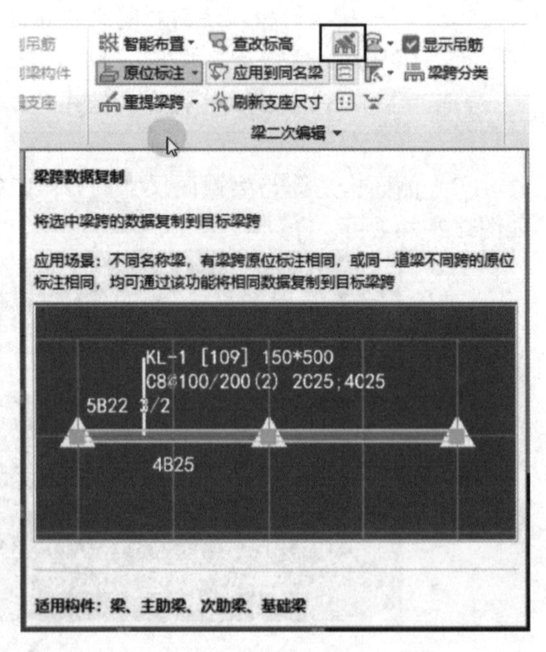

图 2.2–26

（2）应用到同名称梁。当图纸中有多根名称一致的梁时，可以利用“应用到同名梁”功能实现原位标注的快速输入。例如，本工程 6.27 层梁的平面配筋图中 KL-4 有 4 根，可完成一根 KL-4 的原位标注，然后选择未标注的其余 3 根，单击“建模”选项卡“梁二次编辑”面板中的“应用到同名梁”，单击已经标好原位标注的 KL-4，软件将提示“3 道同名梁应用成功”，如图 2.2-27 所示。

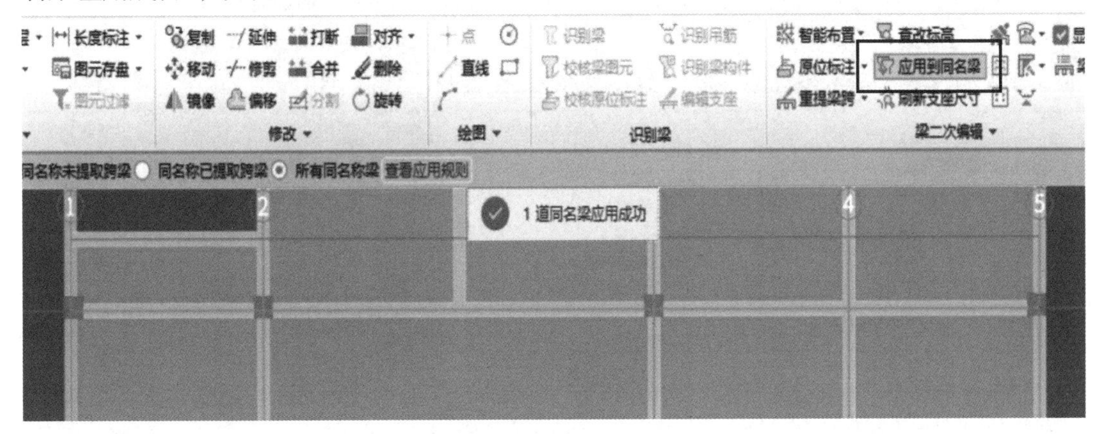

图 2.2-27

2. 梁吊筋和次梁加筋

本工程吊筋信息在 3.27 层梁的平面配筋图中进行了标注，为“2⌀16”，如图 2.2-28 所示。同时，在图名处注写中说明了次梁加筋的信息，为“每边 3 个，间距 50”，如图 2.2-29 所示。

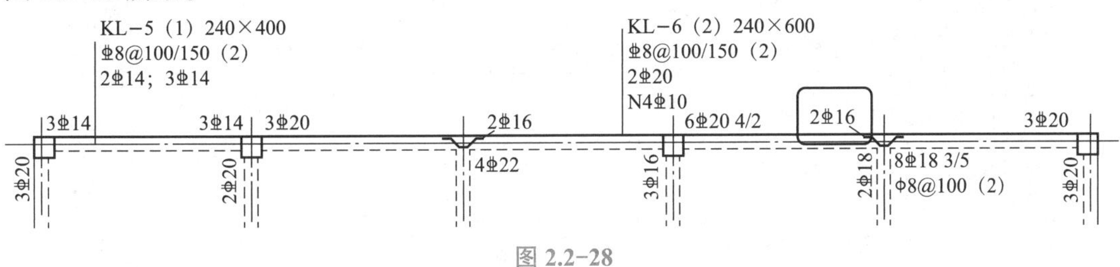

图 2.2-28

3.270 m层梁平面配筋图

注：

1. 在主次梁相交处，未注明的加密箍筋，直径同主梁箍筋，每边3个，间距50。
2. 全楼框架梁分层编号。

图 2.2-29

（1）单击“建模”选项卡“梁二次编辑”面板中的“生成吊筋”按钮，弹出“生成吊筋”对话框，如图 2.2-30 所示，输入吊筋信息“2⌀16”，次梁加筋信息“6”，在“楼层选择”列表中勾选“首层”，单击“确定”按钮退出，生成吊筋如图 2.2-31 所示。

（2）分别选择 KL-7、KL-8，在梁平法表格中将“吊筋”和“次梁加筋”列下的数值删除，如图 2.2-32 所示。

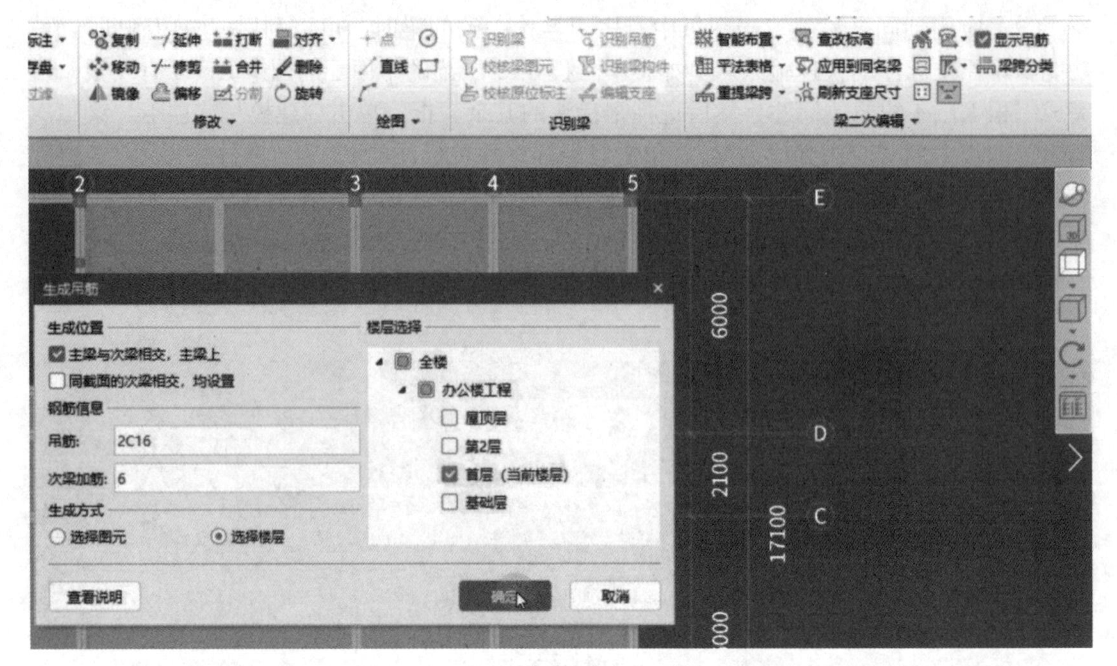
复制
延伸
打断
对齐
移动
修剪
合并
删除
镜像
偏移
分割
旋转
修改
点
直线
绘图
识别梁
识别吊筋
校核梁图元
识别梁构件
校核原位标注
编辑支座
识别梁
智能布置
查改标高
显示吊筋
平法表格
应用到同名梁
梁跨分类
重提梁跨
刷新支座尺寸
梁二次编辑
生成吊筋
生成位置
主梁与次梁相交，主梁上
同截面的次梁相交，均设置
钢筋信息
吊筋:
2C16
次梁加筋:
6
生成方式
选择图元
选择楼层
楼层选择
全楼
办公楼工程
屋顶层
第2层
首层（当前楼层）
基础层
查看说明
确定
取消
6000
2100
17100
图 2.2-30

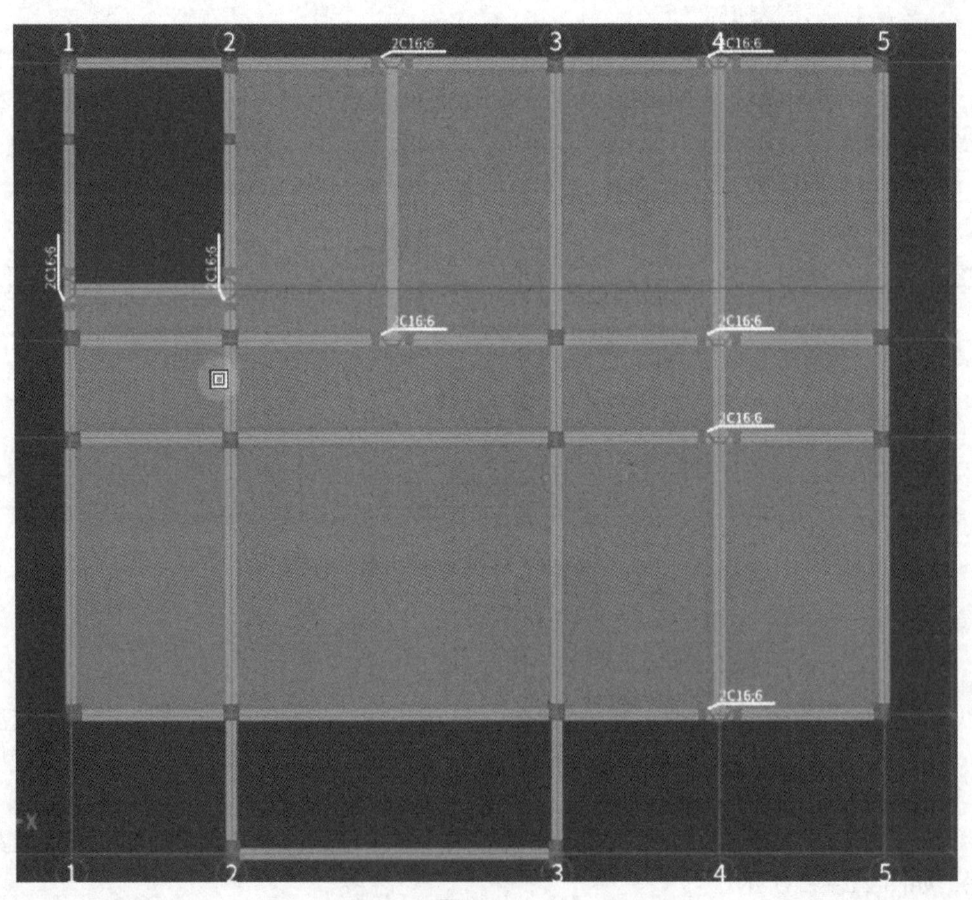
2C16:6
图 2.2-31

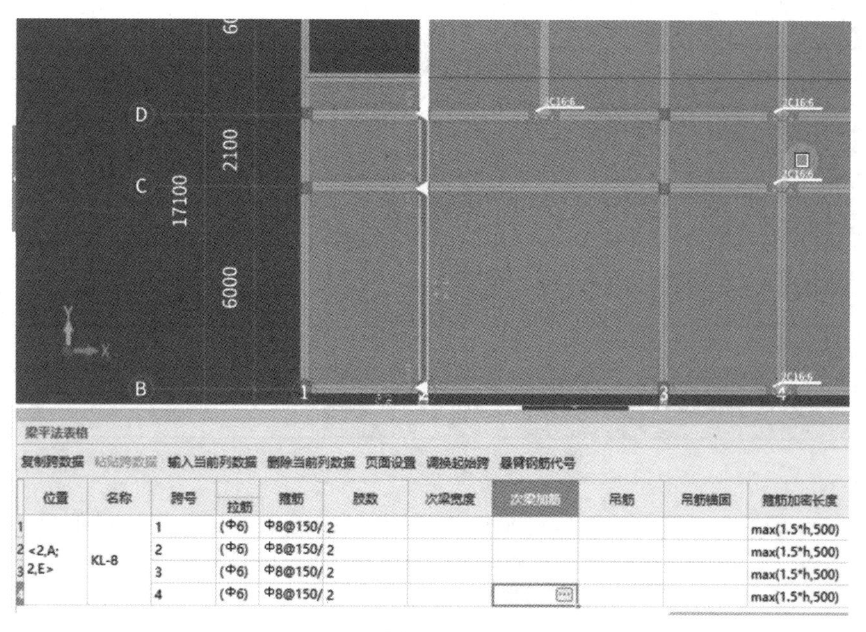

图 2.2-32

2.3　板构件算量

微课：板构件算量

任务说明

根据行政办公楼施工图，在软件中完成表 2.2-10 板构件算量任务工单所列的任务内容。

表 2.2-10　板构件算量任务工单

序号	任务名称	任务内容
1	板属性定义	新建板，设置板名称、厚度、类别、标高等属性
2	板套做法	套取清单与定额
3	板绘制	采用多种绘制方式绘制板图元
4	板钢筋属性定义和绘制	板受力筋、跨板受力筋、负筋属性定义与绘制
5	板工程量查询	汇总计算板工程量，查询板混凝土与钢筋工程量

任务探究

1. 图纸分析

板中需要计算的钢筋一般包括受力筋、负筋、分布筋、马凳筋等，如图 2.2-33 所示。

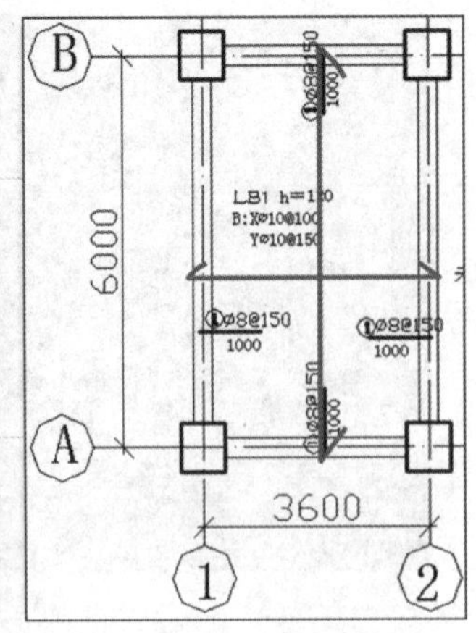

图 2.2-33

查阅行政办公楼图纸“3.27 层板平面配筋图”，通过集中标注板编号信息确定需新建多少种板类型，以及不同类型板的标高、受力筋信息等，见表 2.2-11。

表 2.2-11　板信息表

序号	类型	名称	混凝土强度	板厚	板顶标高
1	普通楼板	LB1	C30	100	板顶标高 3.27 m
2	雨篷板	WB1	C30	120	雨篷板板顶标高 3.57 m
3	悬挑板	XB1	C30	80	悬挑板首层板顶标高 0.5 m、二层板顶标高 3.8 m

2. 清单定额规则

（1）板清单计算规则，见表 2.2-12。

表 2.2-12　板清单计算规则

项目编码	项目名称	计量单位	计算规则
010505001	有梁板	m^3	按设计图示尺寸以体积计算，有梁板（包括主梁、次梁）按梁、板体积之和计算
011702014	有梁板模板	m^2	按模板与现浇混凝土构件接触面积计算

（2）板定额计算规则，见表 2.2-13。

表 2.2-13　板定额计算规则

项目编号	项目名称	计量单位	计算规则
A5-104	现浇混凝土构件　有梁板	10 m^3	按图示面积乘以板厚以“m^3”计算，其中有梁板包括主、次梁与板，按梁板体积之和计算
A5-129	现浇混凝土构件　混凝土泵送费　檐高（m 以内） 50		

续表

项目编号	项目名称	计量单位	计算规则
A19-36	现浇混凝土模板　有梁板　木模板　钢支撑	100 m^2	有梁板：主梁算至柱或混凝土墙侧面；次梁算至主梁侧面；伸入砌体墙内的梁头与梁垫模板并入梁内；板算至梁的侧面
A19-42	现浇混凝土模板　板支撑高度超过 3.6 m　每超过 1 m 钢支撑	100 m^2	

（3）马凳筋计算。

微课：板钢筋算量

1）当板厚 $h \leqslant 140$ mm，板受力筋和分布筋直径≤ 10 mm 时，马凳筋直径可采用 Φ8。

2）当 140 mm < $h \leqslant 200$ mm，板受力筋直径≤ 12 mm 时，马凳筋直径可采用 Φ10。

3）板厚小于 100 mm 时，因马凳筋高度低于 50 mm，无法加工，一般用粗钢筋代替马凳筋。马凳筋纵向和横向的间距一般为 1 m。马凳筋计算长度如图 2.2-34 所示。

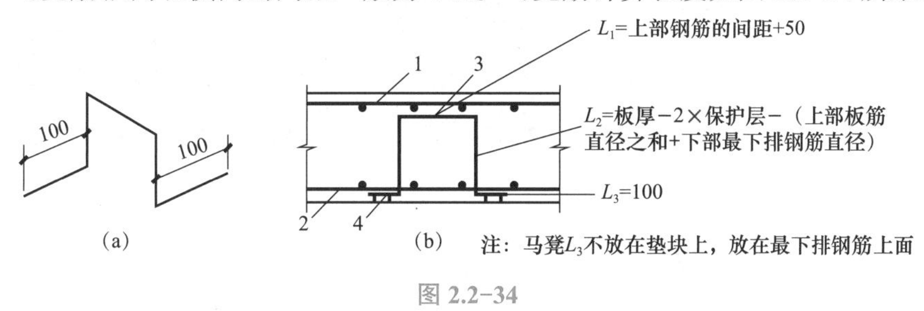

图 2.2-34

（a）钢筋撑脚；（b）撑脚位置

1—上层钢筋网；2—下层钢筋网；3—撑脚；4—水泥垫块

任务实施

1. 板的属性定义

（1）在模块导航树中选择“板”→“现浇板”，在“构件列表”中选择“新建”→“新建现浇板”并命名为“LB1”。

（2）在“属性列表”中输入相应的属性值，板厚输入“100”，如图 2.2-35 所示。

（3）单击马凳筋参数选项后单击“浏览”按钮，弹出“马凳筋设置”对话框，选择“Ⅰ型”，设置马凳筋信息为“Φ8@1000*1000”，输入参数如图 2.3-36 所示。

属性列表　图层管理

	属性名称	属性值	附加
1	名称	LB1	
2	厚度(mm)	(100)	☑
3	类别	有梁板	☐
4	是否是楼板	是	☐
5	材质	商品混凝土	☐
6	混凝土类型	商品混凝土	☐
7	混凝土强度等级	(C30)	☐
8	混凝土外加剂	(无)	
9	泵送类型	(混凝土泵)	
10	泵送高度(m)		
11	顶标高(m)	层顶标高	☐
12	备注		☐
13	− 钢筋业务属性		
14	其它钢筋		
15	保护层厚...	(15)	☐
16	汇总信息	(现浇板)	☐
17	马凳筋参...	Ⅰ型	
18	马凳筋信息	Φ8@1000*1000	☐

图 2.2-35

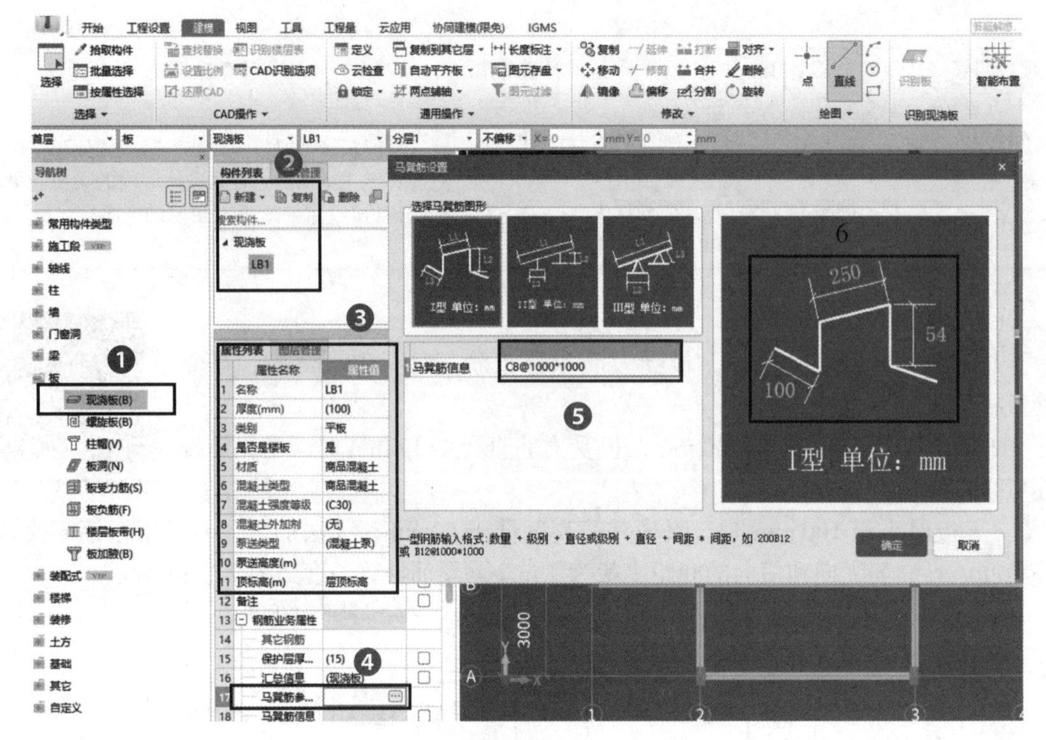

图 2.2-36

提示

1．“属性列表”下的混凝土强度等级与保护层厚度值，软件自动读取的是楼层设置时输入的值，如果不符合，可根据项目实际情况输入即可。

2．是否是楼板：主要与计算超高模板、超高体积起点判断有关，若是则表示构件可以向下找到该构件作为超高计算的判断依据，否则超高计算的判断与该板无关。

3．线型马凳筋方向：对Ⅰ型、Ⅱ型马凳筋起作用，设置马凳筋的布置方向。

4．拉筋：板厚方向布置拉筋时，输入拉筋信息。输入格式：级别＋直径＋间距×间距，或者数量＋级别＋直径。

2．板套做法

（1）板属性定义完成后，对板进行做法套取。在“定义”对话框，选择“构件做法”，在“查询”下拉列表中先后单击“查询清单库”和“查找定额库”按钮，查找并选择对应板构件，套取做法，结果如图 2.2-37 所示。

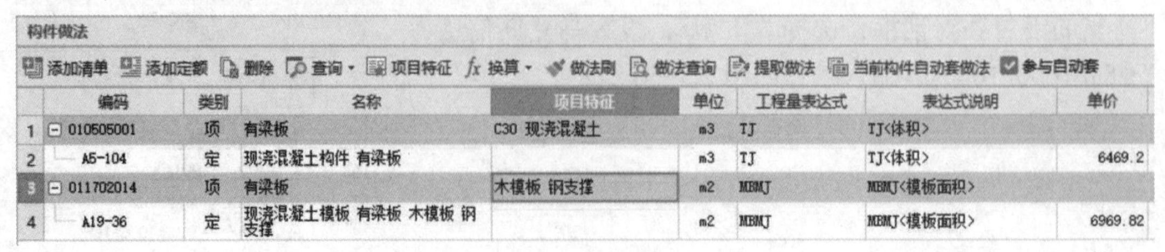

构件做法

添加清单 添加定额 删除 查询 项目特征 换算 做法刷 做法查询 提取做法 当前构件自动套做法 参与自动套

	编码	类别	名称	项目特征	单位	工程量表达式	表达式说明	单价
1	010505001	项	有梁板	C30 现浇混凝土	m3	TJ	TJ<体积>	
2	A5-104	定	现浇混凝土构件 有梁板		m3	TJ	TJ<体积>	6469.2
3	011702014	项	有梁板	木模板 钢支撑	m2	MBMJ	MBMJ<模板面积>	
4	A19-36	定	现浇混凝土模板 有梁板 木模板 钢支撑		m2	MBMJ	MBMJ<模板面积>	6969.82

图 2.2-37

（2）按此方法完成 WB1 的做法套取。

> 提示
>
> 1. 匹配清单提供的清单定额与实际计算规则不一致时，需要结合项目实际情况查询清单库与定额库。
>
> 2. 按照需求设置套做法的过滤条件，可以根据选择的过滤条件快速筛选所需的构件，在构件类型较多时可体现其便利性。

3. 板绘制

以 LB1 绘制为例，有几种绘制方式。

（1）“点”绘制。“点”绘制是最常用的绘制方式，定义楼板属性后，选择“点”绘制，在梁或墙围成的封闭区域中单击鼠标左键，即可布置 LB1，如图 2.2-38 所示。

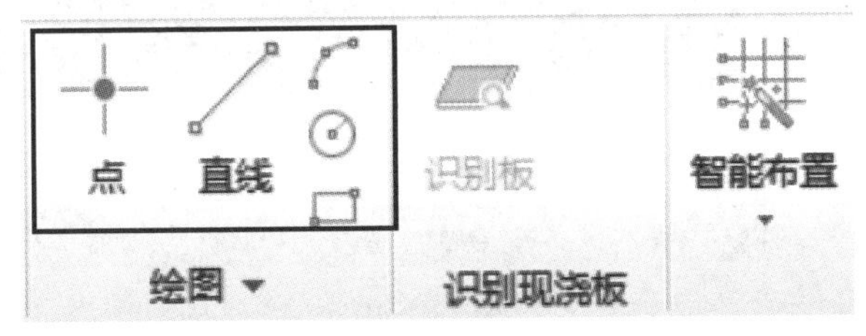

图 2.2-38

（2）“直线”绘制。单击“直线”按钮，用鼠标左键单击 LB1 边界区域的交点，围成一个封闭区域，即可布置 LB1。

（3）“矩形”绘制。若是没有梁或墙作为板的支座，板找不到梁或墙围成的封闭区域，可以采用“矩形”画法来绘制板。单击“矩形”按钮，选择矩形板图元的顶点，再选择矩形对角的顶点，即可绘制一块矩形板。

（4）自动生成板。当板的支座图元，如梁、墙绘制完成，且图中板类型较少时，可使用自动生成板，软件根据梁或墙围成的封闭区域来生成整层的板。需要注意的是，自动生成完毕后需对照图纸进行检查核对，将与图纸中板信息不符的部分在软件中进行修改。

4. 板受力筋属性定义和绘制

（1）板受力筋属性定义。在模块导航树中选择“板”→“板受力筋”，在“构件列表”中选择“新建”→“新建板受力筋”，新建“ф8@200”“ф8@150”“ф8@130”三种类型。

“属性列表”中设置钢筋类别为“底筋”，左右弯折为“0”。

（2）板受力筋绘制。在导航树中选择板受力筋类型，单击“建模”按钮，在“板受力筋二次编辑”面板中单击“布置受力筋”按钮，如图 2.2-39 所示。

布置板的受力筋，按照布置范围有“单板”布置、“多板”布置、“自定义”布置和“按受力筋范围”布置；按照钢筋方向有“XY 方向”布置、“水平”布置、“垂直”布置，还有“两点”“平行边”“弧线边布置放射筋”以及“圆心布置放射筋”，如图 2.2-40 所示。

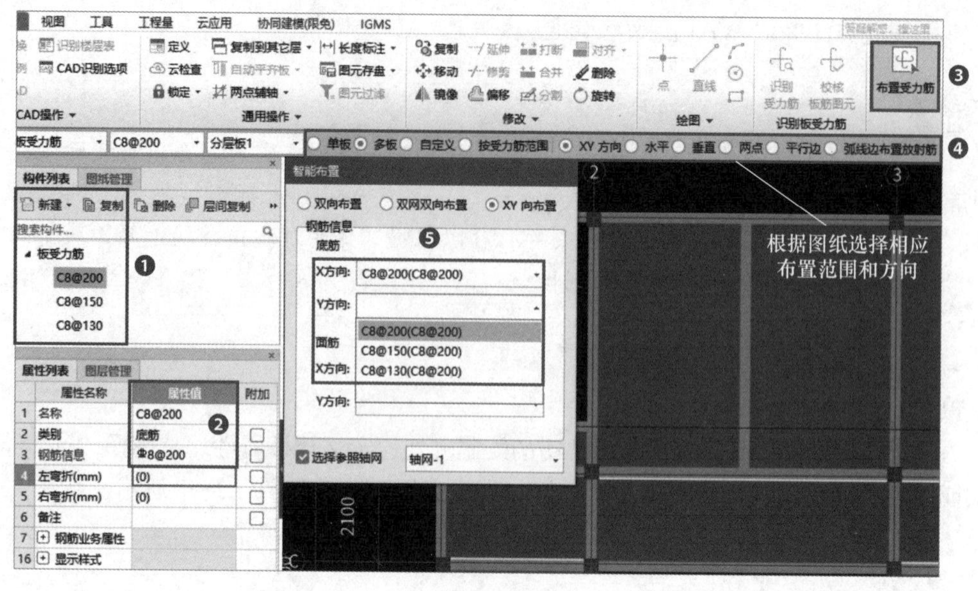

图 2.2-39

单板 多板 自定义 按受力筋范围 XY 方向 水平 垂直 两点 平行边 弧线边布置放射筋

图 2.2-40

以 LB1 布置为例，选择布置范围为“多板”，布置方向为“XY 方向”布置，选择所有已绘制的 LB1 图元，在弹出的“智能布置”对话框中，选择“XY 向布置”，“钢筋信息”在“底筋”下输入“X 方向”为“⌀8@200”，“Y 方向”为“⌀8@200”，如图 2.2-39 所示。

WB1 由于只有一块板，选择“单板”结合“XY 方向”即可快速布置。

提示

1. “双向布置”：适用于板内底筋或面筋在两个方向布置的钢筋类型相同的情况。

2. “双网双向布置”：适用于板内底筋与面筋在 X 和 Y 两个方向完全相同的情况。

3. “XY 向布置”：适用于板内底筋、面筋在 X 和 Y 方向均不相同的情况，因此此种布置方式最为灵活。

4. “选择参照轴网”：可以选择以哪个轴网的水平和竖直方向为基准进行布置，不勾选时，以绘图区域水平方向为 X 方向，竖直方向为 Y 方向。

5. 跨板受力筋属性定义和绘制

（1）跨板受力筋的属性定义。在模块导航树中选择“板”→“板受力筋”，在“构件列表”中选择“新建”→“新建跨板受力筋”。输入属性信息如图 2.2-41 所示。

1）“左标注”和“右标注”：左右两边伸出支座的长度，根据图纸的标注进行输入。

2）“标注长度位置”：可选择“支座中心线”“支座内边线”和“支座外边线”，根据图纸标注的实际情况进行选择，此工程选择“支座中心线”。

3）“分布钢筋”：图名注写说明，“所有未标注的板均为 100，未注明的分布筋为 ⌀8@200”，因此，分布钢筋输入“⌀8@200”。

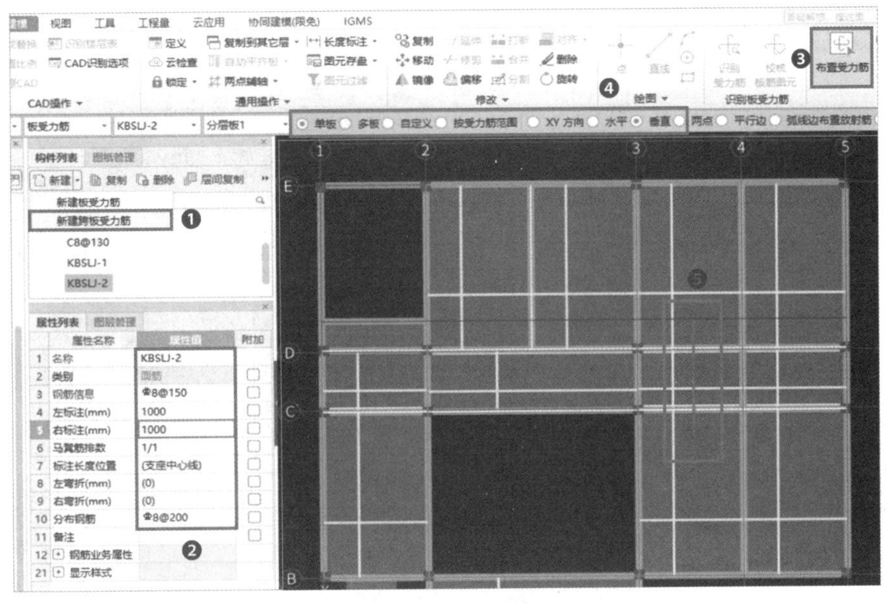

图 2.2-41

（2）跨板受力筋绘制。以③～④轴 / Ⓒ～Ⓓ轴间跨板受力筋为例，选择“单板”→“垂直”选项，再单击③～④轴 / Ⓒ～Ⓓ轴间楼板，即可布置垂直方向的跨板受力筋。其他位置的跨板受力筋采用同样方式布置即可。

提示

1. 跨板受力筋布置完成后需要选中绘制好的跨板受力筋，查看布筋范围，如果布置范围与图纸不符，则需要移动其编辑点至正确的位置。

2. 跨板受力筋的左右标注长度可以在选中跨板受力筋后，再单击数值进行修改。

3. 分布钢筋可在计算设置中统一修改，如图 2.2-42 所示。

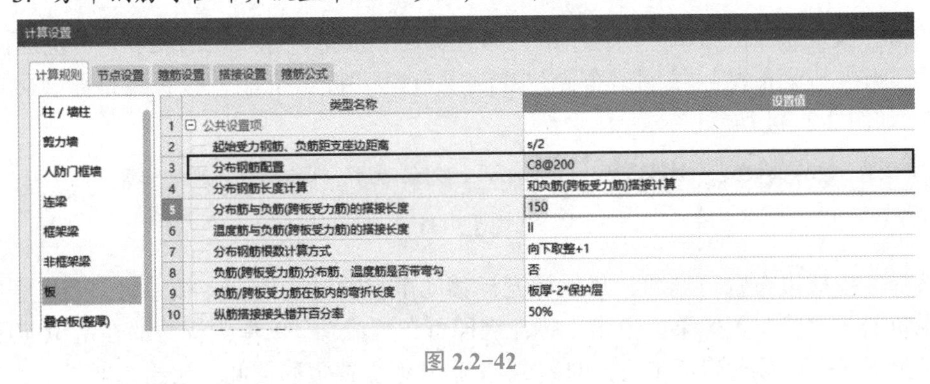

图 2.2-42

6. 负筋属性定义和绘制

以Ⓒ轴 / ①～②轴处负筋 ⌀8@150 为例，介绍负筋的属性定义与绘制。

（1）负筋的属性定义。在模块导航树中选择“板”→“板负筋”，在“构件列表”中选择“新建”→“新建板负筋”。输入属性信息如图 2.2-43 所示。

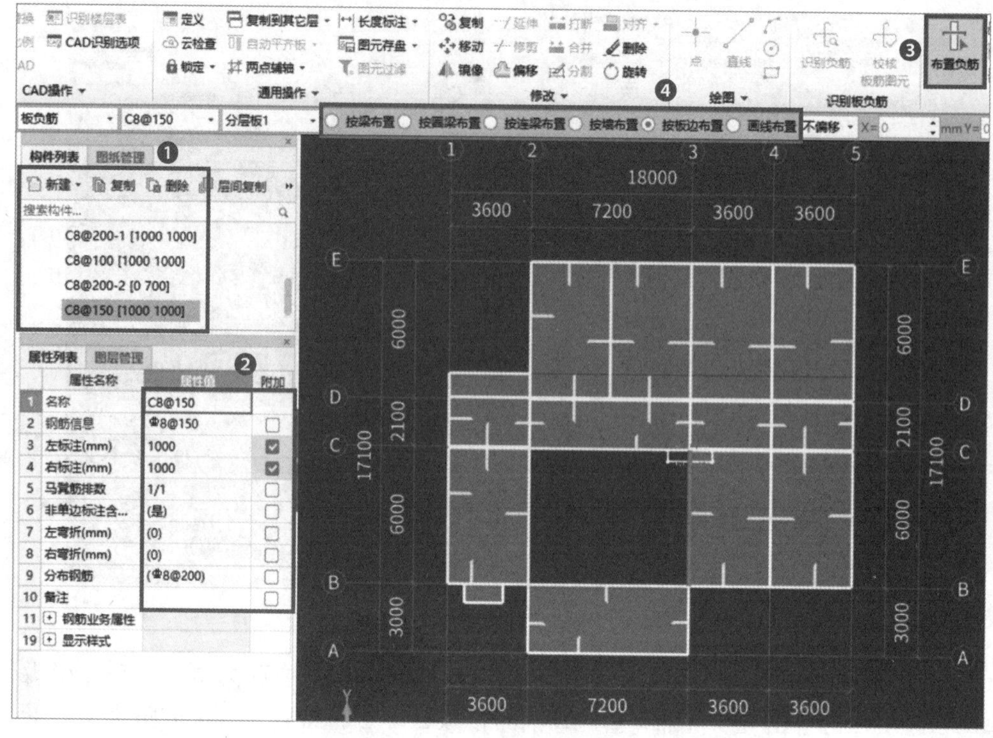

图 2.2-43

1）“左标注”和“右标注”：左右两边伸出支座的长度，根据图纸的标注进行输入。此处输入“1000”。

2）“非单边标注含支座宽”：指左右标注的尺寸是否含支座宽。根据图纸实际情况选择“是”，其他位置负筋按照同样的方式定义即可。

（2）负筋的绘制。负筋定义完毕后，在绘图区域对Ⓒ轴 / ①～②轴位置负筋进行布置。

单击“板负筋二次编辑”面板中的“布置负筋”按钮，选项栏出现多种可供选择的布置方式，有“按梁布置”“按圈梁布置”“按连梁布置”“按墙布置”“按板边布置”及“画线布置”，如图 2.2-44 所示。

图 2.2-44

选择“按板边布置”选项，将鼠标光标移动至Ⓒ轴对应位置，板边将呈现蓝色亮显，并显示负筋的预览布置效果，单击鼠标左键即可布置成功（仅单侧标注的在定位前还需鼠标光标上下或左右移动确定布置方向）。本工程其他位置负筋按此方法绘制即可。

提示

多板布置的板是一个整体，选择按板边布置将有可能多块板边连成一个整体，这时可灵活采用“画线布置”或“按墙布置”等。

任务拓展

悬挑板的属性定义与绘制

（1）悬挑板属性定义。以本工程 3.27 m 层板的飘窗悬挑板为例，介绍悬挑板的属性定义与绘制。

1）在模块导航树中选择“板”→“现浇板”，在“构件列表”中单击“新建”→“新建现浇板”并将其命名为“ XB1- 上”。以同样的方式新建“ XB1- 下”。输入属性信息如图 2.2-45 所示。

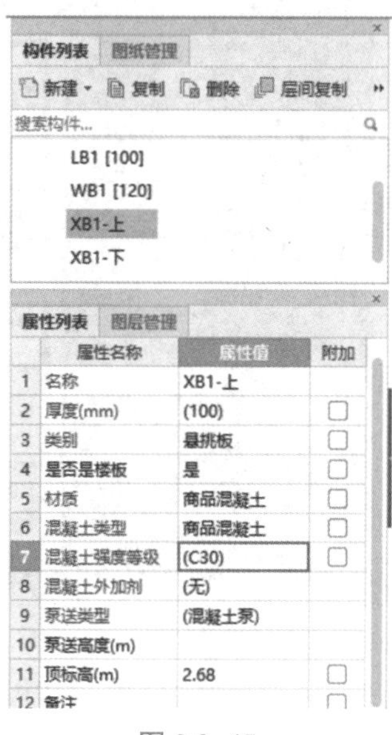

	属性名称	属性值	附加
1	名称	XB1-上	
2	厚度(mm)	(100)	☐
3	类别	悬挑板	☐
4	是否是楼板	是	☐
5	材质	商品混凝土	☐
6	混凝土类型	商品混凝土	☐
7	混凝土强度等级	(C30)	☐
8	混凝土外加剂	(无)	
9	泵送类型	(混凝土泵)	
10	泵送高度(m)		
11	顶标高(m)	2.68	☐
12	备注		☐

图 2.2-45

提示

1. 悬挑板为上部单层配筋，无须输入马凳筋信息。
2. 注意上下悬挑板标高不同，按图分别输入顶标高“2.68”“0.5”。

2）双击名称“ XB1”，在“构件做法”对话框中为悬挑板套取做法，如图 2.2-46 所示。

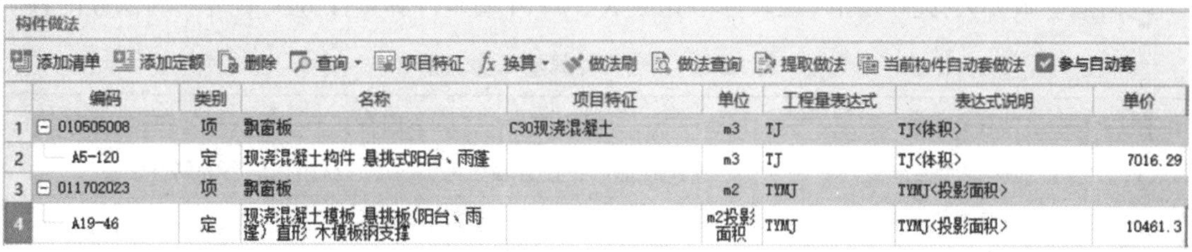

构件做法

添加清单　添加定额　删除　查询　项目特征　*fx* 换算　做法刷　做法查询　提取做法　当前构件自动套做法　参与自动套

	编码	类别	名称	项目特征	单位	工程量表达式	表达式说明	单价
1	⊟ 010505008	项	飘窗板	C30现浇混凝土	m3	TJ	TJ<体积>	
2	A5-120	定	现浇混凝土构件 悬挑式阳台、雨蓬		m3	TJ	TJ<体积>	7016.29
3	⊟ 011702023	项	飘窗板		m2	TYMJ	TYMJ<投影面积>	
4	A19-46	定	现浇混凝土模板 悬挑板(阳台、雨蓬）直形 木模板钢支撑		m2投影面积	TYMJ	TYMJ<投影面积>	10461.3

图 2.2-46

（2）悬挑板绘制。由于 XB1 板不在封闭区域内，部分顶点也没有轴线辅助定位，可以采用两种方法实现悬挑板的绘制：一是绘制辅助轴线后再采用矩形绘制方式绘制；二是

采用 Shift +左键输入偏移值进行定位绘制。

本工程采用的是第二种方法，通过分析图纸，以①轴和Ⓐ轴为参照点，输入 XB1 两个顶点的偏移值，如图 2.2-47 所示。

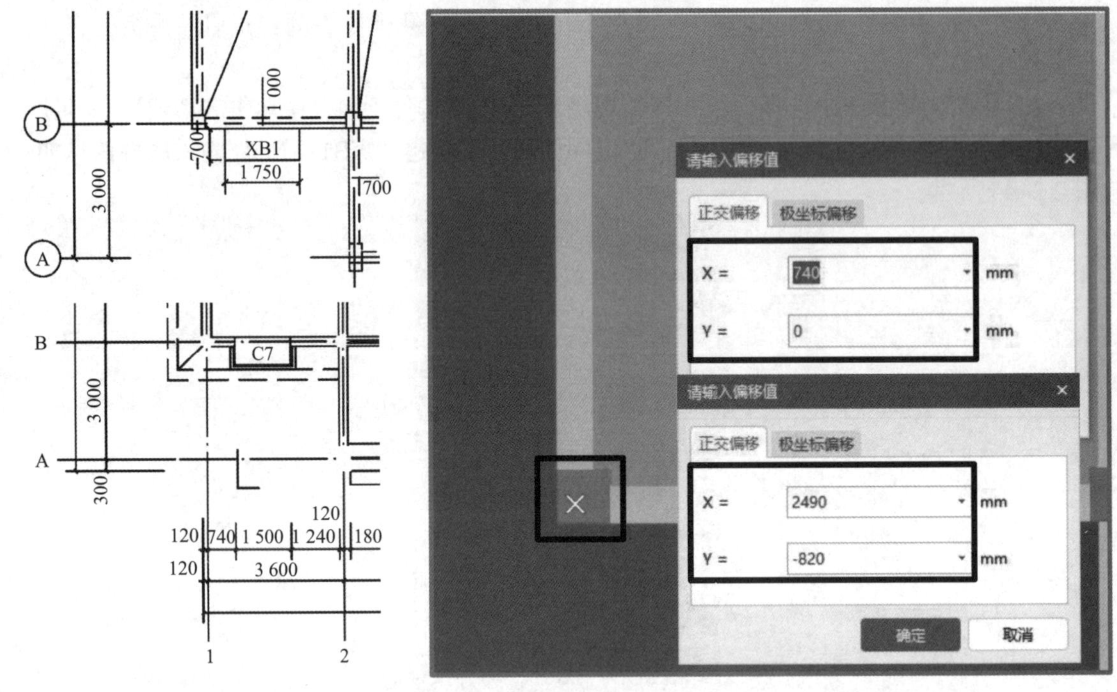

图 2.2-47

注意：在平面同一位置绘制多块板，软件会提示“板位置重叠”，需要切换分层后再绘制。

2.4 墙体算量

微课：墙体算量

任务说明

根据行政办公楼施工图，在软件中完成表 2.2-14 墙构件算量任务工单所列的任务内容。

表 2.2-14 墙构件算量任务工单

序号	任务名称	任务内容
1	砌体墙属性定义	新建砌体墙，设置墙名称、厚度、材质、标高等属性信息
2	砌体墙套做法	套取清单与定额
3	砌体墙绘制	采用直线绘制方式绘制墙体图元
4	砌体加筋定义与绘制	查阅图集，定义与绘制砌体加筋
5	工程量查询	汇总计算，查询砌体墙及砌体加筋钢筋工程量

任务探究

1. 分析图纸

查阅行政办公楼建筑施工图平面图、建筑设计总说明，获取墙体的材质、厚度等信息，据此确定需要新建多少种墙体类型。通过图纸分析得知砌体墙的基本信息，见表 2.2-15。

表 2.2-15　砌体墙信息表

序号	标高	类型	砌筑砂浆	材质	墙厚
1	基础顶～ ±0.000	基础墙	MU10 水泥砂浆	实心砖 M7.5	240
2	首层 ±0.000 ～ 3.27	外墙	MU10 混合砂浆	烧结多孔砖 M5	240
		内墙	MU10 混合砂浆	烧结多孔砖 M5	240
3	二层 3.270 ～ 6.270	外墙	MU10 混合砂浆	烧结多孔砖 M5	240
		内墙	MU10 混合砂浆	烧结多孔砖 M5	240
4	屋顶层 3.60 ～ 4.130	女儿墙	MU10 混合砂浆	烧结多孔砖 M5	240

2. 清单定额规则学习

（1）砌体墙清单计算规则，见表 2.2-16。

表 2.2-16　清单计算规则

项目编码	项目名称	计量单位	计算规则
0100401001	砖基础	m^3	按设计图示尺寸以体积计算
0100401004	多孔砖墙		

（2）砌体墙定额计算规则，见表 2.2-17。

表 2.2-17　定额计算规则

项目编号	项目名称	计量单位	计算规则
A4-1	砖基础	10 m^3	按图示尺寸以体积计算： 砖基础与砖墙分界：以设计室内地坪为界（有地下室者，以地下室室内设计地面为界），以下为基础，以上为墙身
A4-10	混水砖墙		砌体墙按其他外形尺寸以体积计算，应扣除门窗洞口、钢筋混凝土柱梁、过梁、圈梁等所占的体积

任务实施

1. 砌体墙的属性定义

（1）在模块导航树中选择“墙”→“砌体墙”，在“构件列表”中选择“新建”→“新建外墙”，如图 2.2-48 所示。

（2）在“属性列表”中输入墙体的属性信息，如图 2.2-49 所示。

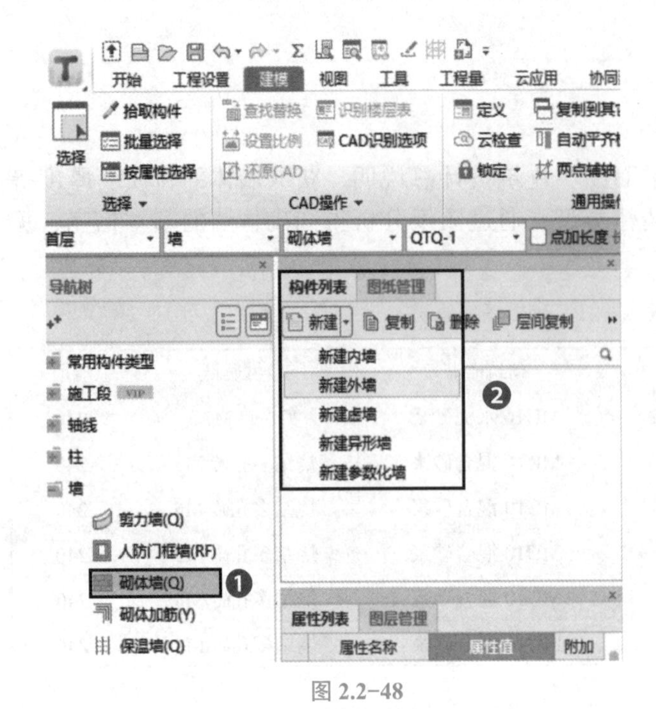

图 2.2-48

	属性名称	属性值	附加
1	名称	QTQ-1	
2	厚度(mm)	240	☐
3	轴线距左墙皮...	(120)	☐
4	砌体通长筋		☐
5	横向短筋		☐
6	材质	多孔砖	☐
7	砂浆类型	混合砂浆	☐
8	砂浆标号	(M10)	☐
9	内/外墙标志	(内墙)	☑
10	类别	砌体墙	☐
11	起点顶标高(m)	层顶标高	☐
12	终点顶标高(m)	层顶标高	☐
13	起点底标高(m)	层底标高	☐
14	终点底标高(m)	层底标高	☐
15	备注		☐

图 2.2-49

提示：

“属性列表”中“内/外墙标志”选项要根据墙体位置区别定义，墙体属性为内墙还是外墙除对自身工程量有影响外，还影响其他构件的智能布置。

2. 砌体墙套做法

双击构件列表墙体名称，切换到“构件做法”，砌体墙套做法如图 2.2-50 所示。

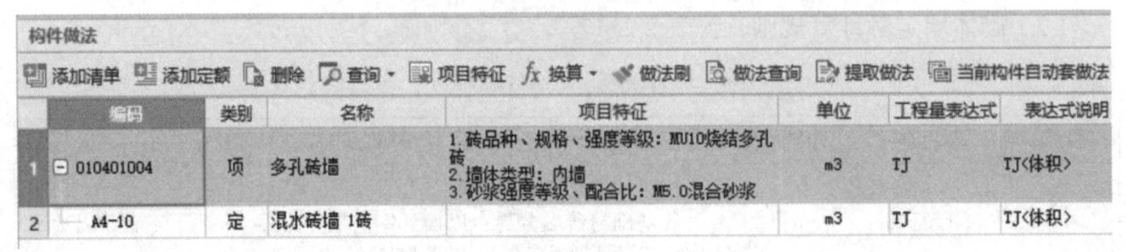

构件做法

添加清单　添加定额　删除　查询　项目特征　fx 换算　做法刷　做法查询　提取做法　当前构件自动套做法

	编码	类别	名称	项目特征	单位	工程量表达式	表达式说明
1	010401004	项	多孔砖墙	1.砖品种、规格、强度等级：MU10烧结多孔砖 2.墙体类型：内墙 3.砂浆强度等级、配合比：M5.0混合砂浆	m3	TJ	TJ<体积>
2	A4-10	定	混水砖墙 1砖		m3	TJ	TJ<体积>

图 2.2-50

3. 砌体墙绘制

（1）直线绘制。墙体绘制方式与梁类似，选择“绘图”面板中的“直线”绘制方式，捕捉两个轴线的交点，确定墙体长度方向的两个点即可绘制线状构件。首层墙体绘制完成的效果如图 2.2-51 所示。

（2）偏移绘制。对于没有轴线不方便捕捉墙体端点定位的情况下，可以在直线绘制状态下，以某个点为参考，按住“Shift＋左键”，在弹出的“输入偏移量”对话框中，输入 X 和 Y 方向的偏移值即可。由于本工程没有此种情况，选择“直线”绘制方式即可将其余部位砌体墙绘制完毕。

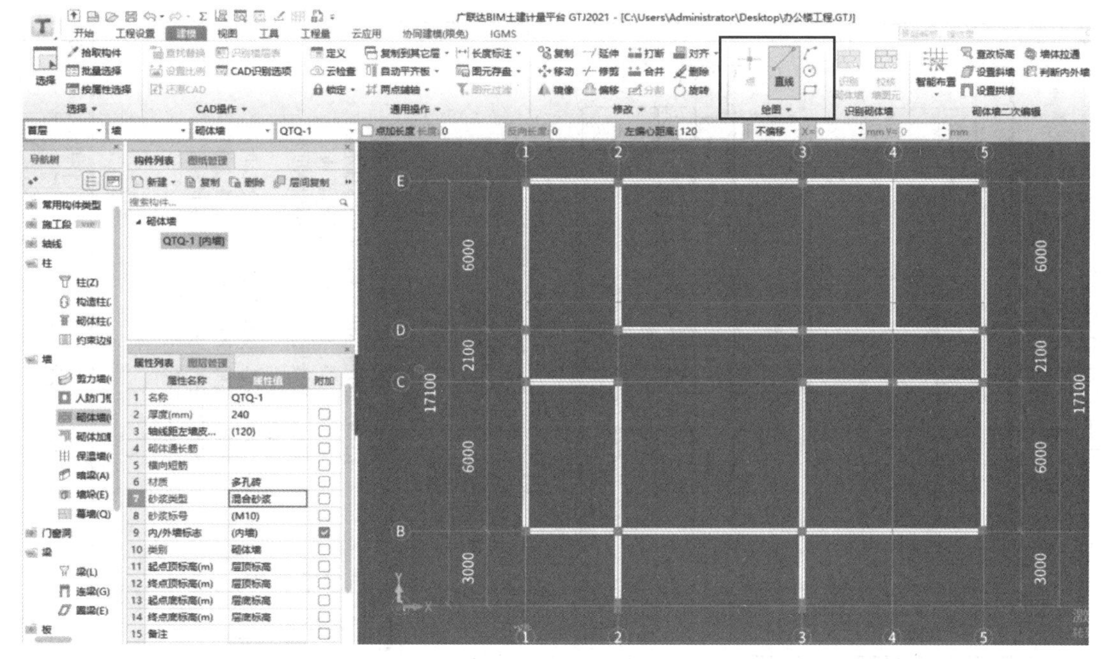

图 2.2-51

4. 砌体墙编辑

在绘图区域上方“修改”面板中，可利用“复制”“偏移”“镜像”“对齐”等修改工具完善绘制或提高绘制的效率。

任务拓展

1. 砌体加筋的定义

通过查阅综合办公楼工程图纸结构设计总说明可知，砌体填充墙与钢筋混凝土结构柱的连接做法按照中南标 03ZG003 第 36 页执行（图 2.2-52）。

（1）在模块导航树中，选择“墙”→“砌体加筋”，在“构件列表”中选择“新建”→“新建砌体加筋”，弹出“选择参数化图形”对话框，如图 2.2-53 所示。

（2）根据图纸中砌体的连接方式确定新建砌体加筋的参数化截面类型，软件中有 L 形、T 形、十字形和一字形供选择。例如，①轴和Ⓔ轴交点处 L 形砌体墙位置的砌体加筋，操作步骤如下：

1）在“选择参数化图形”对话框中，选择“参数化截面类型”为“L 形”，选择“L-4 形”，与图纸中详图 4 一致。

2）参数输入：Ls1 和 Ls2 两个方向的加筋伸入砌体内长度输入“700”；b1 和 b2 为墙体厚度，输入“240”，单击“确定”按钮，如图 2.2-54 所示。

3）输入属性信息，根据结构设计说明，每侧钢筋信息为 2Φ6@500，“1# 加筋”“2# 加筋”分别输入“2Φ6@500”，如图 2.2-54 所示。

4）在“属性列表”中，单击“计算设置”选项后的“浏览”按钮，弹出“计算参数设置”对话框，将“砌体加筋锚固长度”设置为“200”，如图 2.2-55 所示。

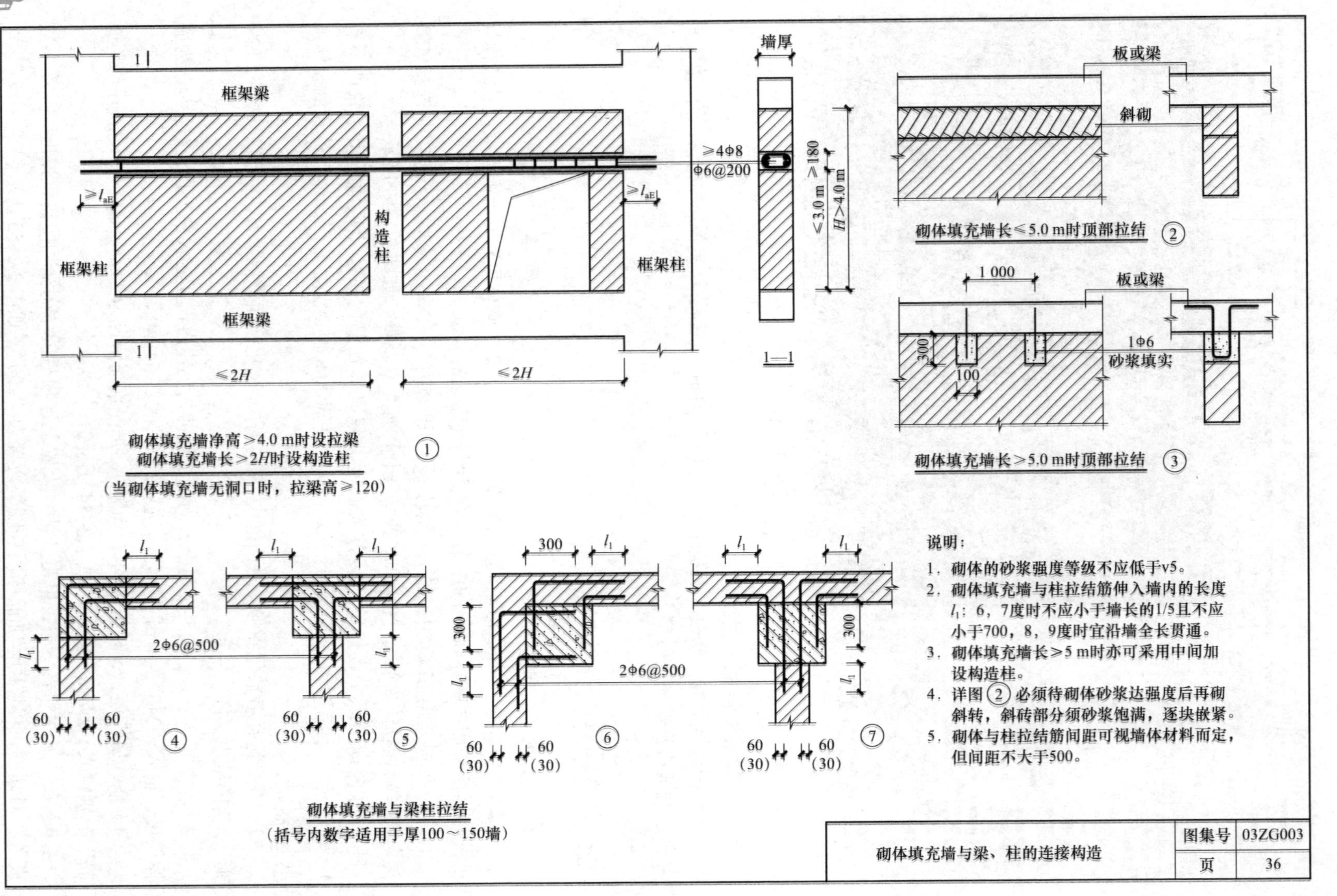
框架梁
框架柱
构造柱
≥4Φ8
Φ6@200
≥l_{aE}
≤2H
墙厚
≥180
≤3.0 m
H>4.0 m
1—1
砌体填充墙净高>4.0 m时设拉梁
砌体填充墙长>2H时设构造柱
（当砌体填充墙无洞口时，拉梁高≥120）
①
板或梁
斜砌
砌体填充墙长≤5.0 m时顶部拉结
②
1 000
300
100
1Φ6
砂浆填实
砌体填充墙长>5.0 m时顶部拉结
③
l_1
2Φ6@500
60 (30)
④
⑤
⑥
⑦
砌体填充墙与梁柱拉结
（括号内数字适用于厚100～150墙）
说明：
1．砌体的砂浆强度等级不应低于v5。
2．砌体填充墙与柱拉结筋伸入墙内的长度l_1：6，7度时不应小于墙长的1/5且不应小于700，8，9度时宜沿墙全长贯通。
3．砌体填充墙长≥5 m时亦可采用中间加设构造柱。
4．详图②必须待砌体砂浆达强度后再砌斜转，斜砖部分须砂浆饱满，逐块嵌紧。
5．砌体与柱拉结筋间距可视墙体材料而定，但间距不大于500。
砌体填充墙与梁、柱的连接构造
图集号 03ZG003
页 36

图 2.2-52

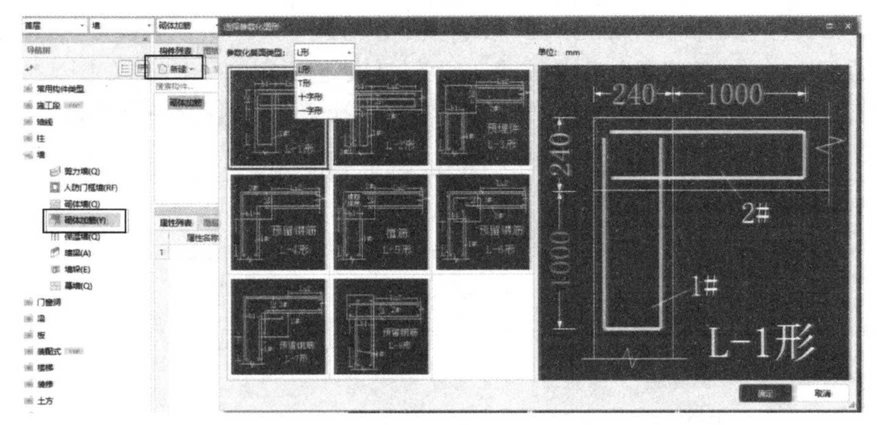

图 2.2-53

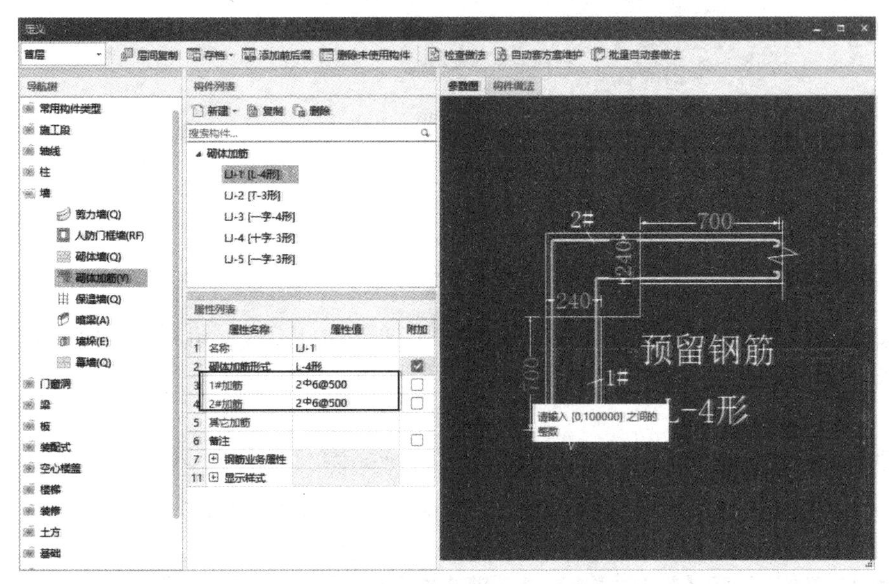

图 2.2-54

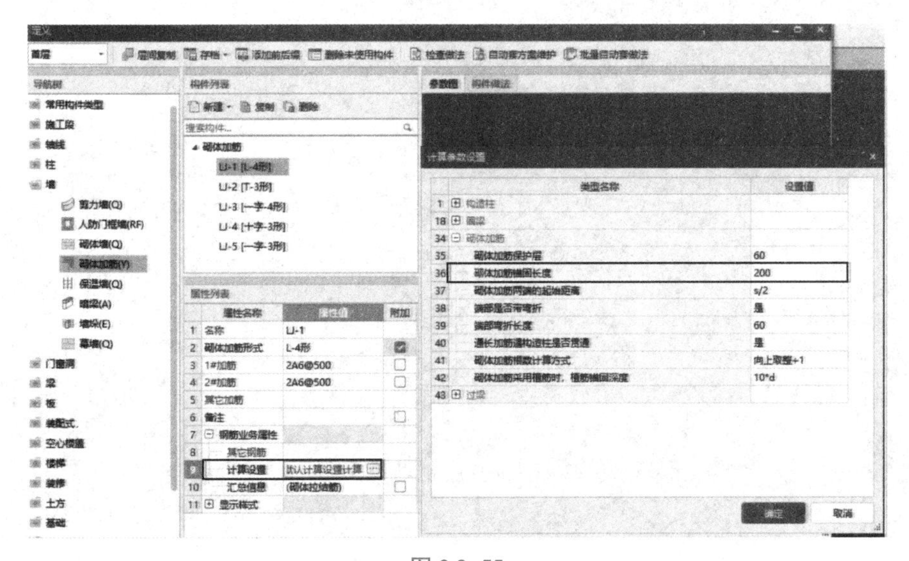

图 2.2-55

5）如果本工程所有砌体加筋的形式和锚固长度一致，可以在“工程设置”选项卡中，选择“钢筋设置”→“计算设置”，针对整个工程的砌体加筋进行统一设置，如图 2.2-56 所示。

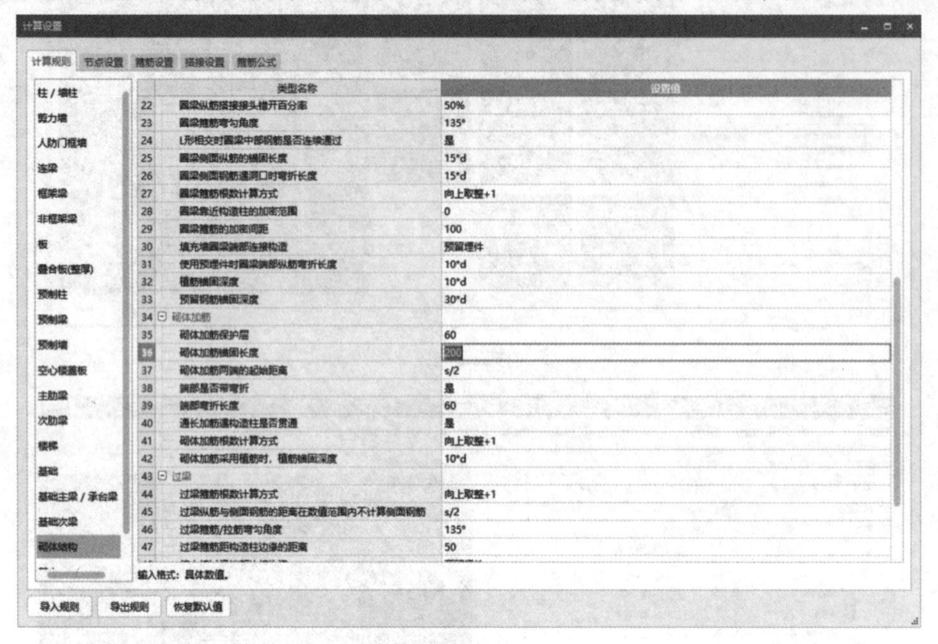

图 2.2-56

砌体加筋的钢筋信息和锚固长度输入完毕，定义构件完成，可按照相同的方法定义其他类型砌体加筋。

2．砌体加筋的绘制

以⑤轴和Ⓔ轴交点处砌体加筋绘制为例，在“绘图”面板中，单击“点”按钮，勾选“旋转点”选项，在需要放置砌体加筋的轴线交点处单击鼠标左键，向下移动鼠标光标旋转至正确方向，捕捉⑤轴与Ⓓ轴交点单击即可定位（图 2.2-57）。

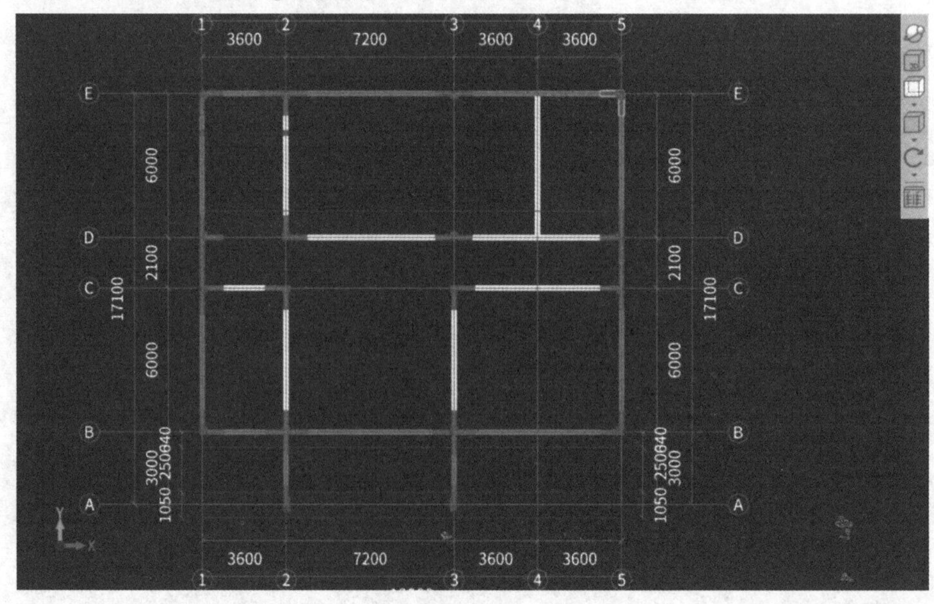

图 2.2-57

当砌体加筋与墙体边需要对齐时，可采用“对齐”工具进行修改。其他位置的其他加筋绘制可结合图纸实际情况，灵活选择“点”“旋转点”或“智能布置”方式进行绘制。

2.5　门窗算量

微课：门窗算量

任务说明

根据行政办公楼施工图，在软件中完成表2.2-18门窗构件算量任务工单所列的任务内容。

表2.2-18　门窗构件算量任务工单

序号	任务名称	任务内容
1	门窗属性定义	新建门窗，设置门窗名称、洞口宽度与高度、离地高度等属性
2	门窗套做法	套取清单与定额
3	门窗绘制	采用智能布置、点画或精确绘制方式绘制门窗图元
4	飘窗定义与绘制	查阅详图，定义与绘制飘窗与飘窗板
5	工程量查询	汇总计算，查询门窗工程量

任务探究

1. 分析图纸

（1）查阅行政办公楼门窗表，确定门、窗类型、材质、离地高度，见表2.2-19。

（2）查阅一层建筑平面图，确定绘制门窗图元的位置。

2. 清单定额规则学习

（1）门窗清单计算规则，见表2.2-20。

（2）门窗定额计算规则，见表2.2-21。

表 2.2-19　门窗表

类型	设计编号	洞口尺寸 /mm	樘数	开启方式	采用准图集及编号		材料		过梁	备注
		宽 × 高			图集代号	编号	框材	扇材		
门	M1	900×2 100	2	平开	98ZJ681	GJM101C1-1021	实木夹板门，底漆一遍，咖啡色调和漆二遍		GL09242	
	M2	1 000×2 100	9	平开	98ZJ681	GJM101C1-1021	实木夹板门，底漆一遍，咖啡色调和漆二遍		GL10242	
	M3	1 500×2 400	2	平开	98ZJ681	GJM124C1-1521	实木夹板门，底漆一遍，咖啡色调和漆二遍		GL15242	
	M4	800×2 100	4	平开	07ZTJ603	PPM1-0821	塑钢门		GL08121	
组合门	MC1	6 900×2 700	1	平开	见大样		铝合金型材	钢化中空玻璃（8 + 6A + 8 厚）		全玻璃弹簧门
窗	C1	2 400×2 400	2	平开	03J603-2	见大样	铝合金型材	中空玻璃（6 + 6A + 6 厚）		窗台 300
	C2	2 400×1 800	4	平开	03J603-2	WPLC55BC118-1.52	铝合金型材	中空玻璃（6 + 6A + 6 厚）		窗台 900
	C3	1 800×1 800	1	平开	03J603-2	WPLC55BC94-1.52	铝合金型材	中空玻璃（6 + 6A + 6 厚）	GL18242	窗台 900
	C4	1 500×1 800	4	平开	03J603-2	WPLC55BC118-1.52	铝合金型材	中空玻璃（6 + 6A + 6 厚）		窗台 900
	C5	4 800×1 500	1	平开	03J603-2	见大样	铝合金型材	中空玻璃（6 + 6A + 6 厚）		窗台 900
	C6	2 400×1 500	6	平开	03J603-2	WPLC55BC118-1.52	铝合金型材	中空玻璃（6 + 6A + 6 厚）		窗台 900
	C7	（600 + 1 500 + 600×2 100）	2	凸窗	03J603-2	见大样	铝合金型材	中空玻璃（6 + 6A + 6 厚）		窗台 500

表 2.2-20　门窗清单计算规则

项目编码	项目名称	计量单位	计算规则
010801001	木质门	樘 /m^2	（1）以樘计算，按设计图示数量计算； （2）以 m^2 计算，按设计图示洞口尺寸以面积计算
010802001	金属（塑钢）门		
010807001	金属（塑钢、断桥）窗		
010807007	金属（塑钢、断桥）飘窗（凸）窗		（1）以樘计算，按设计图示数量计算； （2）以 m^2 计算，按设计图示尺寸以框外围展开面积计算

表 2.2-21　门窗定额计算规则

项目编号	项目名称	计量单位	计算规则
A14-3	成品套装木门安装单扇门	10 樘	按设计图示数量计算
A14-4	成品套装木门安装双扇门		
A14-6	地弹门	100 m^2	以 m^2 计算，按设计图示洞口尺寸以面积计算
A4-11	塑钢门窗（成品）安装平开窗		
A4-25	塑钢中空玻璃窗		

任务实施

1. 门窗的属性定义

（1）在模块导航树中选择“门窗洞”→“门”，在“构件列表”中选择“新建”→“新建矩形门”，在“属性列表”中输入相应的属性值，如图 2.2-58 所示。

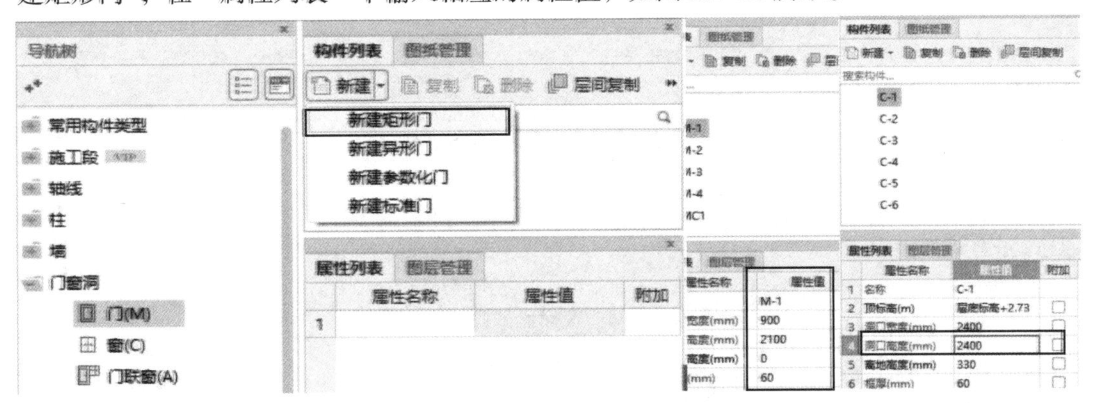

图 2.2-58

属性值的含义如下：

1）“洞口宽度”“洞口高度”：从门窗表中根据编号可直接查询到洞口宽度与高度值。

2）“离地高度”：门离地高度一般为 0，窗离地高度可从相应建筑立面图查阅获得。

3）“框厚”：即门框厚度，输入该值将影响墙面块料面积的计算。

4）“立樘距离”：门框中心线与墙中心线之间的距离，默认为 0，如果门框中心线在墙中心线左侧，该值为负；否则为正。

5）“框上下扣尺寸”“框左右扣尺寸”：如果计算规则要求门窗按框外围面积计算，输入框扣尺寸，如图 2.2-59 所示。

属性列表　图层管理

	属性名称	属性值	附加
1	名称	M-1	
2	洞口宽度(mm)	900	☐
3	洞口高度(mm)	2100	☐
4	离地高度(mm)	0	☐
5	框厚(mm)	60	☐
6	立樘距离(mm)	0	☐
7	洞口面积(m²)	1.89	☐
8	框外围面积(m²)	(1.89)	☐
9	框上下扣尺寸(...	0	☐
10	框左右扣尺寸(...	0	☐
11	是否随墙变斜	否	☐
12	备注		☐
13	+ 钢筋业务属性		
18	+ 土建业务属性		
21	+ 显示样式		

图 2.2-59

（2）参照门窗表对门窗进行属性定义，结果如图 2.2-58 所示。

2. 门窗套做法

首层门窗套做法，其中 M-1 与 M-2、M-3 套做法相同，C-1 ～ C-4 套做法相同，如图 2.2-60 所示。

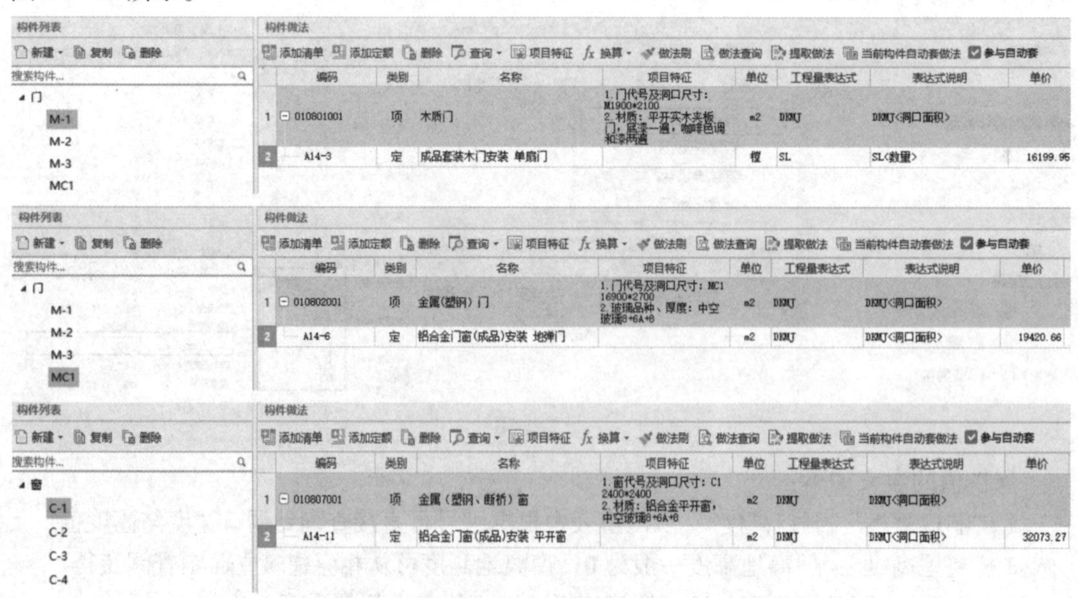

图 2.2-60

3. 门窗绘制

门窗及洞口构件属于墙的依附构件，也就是说门窗洞口必须绘制在墙上。

门窗最常采用的绘制方式为“点”绘制，在计算墙体工程量时，墙体体积扣减门窗体积，门窗布置在墙体上的位置无须非常精确，因此，直接点画布置门窗即可。但当门窗紧邻柱等构件时，考虑到门窗洞口上方过梁和与洞口相邻的柱、墙的扣减关系，需要对门窗进行精确定位。下面逐一举例介绍门窗的绘制方法。

（1）“智能布置”：墙段中点，构件列表中选择“C-2”，在“窗二次编辑”面板中选择“智能布置”→“墙段中点”，单击选择③轴墙体，鼠标右键单击 C-2 完成绘制，如图 2.2-61 所示。

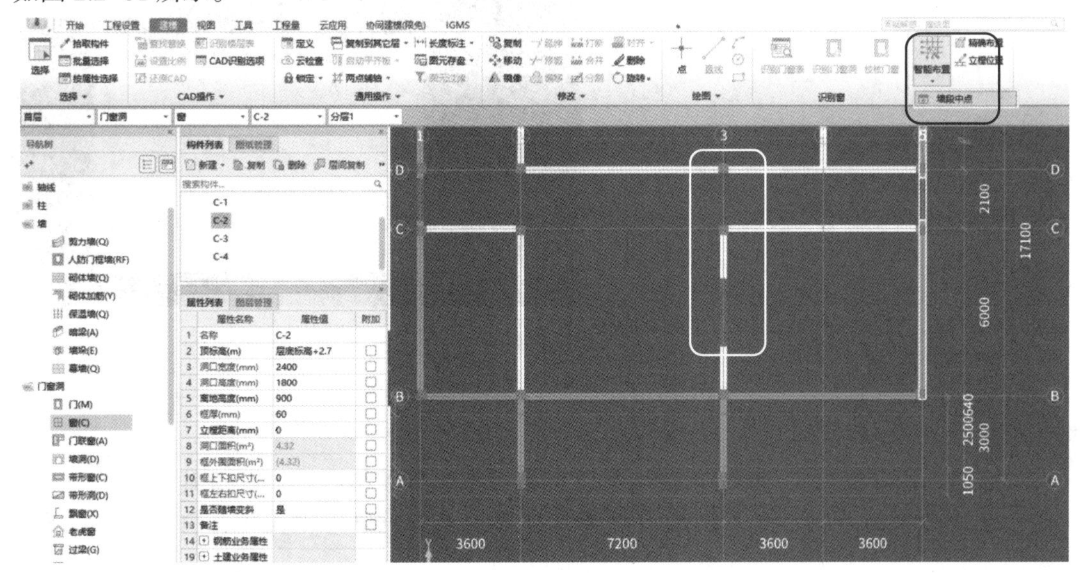

图 2.2-61

（2）“精确布置”：选择“精确布置”绘制，鼠标左键单击参考点，鼠标控制方向，向左移动，在输入框中输入偏移值“600”，如图 2.2-62 所示。

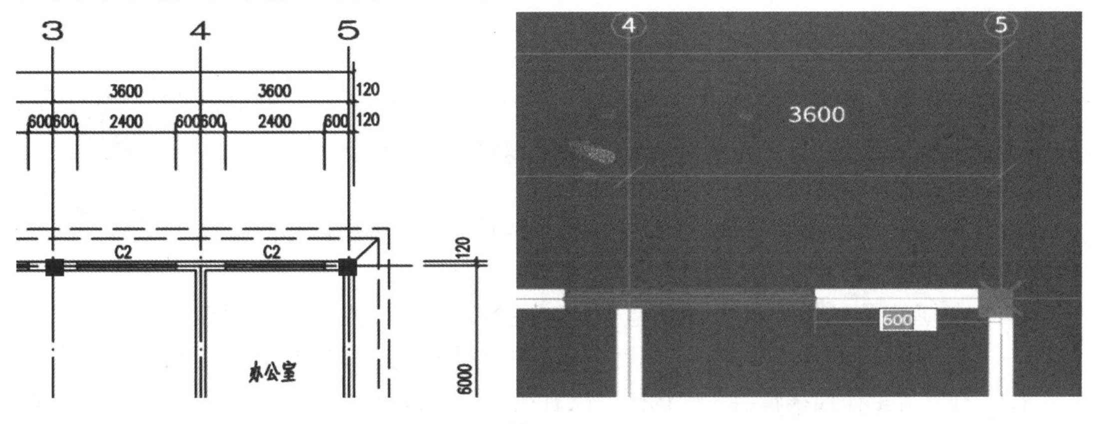

图 2.2-62

（3）“点”绘制：选择“M-3”，选择“点”绘制，按住 Shift 键的同时单击②轴和Ⓓ轴交点，在输入框中输入 X 值为“300”，完成 C-3 的绘制，如图 2.2-63 所示。

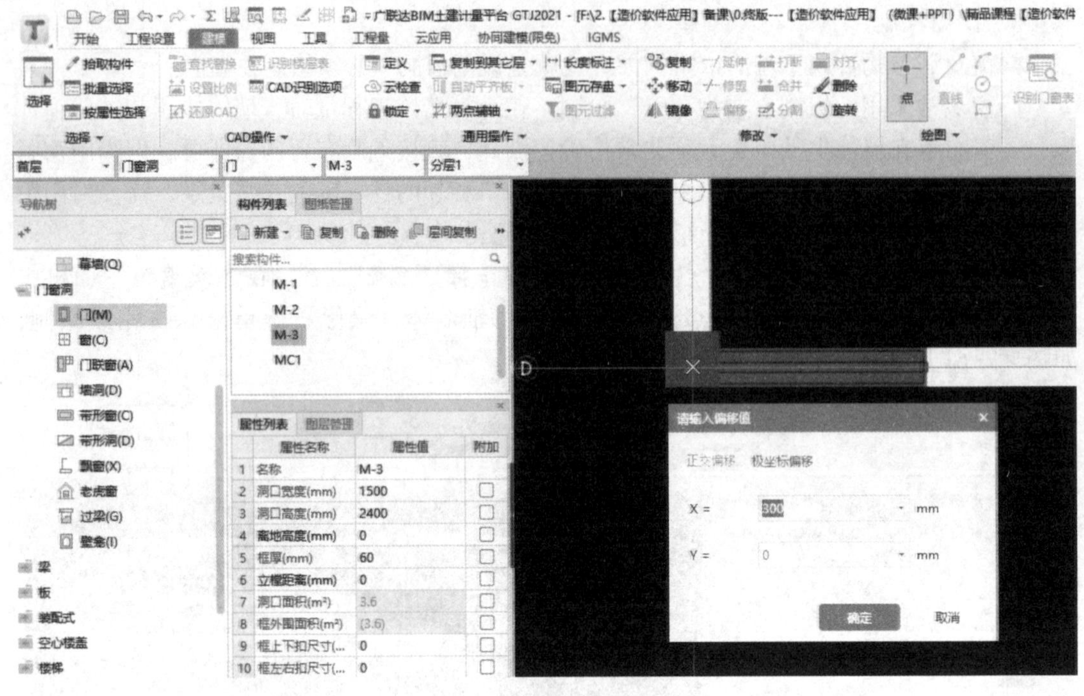

图 2.2-63

提示

采用点画方式时可通过F4键切换门窗插入点。位置相同的如C-2可以采用复制的方式进行快速绘制。建筑结构对称还可以考虑采用镜像的方式布置门窗，以提高效率。

任务拓展

飘窗的定义

微课：飘窗算量

根据项目实际情况，飘窗可采用两种方式创建：一种是采用新建异形挑檐结合带形窗的方法；另一种是采用新建参数化飘窗的方法。下面介绍利用第一种方式绘制飘窗的操作方法。

通过查阅综合办公楼工程图纸结施 -06、结施 -08 窗台挑板详图可知飘窗悬挑板标高、尺寸、钢筋信息。

（1）在模块导航树中选择“其他”→“挑檐”选项，在“构件列表”中选择“新建”→“新建线式异形挑檐”，在“属性列表”中输入相应的属性值，如图 2.2-64 所示。

（2）在“异形截面编辑器”中选择“设置网格”，设置水平方向值为“240，700”，垂直方向值为“100，80”，用“直线”绘制挑檐轮廓，单击“确定”按钮。

（3）单击“属性列表”中的“截面编辑”按钮，根据图纸钢筋信息绘制截面钢筋，如图 2.2-65 所示。

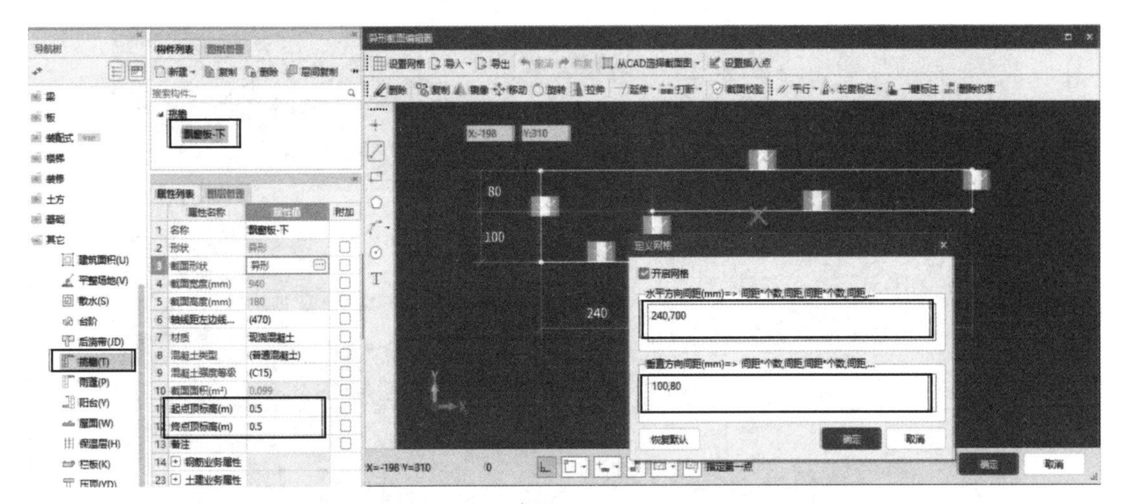

图 2.2-64

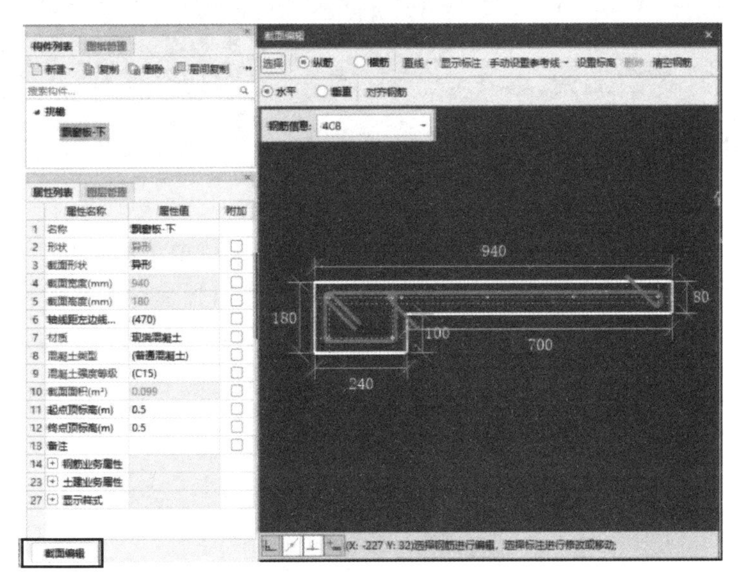

图 2.2-65

（4）在构件列表中为下飘窗板套做法，如图 2.2-66 所示。

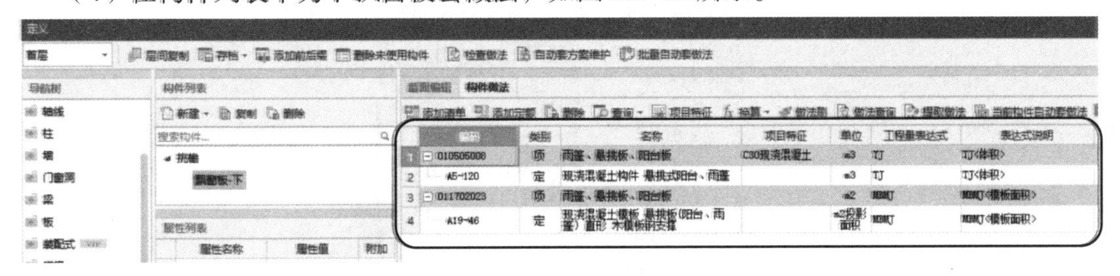

图 2.2-66

（5）查阅图纸，绘制飘窗挑板定位的辅助轴线，如图 2.2-67 所示。

（6）采用“直线”绘制方式绘制飘窗板，可通过 F4 键调整插入位置，采用“对齐”工具将飘窗板对齐墙体内边线。

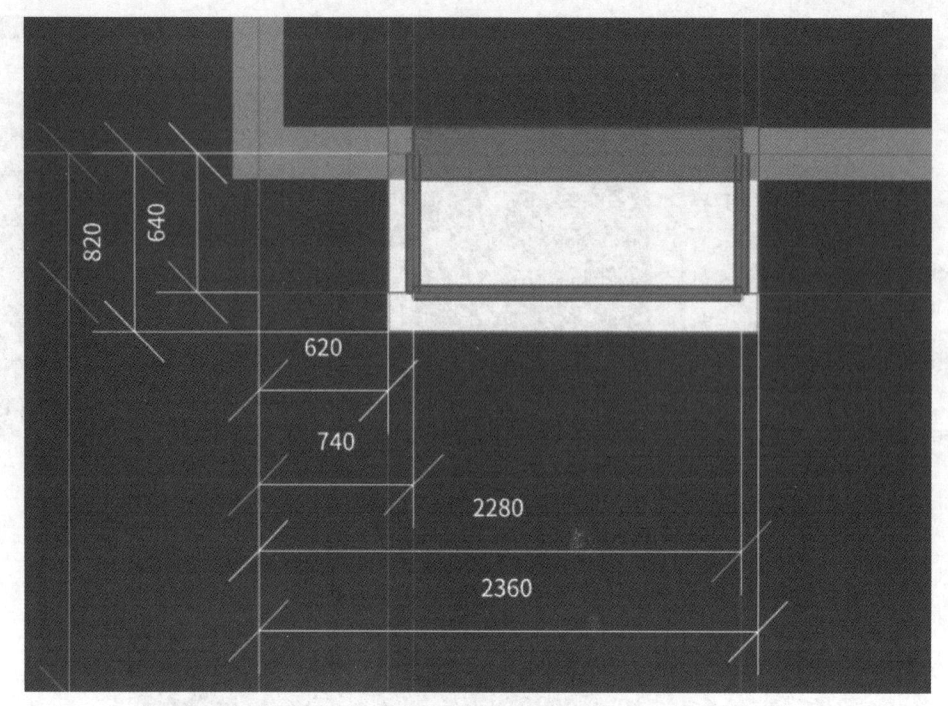

图 2.2-67

（7）由于上部飘窗板连接的是框架梁，因此只需要创建现浇板即可。新建现浇板，在“属性列表”中输入参数，如图 2.2-68 所示。参照下飘窗板套做法，按辅助线位置绘制“飘窗板 - 上”。

图 2.2-68

提示

注意在同一平面位置绘制高度不同的两块板时，需要切换分层，如图 2.2-69 所示。

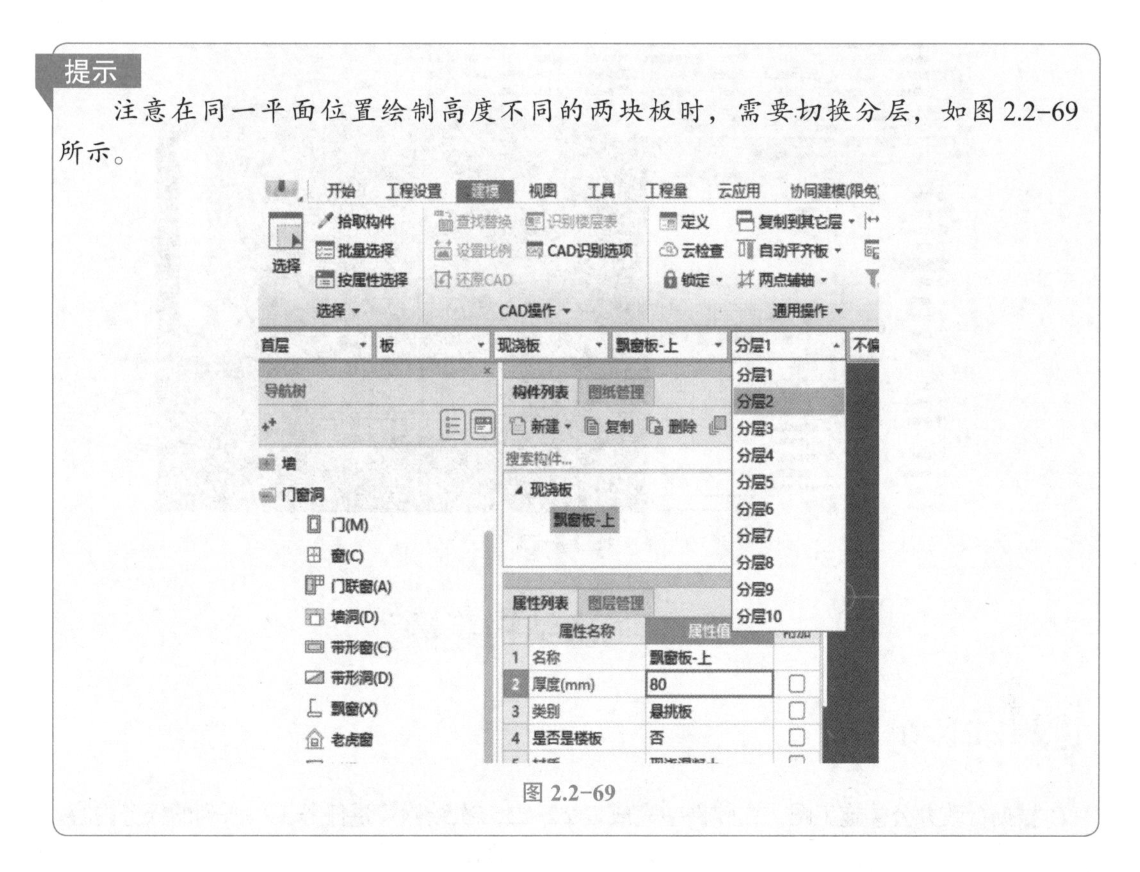

图 2.2-69

（8）为“飘窗板－上”添加钢筋信息，在模块导航树中选择“板”→“板受力筋”，同时选择“单板”和“XY 方向”，在“智能布置”对话框中“X 方向”输入“Φ8@200”，“Y 方向”输入“Φ8@150”，单击板完成钢筋的绘制（图 2.2-70）。

（9）在模块导航树中选择“门窗洞”→“带形窗”，新建带形窗并命名为“C7”，套取做法，如图 2.2-71 所示。

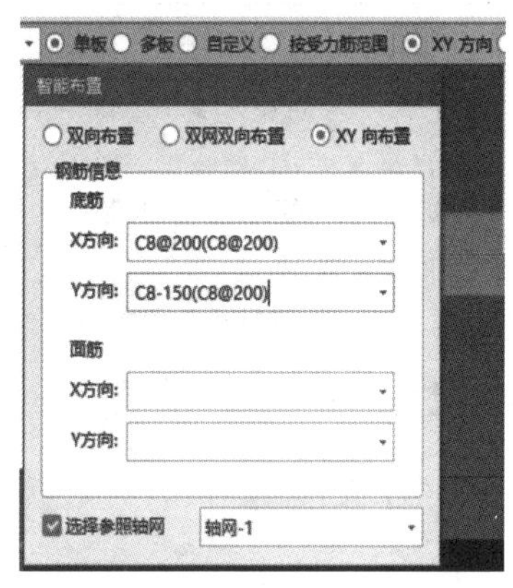

图 2.2-70

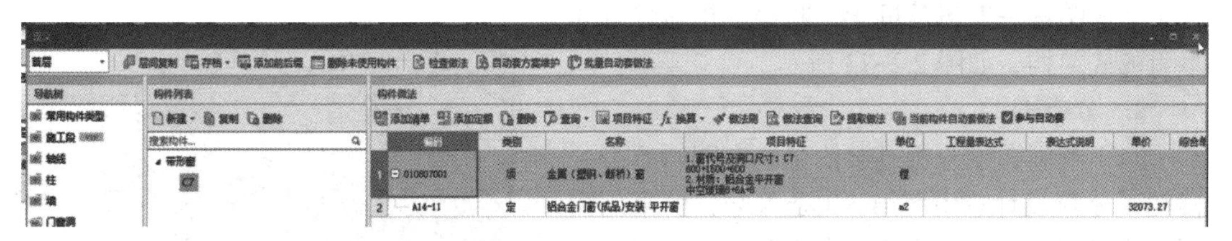

图 2.2-71

（10）在“构件列表”输入参数值，如图 2.2-72 所示，并根据辅助线的位置绘制带形窗。

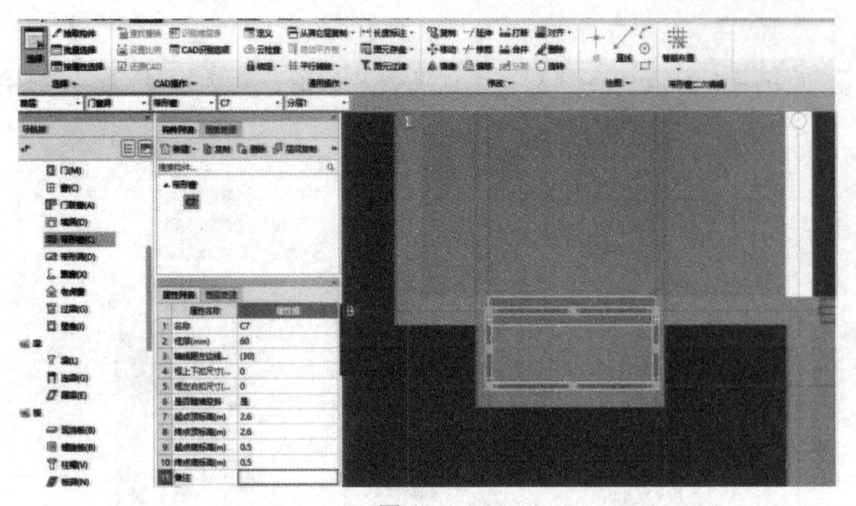

图 2.2-72

2.6　二次结构算量

任务说明

根据行政办公楼施工图，在软件中完成表 2.2-22 二次结构算量任务工单所列的任务内容。

表 2.2-22　二次结构算量任务工单

序号	任务名称	任务内容
1	过梁定义与绘制	查阅图集，新建过梁，设置门窗名称、截面尺寸、钢筋信息等属性，套取过梁清单与定额
2	圈梁定义与绘制	根据图纸，新建圈梁，设置圈梁名称、截面尺寸、钢筋信息、标高等属性，套取圈梁清单与定额
3	构造柱定义与绘制	根据图纸，新建构造柱，设置名称、截面尺寸、钢筋信息、标高等属性，套取构造柱清单与定额
4	工程量查询	汇总计算，查询过梁、圈梁、构造柱的混凝土、模板、钢筋工程量

任务探究

1. 二次结构算量的内容

二次结构一般包括过梁、圈梁、构造柱等非承重的砼结构，如图 2.2-73 所示。

2. 分析图纸

（1）查阅图纸分析过梁信息。查阅行政办公楼图纸建筑设计总说明第 6.3 条可知，所有门窗洞口应设置过梁，过梁选自中南标《钢筋混凝土过梁》（03ZG313），荷载等级为 2 级，过梁采用现场就位预制。通过查阅图集可知过梁的尺寸、配筋信息，如图 2.2-74 所示。

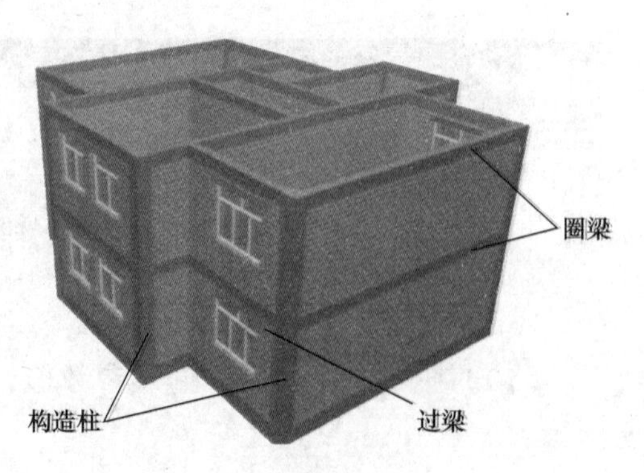

图 2.2-73

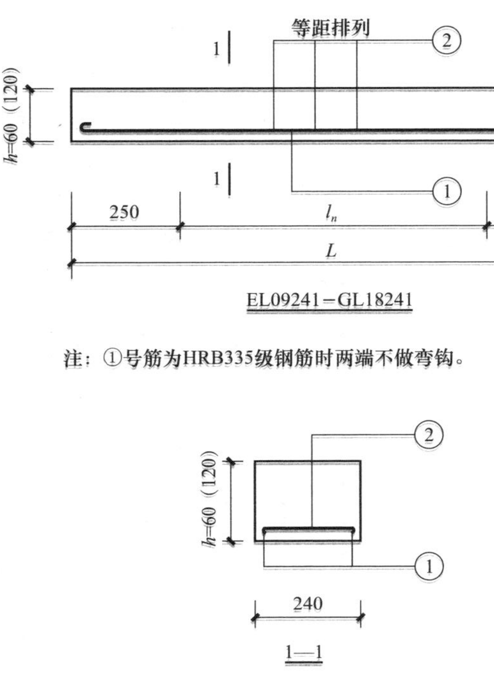

注：①号筋为HRB335级钢筋时两端不做弯钩。

构 件 材 料 表

过梁型号	l_n/mm L/mm	h/mm	钢筋 ①	钢筋 ②	钢筋 ③	钢筋 ④	钢筋用量/kg	混凝土用量/m³	自重/kN
GL09241	900 1 400	60	2Φ8 l=1 480	9Φ6 l=220			1.607	0.020	0.504
GL09242	900 1 400	120	2Φ8 l=1 480	9Φ6 l=220			1.607	0.040	1.008
GL09243	900 1 400	120	2Φ8 l=1 480	9Φ6 l=220			1.607	0.040	1.008
GL09244	900 1 400	120	2Φ10 l=1 500	9Φ6 l=220			2.289	0.040	1.008
GL09245	900 1 400	120	2Φ10 l=1 500	9Φ6 l=220			2.289	0.040	1.008
GL09246	900 1 400	120	2Φ12 l=1 300	9Φ6 l=220			2.890	0.040	1.008
GL10241	1 000 1 500	60	2Φ8 l=1 580	10Φ6 l=220			1.735	0.022	0.540
GL10242	1 000 1 500	120	2Φ8 l=1 580	10Φ6 l=220			1.735	0.043	1.080
GL10243	1 000 1 500	120	2Φ10 l=1 600	10Φ6 l=220			2.461	0.043	1.080
GL10244	1 000 1 500	120	2Φ10 l=1 600	10Φ6 l=220			2.461	0.043	1.080
GL10245	1 000 1 500	120	2Φ12 l=1 480	10Φ6 l=220			3.116	0.043	1.080
GL12241	1 200 1 700	120	2Φ8 l=1 780	11Φ6 l=220			1.942	0.049	1.224
GL12242	1 200 1 700	120	2Φ10 l=1 800	11Φ6 l=220			2.757	0.049	1.224
GL12243	1 200 1 700	120	2Φ12 l=1 680	11Φ6 l=220			3.520	0.049	1.224
GL12244	1 200 1 700	120	2Φ12 l=1 680	11Φ6 l=220			3.520	0.049	1.224
GL15241	1 500 2 000	120	2Φ8 l=2 080	12Φ6 l=220			2.227	0.058	1.440
GL15242	1 500 2 000	120	2Φ12 l=1 980	12Φ6 l=220			4.102	0.058	1.440

GL09241－GL15242详图	图集号	03ZG313
	页	24

图 2.2-74

（2）查阅图纸分析圈梁信息。查阅行政办公楼图纸建筑设计总说明第 6.2 条可知出屋面女儿墙构造柱截面尺寸、配筋信息，如图 2.2–75 所示。

6.砌体工程：

6.1：体填充墙与钢筋混凝土结构的连接见中南标03ZGO03第36页。

6.2：出屋面女儿墙构造柱，截面为240×墙厚（≥200），内配4⌀14，Φ8@150。

6.3：门窗洞口过梁设置：

所有门窗洞口顶应设置过梁，过梁选自中南标《钢筋混凝土过梁》(03ZG313)，荷载等级为2级，过梁采用现场就位预制

图 2.2–75

（3）查阅结施图填充墙基础大样图可知，地圈梁截面尺寸、标高、配筋信息，如图 2.2–76 所示。

（4）查阅图纸分析构造柱信息。查阅建施图屋顶平面图，确定构造柱布置的平面位置，查阅天沟结构详图可知构造柱的标高信息，如图 2.2–77 所示。

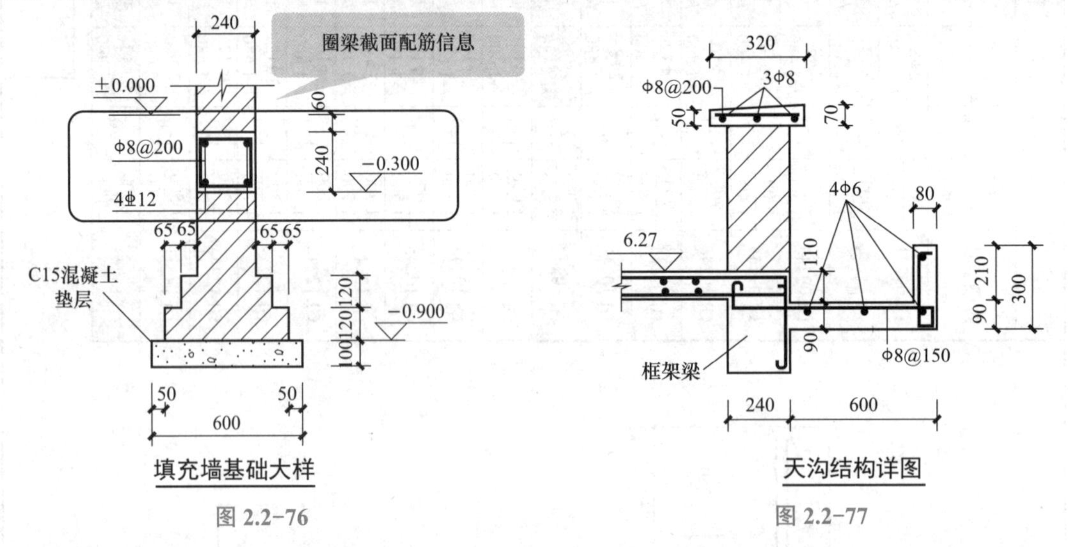

图 2.2–76

图 2.2–77

3. 清单定额规则

（1）二次结构清单计算规则，见表 2.2–23。

表 2.2–23　二次结构清单计算规则

项目编码	项目名称	计量单位	计算规则
010503004	圈梁	m^3	按设计图示尺寸以体积计算
010510003	过梁	1. m^3 2. 根	1. 以立方米计量，按设计图示尺寸以体积计算 2. 以根计量，设计图示尺寸以数量计算
010502002	构造柱	m^3	按设计图示尺寸以体积计算，构造柱高按全高计算，嵌接墙体部分（马牙槎）并入柱身体积

（2）二次结构定额计算规则，见表 2.2–24。

表 2.2-24　二次结构定额计算规则

项目编号	项目名称	计量单位	计算规则
A5-100	圈梁	10 m^3	按设计图示尺寸以体积计算
A5-93	构造柱		按设计图示尺寸以体积计算
A5-135	预制混凝土构件制作过梁		预制混凝土构件制作、运输及安装均按构件图示尺寸，以实体体积加规定的损耗率计算
A5-155	4 类预制混凝土构件运输		
A5-165	梁安装 单体（m^3 以内）0.4		
A5-219	预制混凝土构件灌缝 梁		按预制钢筋混凝土构件实体体积以立方米计算

预制混凝土构件制作、运输、安装损耗率，按表 2.2-25 计算后并入构件工程量内。计算制作损耗时应包括制作废品率、运输堆放损耗及安装（打桩）损耗，计算运输损耗时则应包括运输堆放损耗及安装（打桩）损耗。现场就位预制构件不需要运输者，不得计算运输堆放损耗。

表 2.2-25　预制混凝土构件制作、运输、安装损耗率

构件名称	制作废品率	运输堆放损耗	安装（打桩）损耗
各类预制钢筋混凝土构件	0.2%	0.8%	0.5%
预制钢筋混凝土桩	0.1%	0.4%	1.5%

任务实施

微课：过梁算量

1. 过梁

（1）过梁的属性定义。

1）在模块导航树中选择“门窗洞”→“过梁”，在“构件列表”中选择“新建”→“新建矩形过梁”并命名为“GL-1”，如图 2.2-78 所示。

2）查阅图集 GL-1 信息，在“属性列表”中输入过梁属性信息，如图 2.2-79 所示。

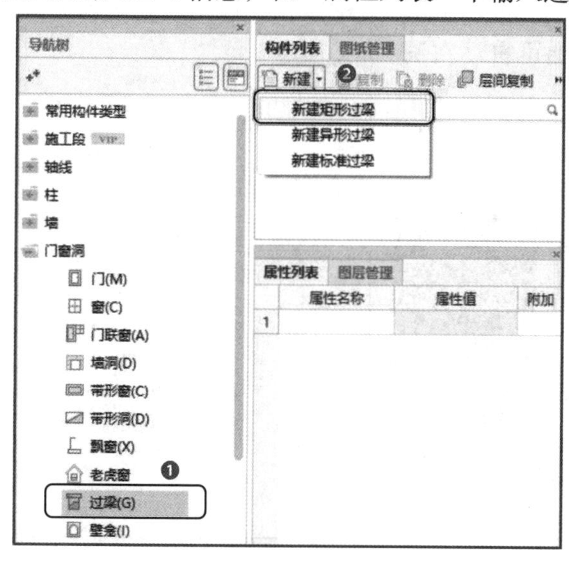

图 2.2-78

图 2.2-79

3）单击“其它钢筋”选项后“浏览”按钮，在弹出的“编辑其它钢筋”对话框中输入2号分布钢筋的信息，选择钢筋编号、钢筋图形，输入钢筋直径、长度、根数等信息，如图2.2-80所示。

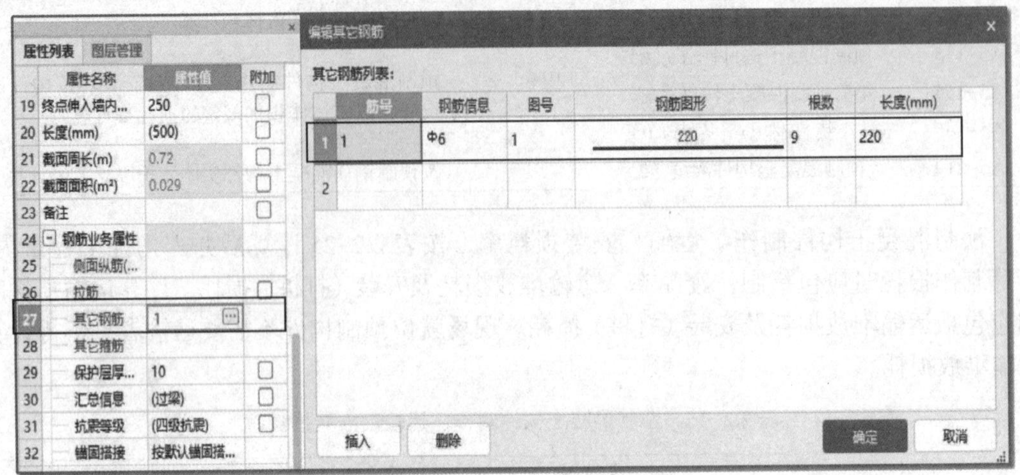

图 2.2-80

（2）过梁套做法。过梁的做法套取，如图2.2-81所示。注意工程量表达式需要修改，需要考虑计算的损耗率。

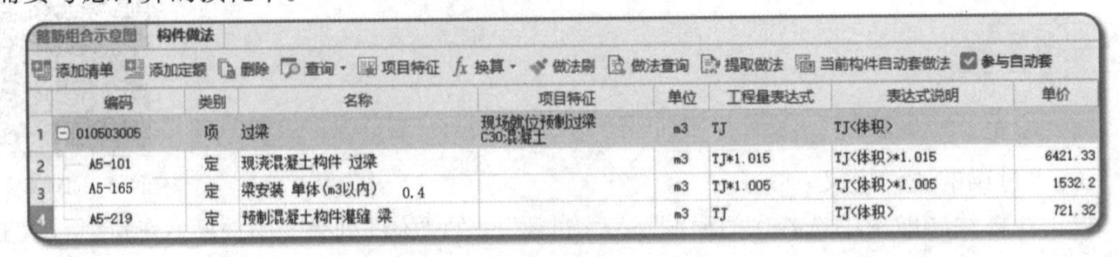

	编码	类别	名称	项目特征	单位	工程量表达式	表达式说明	单价
1	010503005	项	过梁	现场就位预制过梁 C30混凝土	m3	TJ	TJ<体积>	
2	A5-101	定	现浇混凝土构件 过梁		m3	TJ*1.015	TJ<体积>*1.015	6421.33
3	A5-165	定	梁安装 单体(m3以内) 0.4		m3	TJ*1.005	TJ<体积>*1.005	1532.2
4	A5-219	定	预制混凝土构件灌缝 梁		m3	TJ	TJ<体积>	721.32

图 2.2-81

（3）过梁绘制。过梁一般采用“点”画即可，单击需要放置的门或窗图元即可自动在洞口上方绘制过梁。

2. 圈梁

（1）圈梁的属性定义。

1）在模块导航树中选择“梁”→“圈梁”，在“构件列表”中单击“新建”→“新建圈梁”并命名为“QL-1”。

2）在“属性列表”中输入圈梁属性信息，如图2.2-82所示。

（2）圈梁套做法。圈梁的做法套取如图2.2-83所示。

微课：圈梁、构造柱算量

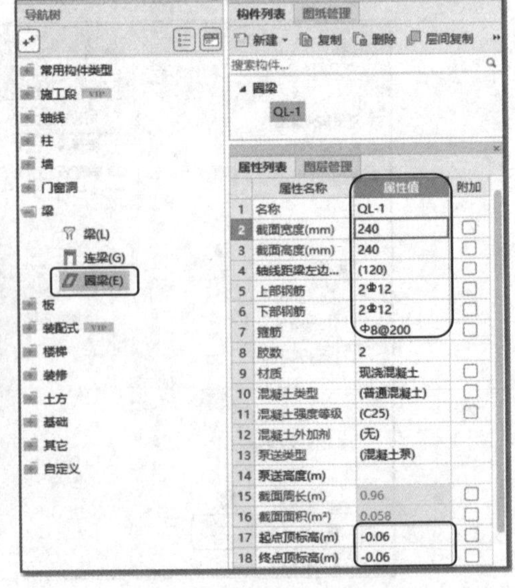

图 2.2-82

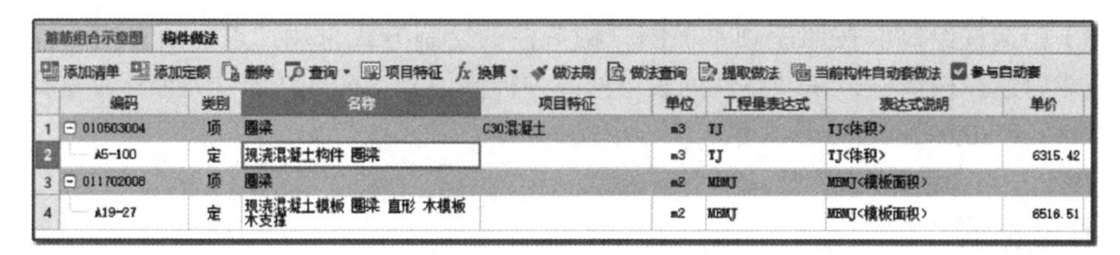

	编码	类别	名称	项目特征	单位	工程量表达式	表达式说明	单价
1	010503004	项	圈梁	C30混凝土	m3	TJ	TJ<体积>	
2	A5-100	定	现浇混凝土构件 圈梁		m3	TJ	TJ<体积>	6315.42
3	011702008	项	圈梁		m2	MBMJ	MBMJ<模板面积>	
4	A19-27	定	现浇混凝土模板 圈梁 直形 木模板 木支撑		m2	MBMJ	MBMJ<模板面积>	6516.51

图 2.2-83

（3）圈梁绘制。采用“智能布置”工具，选择“条基中心线”选项，如图 2.2-84 所示。在绘图区域框选所有条基即可完成圈梁的绘制。

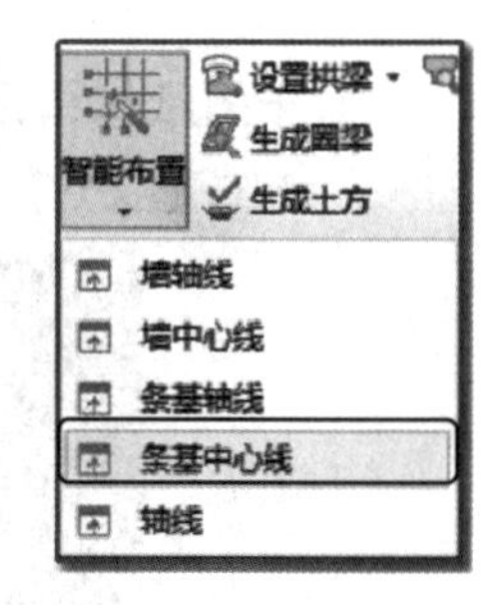

图 2.2-84

3. 构造柱

（1）构造柱的属性定义。

1）在模块导航树中选择“柱”→“构造柱”，在“构件列表”中选择“新建”→“新建构造柱”并命名为“GZ-1”。

2）在“属性列表”中输入构造柱属性信息，如图 2.2-85 所示。

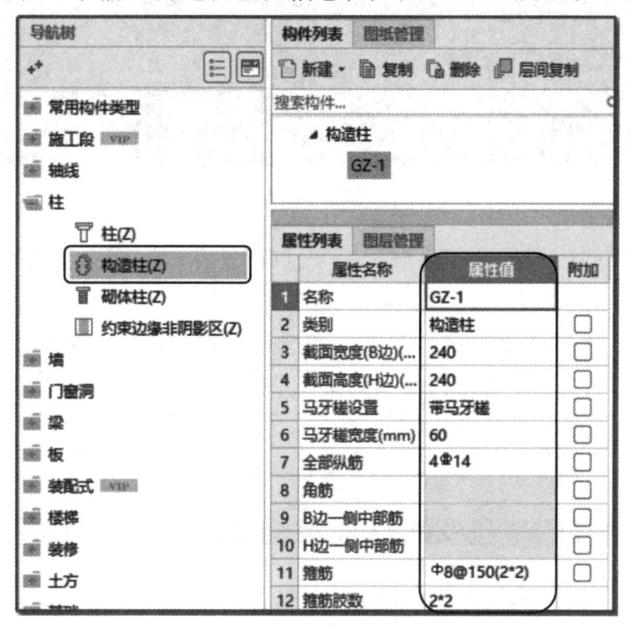

图 2.2-85

（2）构造柱套做法。构造柱的做法套取如图 2.2-86 所示。

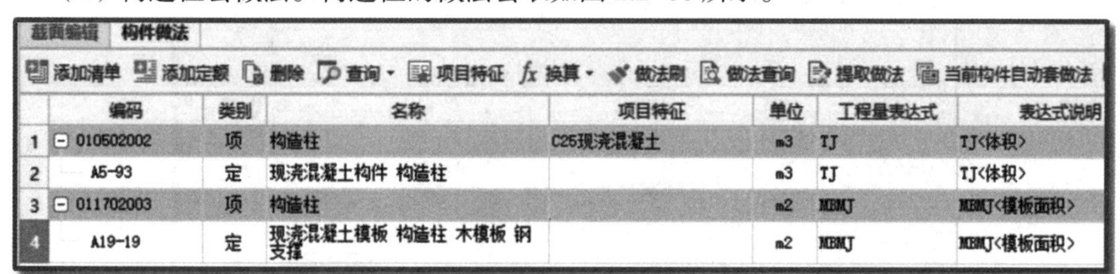

	编码	类别	名称	项目特征	单位	工程量表达式	表达式说明
1	010502002	项	构造柱	C25现浇混凝土	m3	TJ	TJ<体积>
2	A5-93	定	现浇混凝土构件 构造柱		m3	TJ	TJ<体积>
3	011702003	项	构造柱		m2	MBMJ	MBMJ<模板面积>
4	A19-19	定	现浇混凝土模板 构造柱 木模板 钢支撑		m2	MBMJ	MBMJ<模板面积>

图 2.2-86

（3）构造柱绘制。按照屋顶平面图，构造柱的绘制方式采用“点”画方式布置即可，绘制完成后选择构造柱，在“属性列表”修改顶标高值为“6.83”(即女儿墙压顶标高 − 压顶厚度＝ 6.9−0.07 ＝ 6.83)。

任务拓展

“生成过梁”方式定义过梁

对于图纸结构设计说明含有过梁尺寸配筋表的，如图 2.2−87 所示，可以采用“生成过梁”方式定义过梁。

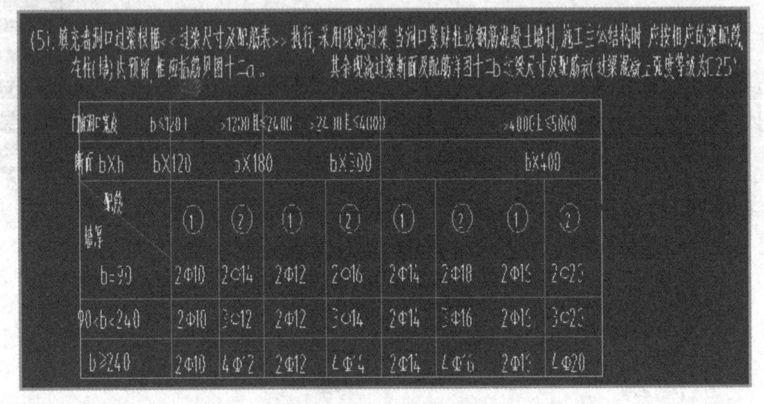

(5) 填充墙洞口过梁根据<<过梁尺寸及配筋表>>执行，采用现浇过梁，当洞口紧贴柱或钢筋混凝土墙时，施工主体结构时应按相应的梁配筋，在柱(墙)内预留，作应插筋见图十二a。 其余现浇过梁断面及配筋详图十二b过梁尺寸及配筋表(过梁混凝土强度等级为C25)

门窗洞口宽度	b≤1200		>1200且≤2400		>2400且≤4000		>4000且≤5000	
断面 b×h	b×120		b×180		b×300		b×400	
配筋 / 墙厚	①	②	①	②	①	②	①	②
b=90	2Φ10	2Φ14	2Φ12	2Φ16	2Φ14	2Φ18	2Φ16	2Φ20
90<b<240	2Φ10	3Φ12	2Φ12	3Φ14	2Φ14	3Φ16	2Φ16	3Φ20
b≥240	2Φ10	4Φ12	2Φ12	4Φ14	2Φ14	4Φ16	2Φ16	4Φ20

图 2.2−87

（1）在模块导航树中选择“门窗洞”→“过梁”，在“过梁二次编辑”面板中选择“生成过梁”工具。

（2）在弹出的“生成过梁”对话框中，勾选过梁布置位置，如勾选“门”“窗”“门联窗”“墙洞”。设置布置条件，如图 2.2−88 所示。单击“确定”按钮，完成过梁定义。

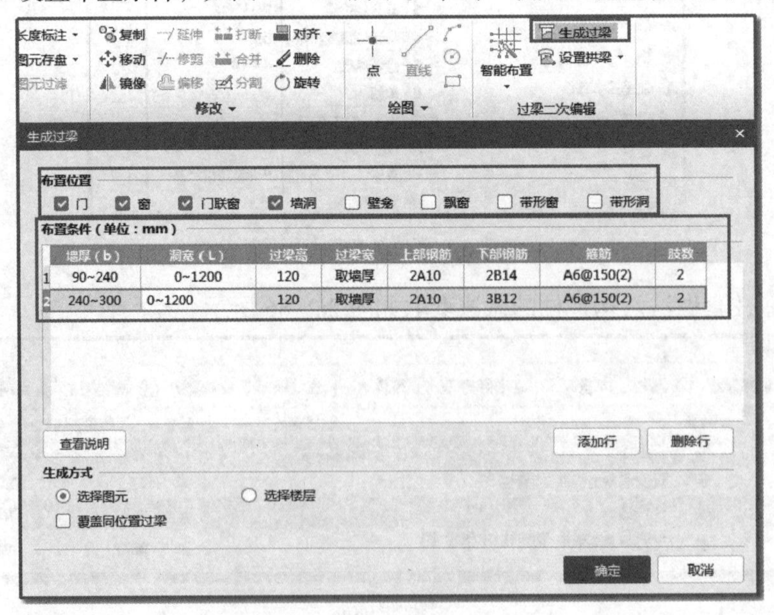

图 2.2−88

2.7　楼梯算量

任务说明

根据行政办公楼施工图，在软件中完成表 2.2-26 楼梯算量任务工单所列的任务内容。

表 2.2-26　楼梯算量任务工单

序号	任务名称	任务内容
1	楼梯属性定义	新建参数化楼梯，设置楼梯名称、尺寸、钢筋信息等属性
2	楼梯套做法	套取楼梯清单与定额
3	楼梯绘制	采用点绘制方式绘制楼梯图元
4	工程量查询	汇总计算，查询楼梯工程量

任务探究

微课：楼梯土建算量

微课：楼梯钢筋算量

1. 楼梯算量的内容

（1）楼梯需要计算的土建工程量。一般包括楼梯混凝土体积、模板面积（含楼梯段、休息平台、平台梁，如图 2.2-89 所示）、栏杆扶手长度、楼梯面层和天棚装修面积、零星项目。

（2）楼梯需要计算的钢筋工程量。根据楼梯组成构件不同，需要计算的钢筋类型也有所不同，一般情况下，梯段需要考虑计算上部钢筋、下部钢筋、分布钢筋；梯梁需要计算上部纵筋、下部纵筋与箍筋；休息平台板需要计算构造钢筋与分布钢筋，以及其他需要计算的钢筋，如图 2.2-90 所示。

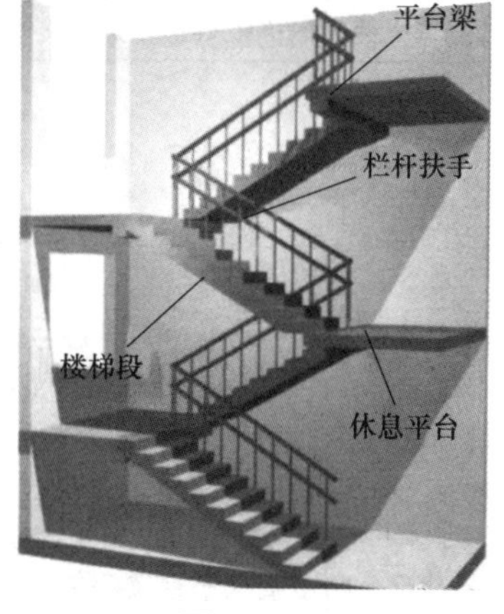

图 2.2-89

钢筋量

➢ 梯段

上部钢筋、下部钢筋、分布钢筋

➢ 梯梁

上部纵筋、下部纵筋、箍筋

➢ 休息平台板

构造钢筋、分布钢筋

图 2.2-90

2. 分析图纸

查阅行政办公楼图纸结施图中楼梯平面图、剖面图与施工说明，了解楼梯的类型、配筋、楼梯的相关尺寸标注信息，如图 2.2–91 所示。

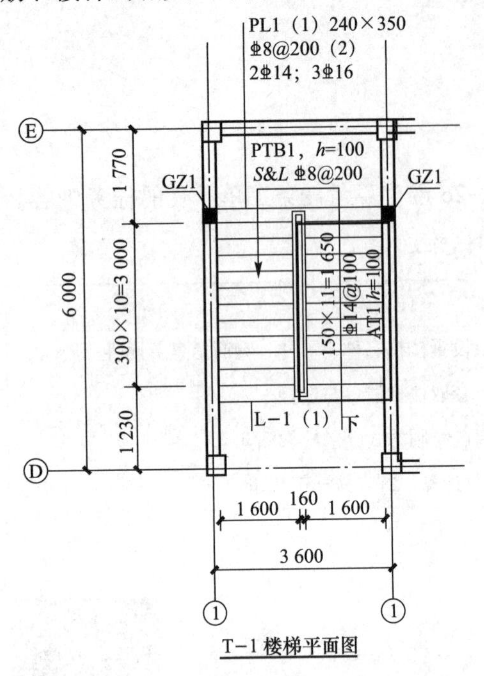

T−1 楼梯平面图

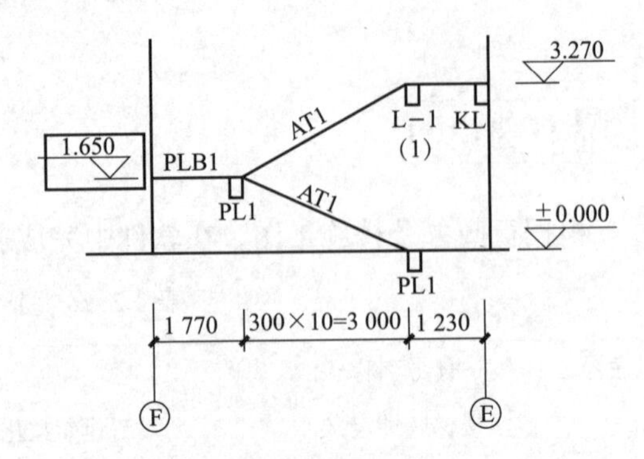

T−1 楼梯剖面示意图

楼梯施工图说明

1．图中尺寸以mm计，标高以m计。
2．楼梯及板混凝土保护层厚为15 mm。
3．楼梯配筋构造均见国标16G101−2。
4．凡未与框架梁相交的梯梁，均在梯梁两端下设TLZ，柱底至下层框架梁处，柱截面240×240，C30混凝土现浇，内配钢筋4⏀12，箍筋⏀8@100。
5．楼梯梯段板分布钢筋：⏀6@250，楼梯平台板分布钢筋：⏀6@200。

图 2.2–91

3. 清单定额规则

（1）楼梯清单计算规则，见表 2.2–27。

表 2.2–27　楼梯清单计算规则

项目编码	项目名称	计量单位	计算规则
010506001	直行楼梯	1. m^2 2. m^3	1. 以平方米计量，按设计图示尺寸以水平投影面积计算。不扣除宽度≤ 500 mm 的楼梯井，伸入墙内部分不计算； 2. 以立方米计量，按设计图示尺寸以体积计算
011702024	楼梯	m^2	按楼梯（包括休息平台、平台梁、斜梁及楼梯的连接梁）的水平投影面积计算，不扣除宽度＜ 500 mm 的楼梯井所占面积，楼梯踏步、踏步板、平台梁等侧面模板不另计算，伸入墙内部分也不增加

（2）楼梯定额计算规则，见表 2.2–28。

表 2.2–28　楼梯定额计算规则

项目编号	项目名称	计量单位	计算规则
A5–91	现拌混凝土　楼梯	10 m^2	整体楼梯（包括休息平台、平台梁、斜梁及楼梯的连接梁）按水平投影面积计算，不扣除宽度＜ 500 mm 的楼梯井，伸入墙内部分也不增加
A13–42	现拌混凝土　模板　楼梯　直形　木模板　木支撑		现浇混凝土楼梯（包括休息平台、平台梁、斜梁及楼梯的连接梁）模板按水平投影面积计算，不扣除宽度＜ 500 mm 的楼梯井，楼梯踏步、踏步板、平台梁等侧面模板不另计算，伸入墙内部分也不增加

任务实施

1. 楼梯的属性定义

（1）在模块导航树中选择“楼梯”→“楼梯”，在“构件列表”中选择“新建”→“新建参数化楼梯”并命名为“LT-1”。

（2）在弹出的“选择参数化图形”对话框中选择图纸对应参数化楼梯截面类型为“标准双跑”，如图 2.2-92 所示。

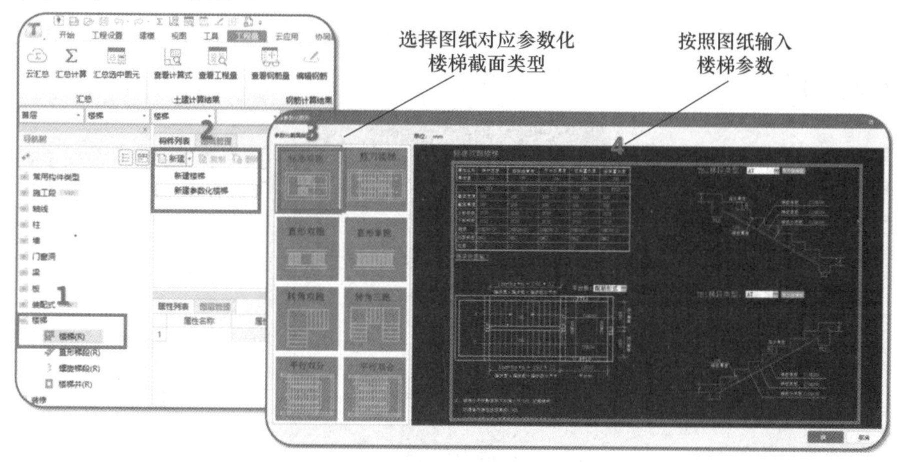

图 2.2-92

（3）根据图纸更改右侧显示窗口中的绿色字体参数，如图 2.2-93 所示。单击“确定”按钮，完成楼梯属性定义。

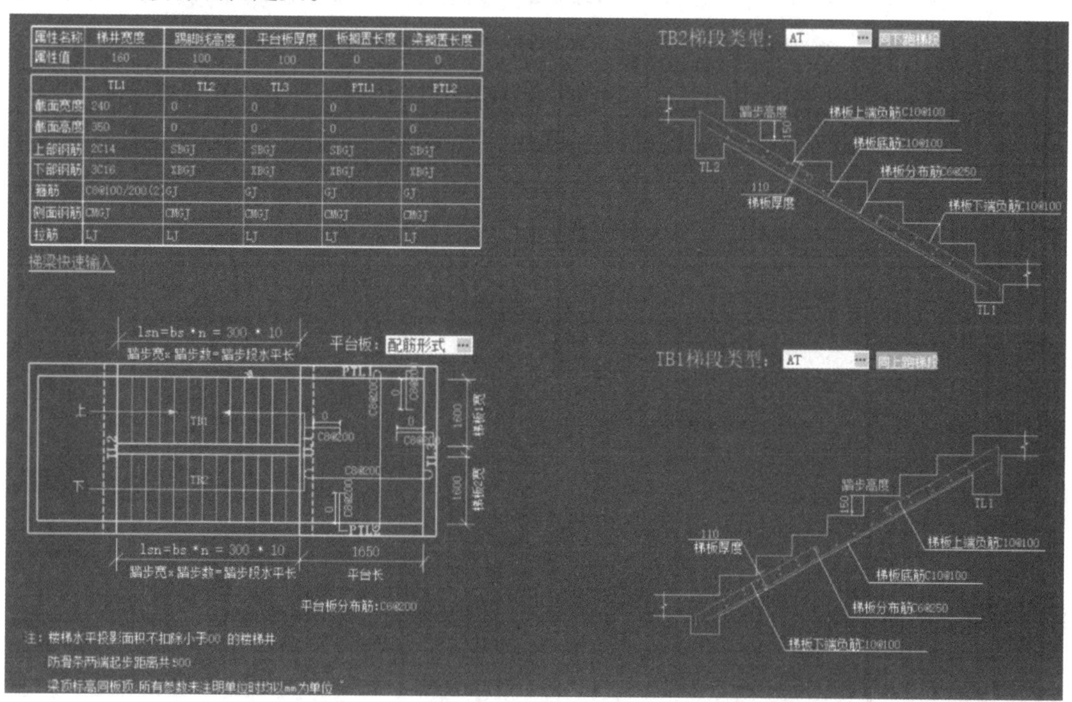

图 2.2-93

提示

根据清单与定额计算规则，楼梯的混凝土与模板工程量均按照楼梯水平投影面积计算，如果需要快速计算出混凝土、模板工程量，可以采用“新建楼梯”，计算水平投影面积以提高效率；但需要计算楼梯装修及楼梯钢筋工程量时，应建立参数化楼梯或组合楼梯。

2. 楼梯套做法

楼梯的做法套取需要考虑利用软件计算如图 2.2-94 所示的工程量，楼梯套做法结果如图 2.2-95 所示。

楼梯土建部分需计算的工程量

- 楼梯混凝土工程量
- 楼梯模板工程

- 楼梯装修工程量
- 楼梯面层
- 楼梯天棚
- 楼梯梯段侧面
- 楼梯踢脚线
- 栏杆、扶手、弯头

图 2.2-94

参数图　构件做法

添加清单　添加定额　删除　查询　项目特征　换算　做法刷　做法查询　提取做法　当前构件自动套做法　参与自动套

	编码	类别	名称	项目特征	单位	工程量表达式	表达式说明
1	010506001	项	直形楼梯	C30现浇混凝土	m2	TYMJ	TYMJ<水平投影面积>
2	A5-112	定	现浇混凝土构件 直形楼梯		m2	TYMJ	TYMJ<水平投影面积>
3	011702024	项	楼梯	木模板钢支撑	m2	TYMJ	TYMJ<水平投影面积>
4	A19-44	定	现浇混凝土模板 楼梯 直形 木模板钢支撑		m2投影面积	TYMJ	TYMJ<水平投影面积>
5	011106001	项	石材楼梯面层	05ZJ001 地62 10厚米色花岗岩	m2	TYMJ	TYMJ<水平投影面积>
6	A11-177	定	石材 楼梯 水泥砂浆		m2	TYMJ	TYMJ<水平投影面积>
7	011105002	项	石材踢脚线	05ZJ001 踢17 花岗岩	m2	TJXMMJ+TJXCD*0.1	TJXMMJ<踢脚线面积（斜）>+TJXCD<踢脚线长度（直）>*0.1
8	A11-164	定	踢脚线 石材 水泥砂浆		m	TJXCD+TJXCDX	TJXCD<踢脚线长度（直）>+TJXCDX<踢脚线长度（斜）>
9	011301001	项	天棚抹灰	05ZJ001 顶3，涂23 混合砂浆天棚 乳胶漆3遍	m2	TYMJ	TYMJ<水平投影面积>
10	A13-1	定	混凝土天棚 水泥砂浆 现浇		m2	TYMJ*1.15	TYMJ<水平投影面积>*1.15
11	A15-59	定	刷乳胶漆 抹灰面 三遍		m2	TYMJ*1.15	TYMJ<水平投影面积>*1.15
12	011203001	项	零星项目一般抹灰	05ZJ001 顶3，涂23 混合砂浆天棚 乳胶漆3遍	m2	TDCMMJ	TDCMMJ<梯段侧面面积>
13	A13-1	定	混凝土天棚 水泥砂浆 现浇		m2	TDCMMJ	TDCMMJ<梯段侧面面积>
14	A15-59	定	刷乳胶漆 抹灰面 三遍		m2	TDCMMJ	TDCMMJ<梯段侧面面积>
15	011503002	项	硬木扶手、栏杆、栏板	硬木扶手不锈钢栏杆	m	LGCD	LGCD<栏杆扶手长度>
16	A11-127	定	成品不锈钢管栏杆(带扶手)		m	LGCD	LGCD<栏杆扶手长度>
17	A11-133	定	硬木扶手 直形 100×60		m	LGCD	LGCD<栏杆扶手长度>
18	A11-155	定	弯头 硬木 100×60		个	3	3

图 2.2-95

提示

注意软件计算的装修工程量为整体楼梯的装修工程量，楼梯间地面、墙面、天棚和踢脚线需要另行计算。

3. 楼梯绘制

（1）选择“点”绘制方式，鼠标光标放在②轴与Ⓓ轴的交点处，按住 Shift ＋左键，输入偏移值“X ＝ 120”“Y ＝ 120”，如图 2.2–96 所示。

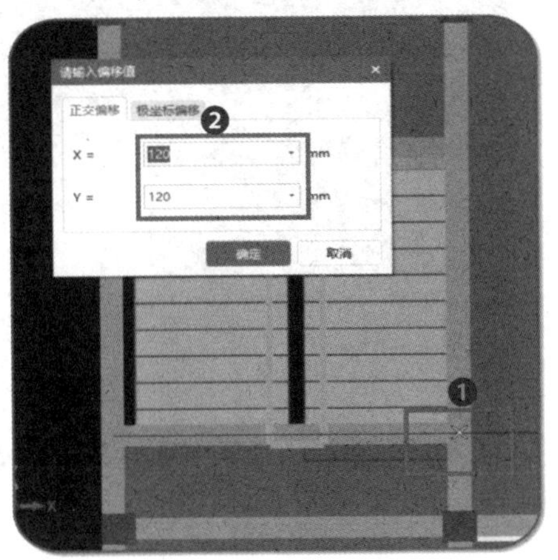

图 2.2–96

提示

1. 绘制楼梯时，按 F4 键可灵活切换楼梯插入点位置。
2. 注意避免构件重叠绘制问题，如图 2.2–97 所示。
3. 注意梯柱未包含在楼梯内，需要按照矩形柱补充绘制，防止漏算。

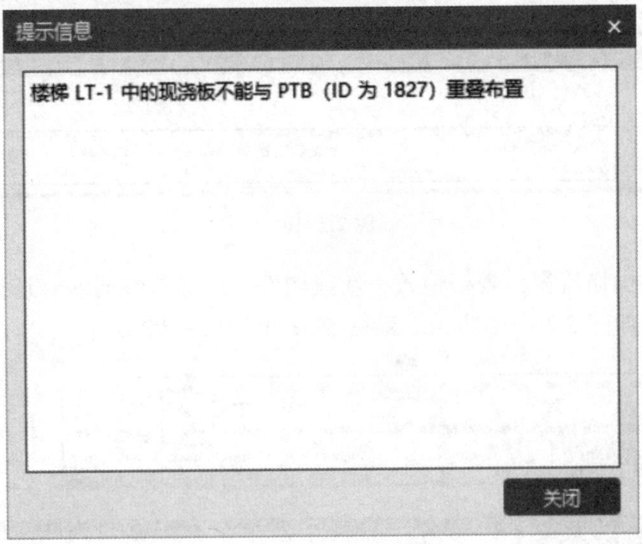

提示信息

楼梯 LT-1 中的现浇板不能与 PTB（ID 为 1827）重叠布置

关闭

图 2.2–97

（2）绘制梯柱。新建构造柱命名为 GZ–1，修改属性值，如图 2.2–98 所示。

（3）鼠标光标放置在①轴与Ⓔ轴的交点处，同时按住 Shift ＋左键，输入偏移值“X ＝ 0”“Y ＝ －1 650”，如图 2.2–99 所示。

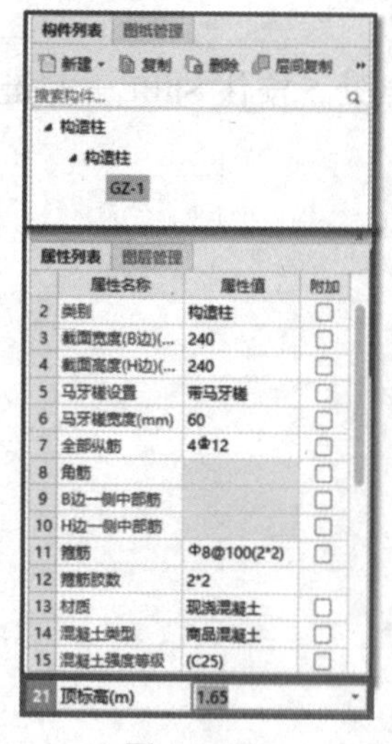

图 2.2-98

图 2.2-99

任务拓展

1. 表格输入法计算楼梯钢筋工程量

楼梯看似简单，实则复杂，造型多样，当参数图输入数据不能满足实际情况时，最快速的办法是选择相近形状或钢筋配置，调整计算，直接输入补充完成。

（1）表格输入操作流程：表格输入→新建构件——根据图纸新建钢筋→选择形状→修改型号→输入长度及根数，如图 2.2-100 所示。

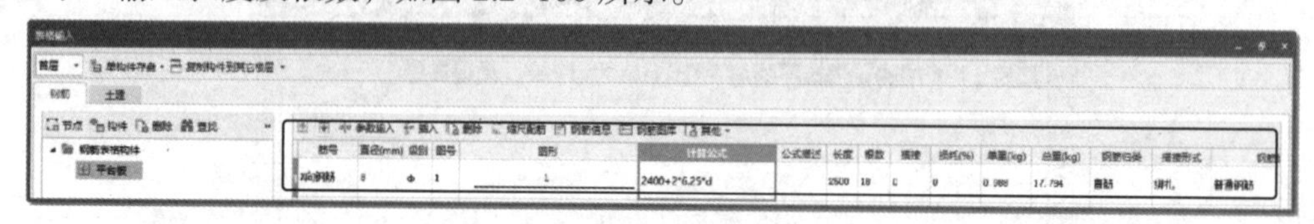

图 2.2-100

（2）参数输入操作流程：表格输入→新建构件→选择参数输入→选择楼梯类型→修改尺寸→计算退出，如图 2.2-101 所示。最后效果如图 2.2-102 所示。

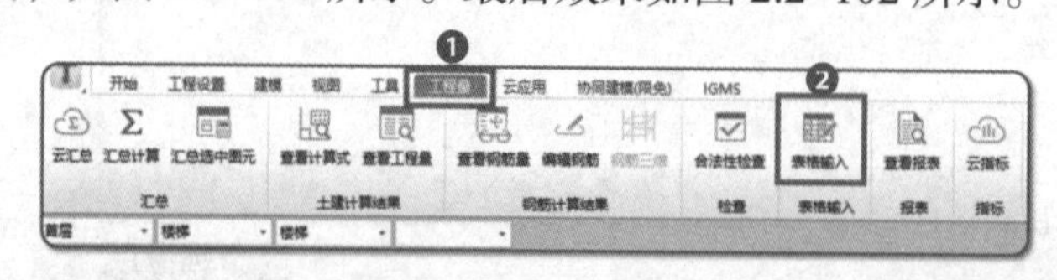

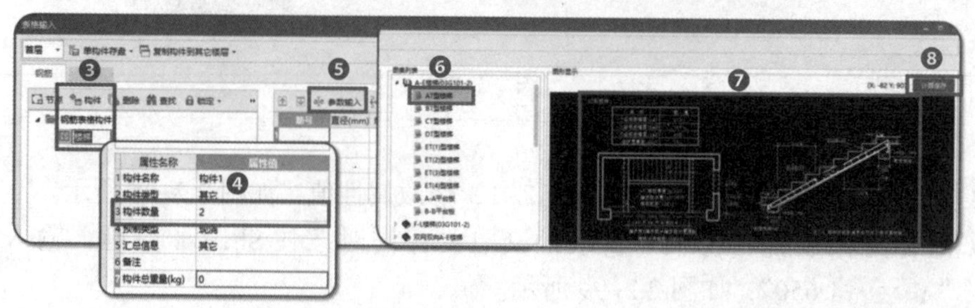

图 2.2-101

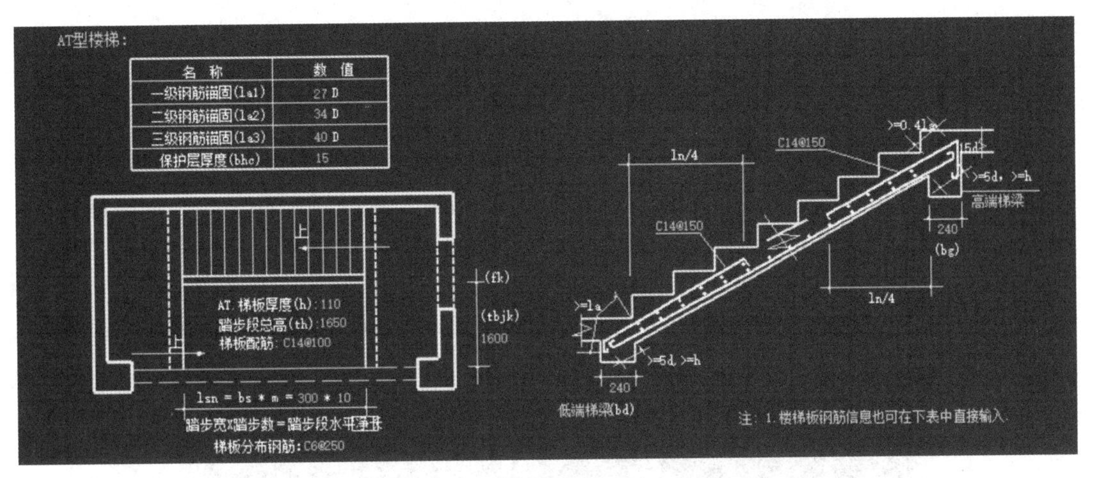

图 2.2-102

提示

1. “表格输入”仅仅计算了楼梯斜板钢筋工程量，无法绘制楼梯图元，需要建立梯梁、梯柱、休息平台板，避免漏算钢筋量。

2. 楼梯平台板、梯梁需要在“属性列表”中“汇总信息”处输入“楼梯”，软件将在工程量汇总表中汇总该梁板工程量至楼梯构件中，如图 2.2-103 所示。

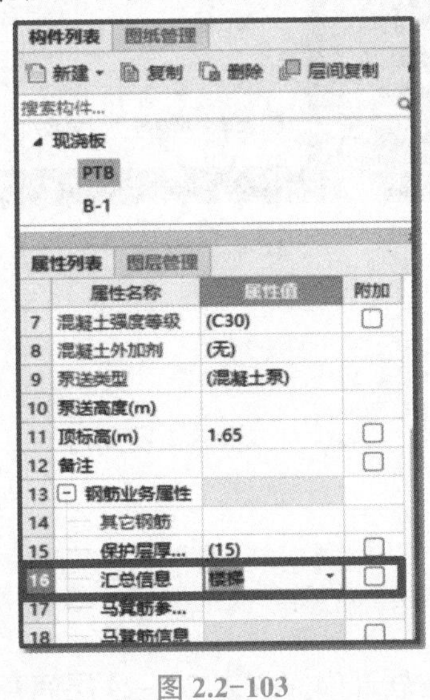

图 2.2-103

2. 组合楼梯的绘制

组合楼梯适用于结构形式比较复杂的楼梯，当软件提供的参数化楼梯类型不能满足实际工程需要的情况下可选用组合楼梯绘制，采用组合楼梯算量就是将楼梯拆分为楼梯段、休息平台、梯梁等构件，对每个构件单独定义与绘制，组合成满足项目实际需求的组合楼梯形态，实现准确算量。

（1）组合楼梯属性定义。以楼梯平台板为例介绍组合楼梯的绘制。在模块导航树中选

择“楼梯”→“直形楼梯”，在“构件列表”中选择“新建直形楼梯”。根据楼梯平面图输入相应数据。

（2）做法套取与楼梯相同。

（3）直行楼梯建议用“矩形”绘制，绘制后若梯段方向错误，可执行“设置踏步起始边”命令，调整梯段方向。用“矩形”绘制的楼梯没有栏杆扶手，如需要添加栏杆扶手，可执行“其他”→“栏杆扶手”→“新建”→“新建栏杆扶手”命令，也可执行“智能布置”→“梯段、台阶、螺旋板”命令布置栏杆扶手。

按照新建现浇板与矩形梁的方法定义并绘制楼梯平台板与平台梁，如图 2.2-104 所示。平台板钢筋参照图纸设置，具体操作方法参照“2.3 板构件算量”。

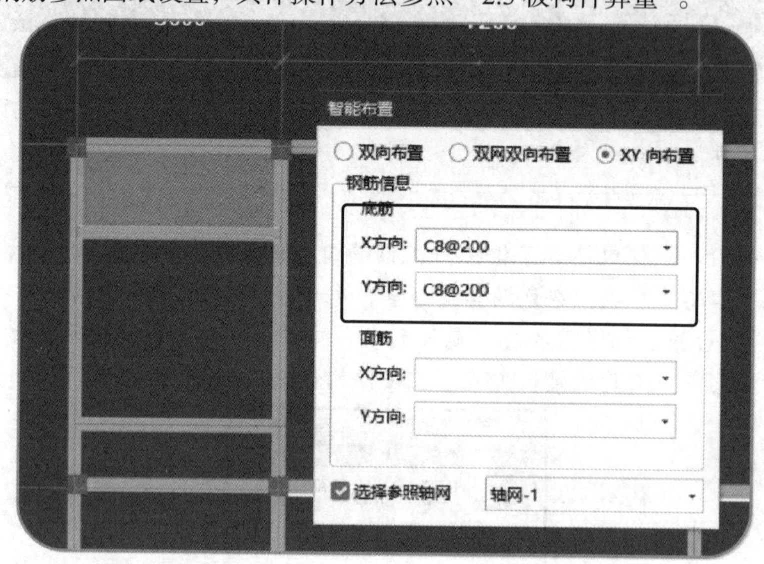

图 2.2-104

2.8 层间复制

微课：层间复制

任务说明

根据行政办公楼施工图，在软件中完成表 2.2-29 层间复制任务工单所列的任务内容。

表 2.2-29 层间复制任务工单

序号	任务名称	任务内容
1	层间复制	采用层间复制功能复制二层构件并完成二层柱、梁、墙、板、门窗等构件的做法套取与图元绘制
2	核查并修改二层构件	根据图纸核查二层构件图元位置的正确性并修改完善
3	工程量查询	汇总计算，查询二层构件工程量

任务探究

对比首层与二层的柱、梁、板、墙等构件的编号、尺寸、位置、钢筋信息、做法等方面，分析异同之处。

（1）分析框架柱。通过分析结施图柱表信息可知，KZ1 的钢筋信息有变化，KZ2 的顶标高到达 4.2 m 处。

（2）分析梁。分析结施图 3.27 m 层梁的平面配筋图与 6.27 m 层梁的平面配筋图可知，与首层梁相比，二层梁的编号、截面尺寸、平面位置、配筋信息均不相同。二层梁编号减少，首层框架梁编号至 KZ10，二层编号至 KZ4，Ⓐ～Ⓑ轴间雨篷处没有再布置梁。

（3）分析板。分析结施图 3.27 m 层板的平面配筋图与 6.27 m 层板的平面配筋图可知，首层有 LB 与 WB 两种板类型，二层只有 LB1 一种类型，且板钢筋信息不同。板负筋信息也不同，板绘制在楼梯间与大厅处不再留有洞口。

（4）分析墙。分析建施图首层平面图与二层平面图可知，墙体厚度一致，二层在②轴、③轴间与③轴、④轴上增加墙体，雨篷上方女儿墙的高度需要调整到压顶下。

（5）分析门窗。分析建施图首层平面图与二层平面图可知，二层门窗的编号发生了改变，C1、C2 处的窗换成 C6，且Ⓑ轴的 MC1 换成 C5。

任务实施

在“建模”选项卡“通用操作”面板中，层间复制有两种方式，如图 2.2-105 所示。一种是“从其它层复制”；另一种是“复制到其它层”。下面以办公楼工程，柱和墙构件复制为例，介绍这两种复制方法。

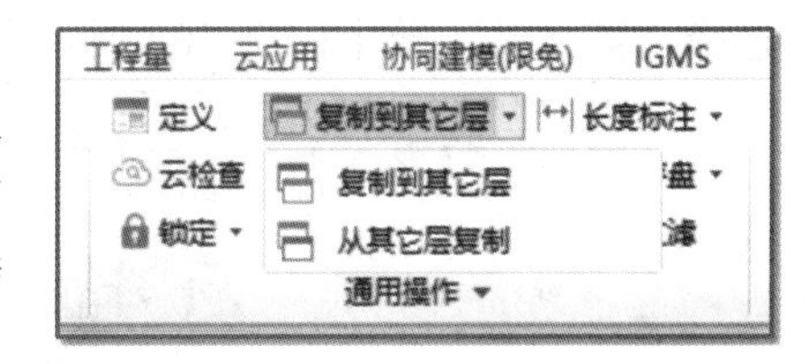

图 2.2-105

1. 从其它层复制

（1）当前楼层选择“第 2 层”，单击“从其它层复制”，“源楼层选择”为“首层”，“图元选择”为“柱”，“目标楼层选择”为“第 2 层”，如图 2.2-106 所示。

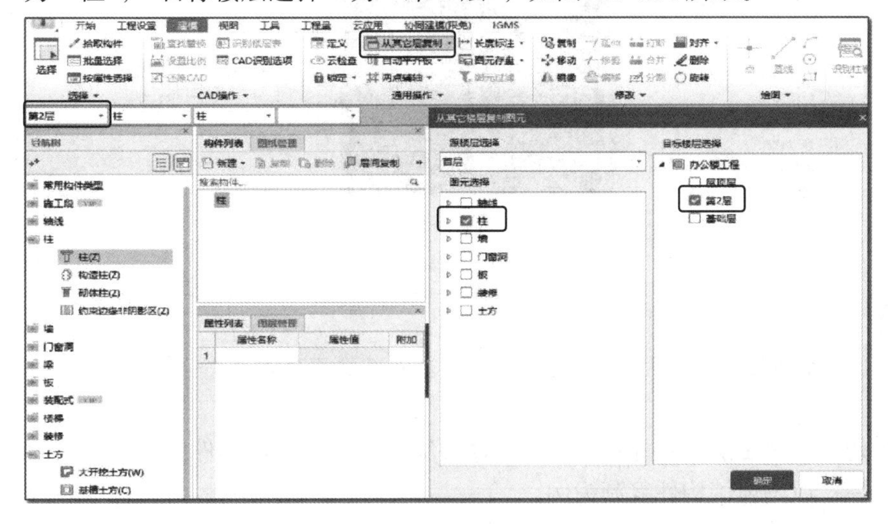

图 2.2-106

（2）修改复制的柱图元属性，如图 2.2–107 所示。

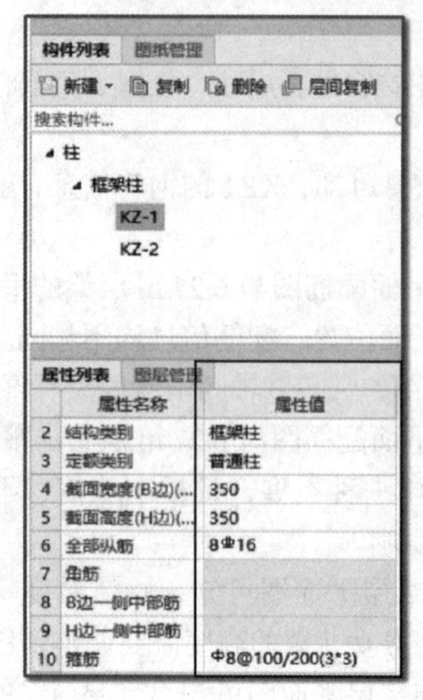

图 2.2–107

2. 复制到其它层

（1）当前楼层选择“首层”，单击“复制到其它层”，在绘图区域框选墙体，目标楼层选择“第 2 层”，如图 2.2–108 所示。

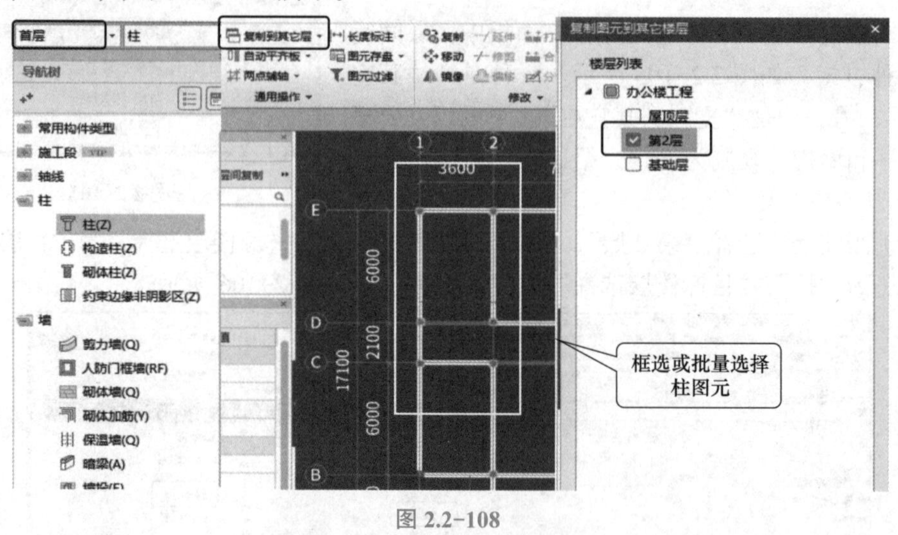

图 2.2–108

提示

配合“批量选择”功能，可以灵活选择复制一类或多类构件。

（2）切换至第 2 层，对柱进行核对并修改完善。层间复制构件同样也有两种方法。

方法一：以砌体墙构件复制为例。

楼层选择“第 2 层”，在模块导航树中选择“墙”→“砌体墙”，在“构件列表”中选

择“层间复制”，在弹出的“层间复制构件”对话框中选择“从其它楼层复制构件”，“源楼层”选择“首层”，“要复制的构件”勾选“Q-240”“XQ-1”，如图 2.2-109 所示。

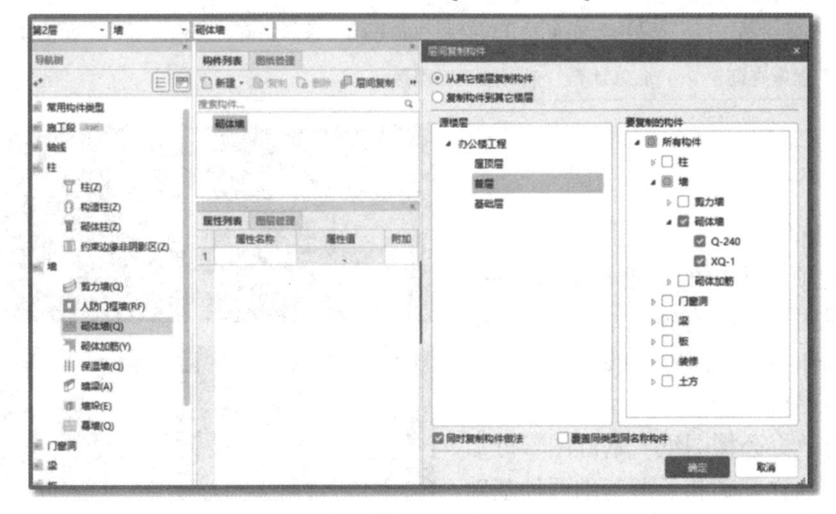

图 2.2-109

方法二：以现浇板复制为例。

在“建模”选项卡→“现浇板”→“B-100”名称上单击鼠标右键，在弹出的快捷菜单中选择“层间复制”，如图 2.2-110 所示。

3. 层间复制与层间复制构件的区别

（1）层间复制，复制的是构件和图元。

（2）层间复制构件，复制的是构件属性定义，不复制图元。

图 2.2-110

任务 3　基础土方算量

3.1　基础算量

微课：基础算量

任务说明

根据行政办公楼施工图，在软件中完成表 2.3-1 基础算量任务工单所列的任务内容。

表 2.3-1　基础算量任务工单

序号	任务名称	任务内容
1	基础属性定义	（1）新建独立基础，设置基础名称、尺寸、钢筋、标高信息等属性； （2）新建参数化或异形条形基础，设置相关属性
2	基础套做法	套取基础清单与定额

续表

序号	任务名称	任务内容
3	基础绘制	采用智能布置方式绘制独立基础与条形基础，并修改基础图元位置
4	工程量查询	汇总计算，查询基础工程量

任务探究

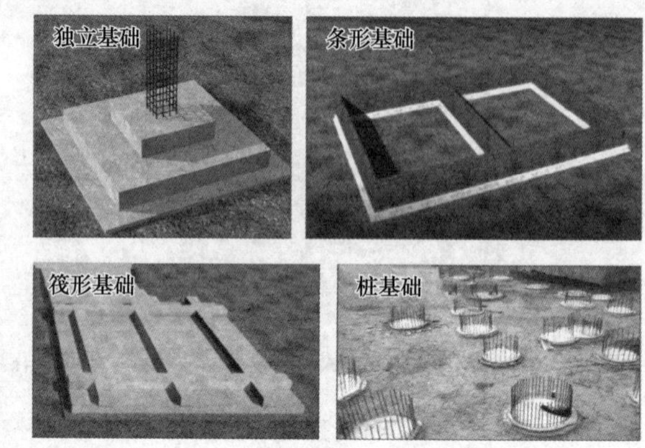

图 2.3-1

1. 基础的类型

不同的项目采用的基础类型也不同，一般基础常见的类型有独立基础、条形基础、筏形基础、桩基础等，如图 2.3-1 所示。

2. 图纸分析

查阅行政办公楼图纸“基础图”可知本工程包含独立基础和条形基础两种基础类型，以及基础布置的平面位置。

查阅柱下锥形独立基础表可知独立基础的材质、尺寸、配筋和标高信息，如图 2.3-2 所示。查阅填充墙基础大样图可知条基的截面尺寸、标高等信息，如图 2.3-3 所示。

柱下锥形独立基础表

编号	柱尺寸		独基尺寸			独基配筋		基底标高
	b	h	A	B	H_1/H_2	①	②	H/m
J–1			1 400	1 400	300/0	Φ10@150	Φ10@150	−1.800
J–2			1 600	1 800	350/200	Φ12@150	Φ12@150	−1.800
图形	48d；48d；2Φ8；50；50；①；②；C15混凝土；H_1；H_2；H；100；100；100；h；b；A；B；①；②；100；100；100							
说明	柱插筋同底层柱筋							

图 2.3-2

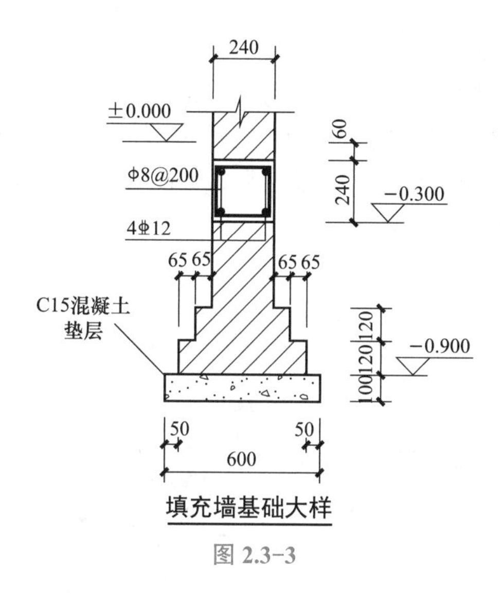

图 2.3-3

3. 清单定额规则

（1）基础清单计算规则，见表 2.3-2。

表 2.3-2　基础清单计算规则

项目编码	项目名称	计量单位	计算规则
010501003	独立基础	m^3	按设计图示尺寸以体积计算。不扣除伸入承台基础的桩头所占体积
011702001	基础	m^2	按模板与现浇混凝土构件接触面积计算
010401001	砖基础	m^3	按设计图示尺寸以体积计算。 包括附墙垛基础宽出部分体积，扣除地梁（圈梁）、构造柱所占体积，不扣除基础大放脚 T 形接头处的重叠部分及嵌入基础内的钢筋、铁件、管道、基础砂浆防潮层和单个面积≤ 0.3 m^2 的孔洞所占体积，靠墙暖气沟的挑檐不增加。 基础长度：外墙按外墙中心线，内墙按内墙净长线计算

（2）基础定额计算规则，见表 2.3-3。

表 2.3-3　基础定额计算规则

项目编号	项目名称	计量单位	计算规则
A5-84	独立基础混凝土	10 m^3	按设计图示尺寸以体积计算
A19-3	独立基础	100 m^2	按混凝土与模板接触面积计算
A4-1	砖基础	10 m^3	按设计图示尺寸以体积计算

任务实施

1. 独立基础

（1）独立基础的属性定义。

1）定义 DJ-1。在模块导航树中选择“基础”→“独立基础”，在“构件列表”中选

择“新建”→“新建独立基础”并命名为“DJ-1”。

2）在“属性列表”中输入“底标高”为“-1.8”。

3）在“DJ-1”名称上单击鼠标右键，在弹出的快捷菜单中选择“新建矩形独立基础单元”。

4）在“属性列表”中输入尺寸及钢筋信息，如图 2.3-4 所示。完成 DJ-1 定义。

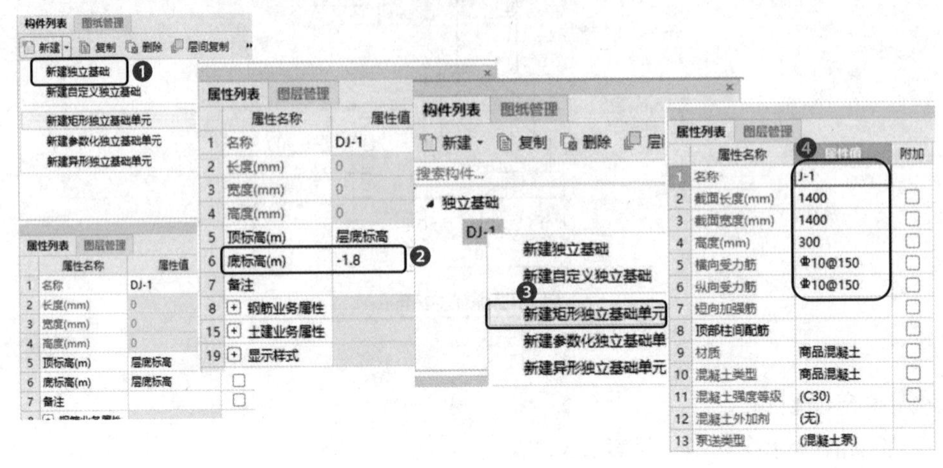

图 2.3-4

5）定义 DJ-2。按照 DJ-1 的方法新建 DJ-2，在“ DJ-2”名称上单击鼠标右键，在弹出的快捷菜单中选择“新建参数化独立基础单元”，如图 2.3-5 所示。

6）在弹出的“选择参数化图形”对话框中选择“四棱锥台形独立基础”，输入参数：“a”为“1800”，“b”为“1600”，“a1”为“400”，“b1”为“700”，“h”为“350”，“h1”为“200”。单击“确定”按钮，完成 DJ-2 定义，如图 2.3-6 所示。

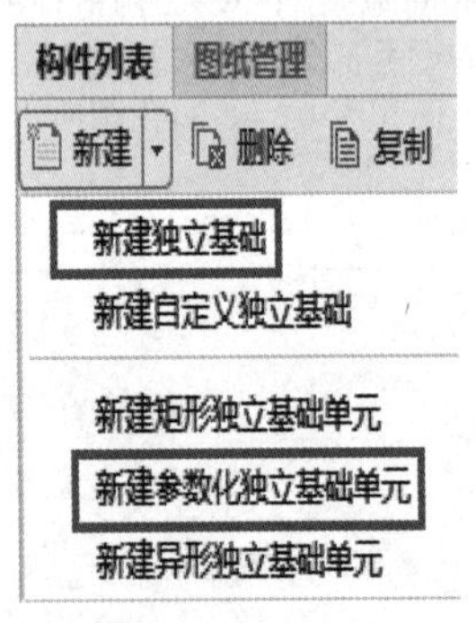

图 2.3-5

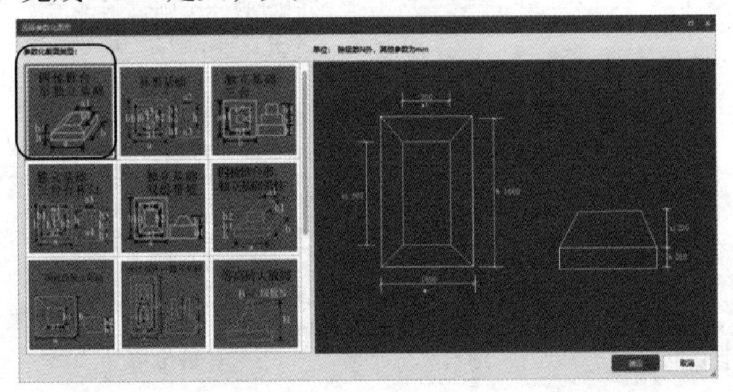

图 2.3-6

（2）独立基础套做法。独立基础属性定义完成后，对独立基础进行做法套取。结果如图 2.3-7 所示。

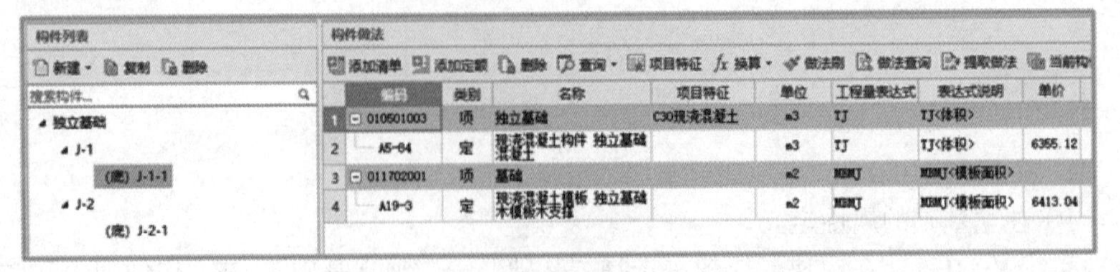

图 2.3-7

（3）独立基础绘制。独立基础属于点式构件，一般采用“点”画布置即可，本工程可采用“智能布置”方式，提高独立基础绘制效率。

1）在 DJ-1 为当前选择类型时，单击“智能布置”按钮，在下拉列表中选择“柱”选项，如图 2.3-8 所示。

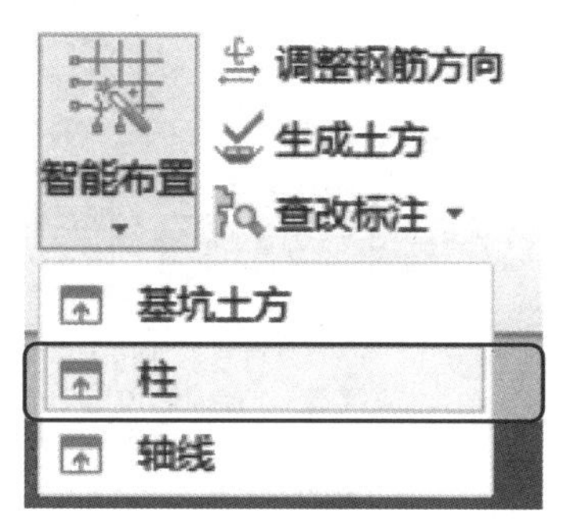

图 2.3-8

2）在绘图区域框选所有 KZ1 图元，即可完成 DJ-1 绘制。

3）切换 DJ-2 为当前类型，框选所有 KZ2 图元，完成 DJ-2 绘制。结果如图 2.3-9 所示。

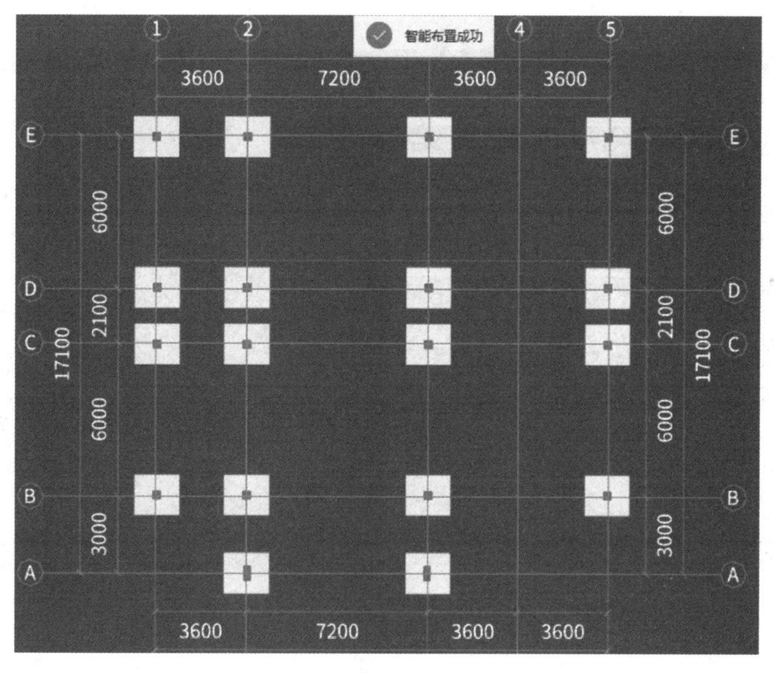

图 2.3-9

2. 条形基础

（1）条形基础的属性定义。

1）在模块导航树中选择“基础”→“条形基础”，在“构件列表”中选择“新建”→“新建条形基础”并命名为“TJ-1”。

2）在“属性列表”中输入“起点底标高”和“终点底标高”均为“-0.9”，如图 2.3-10 所示。

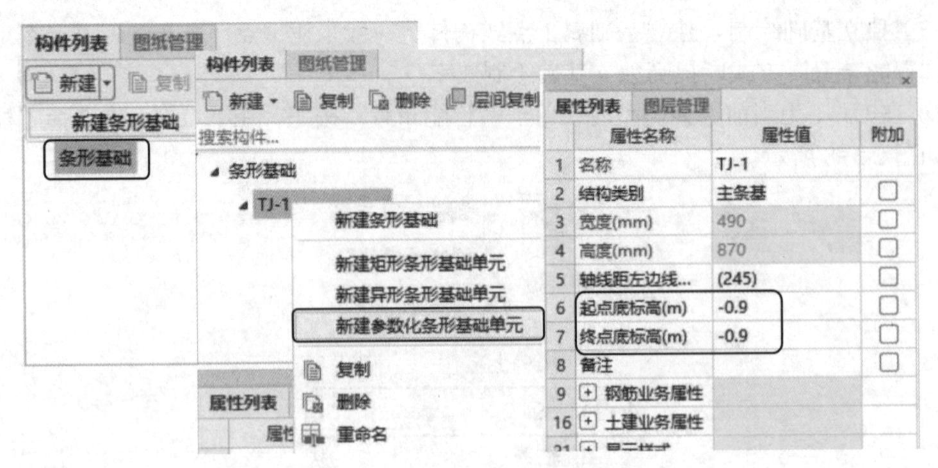

图 2.3-10

3）在“TJ-1”名称上单击鼠标右键，在弹出的快捷菜单中选择“新建参数化条形基础单元”。

4）在弹出的“选择参数化图形”对话框中，选择“等高砖大放角”，输入参数：“B”为“240”，“H”为“870”，“级数 N”为“2”。单击“确定”按钮，完成条形基础的定义，如图 2.3-11 所示。

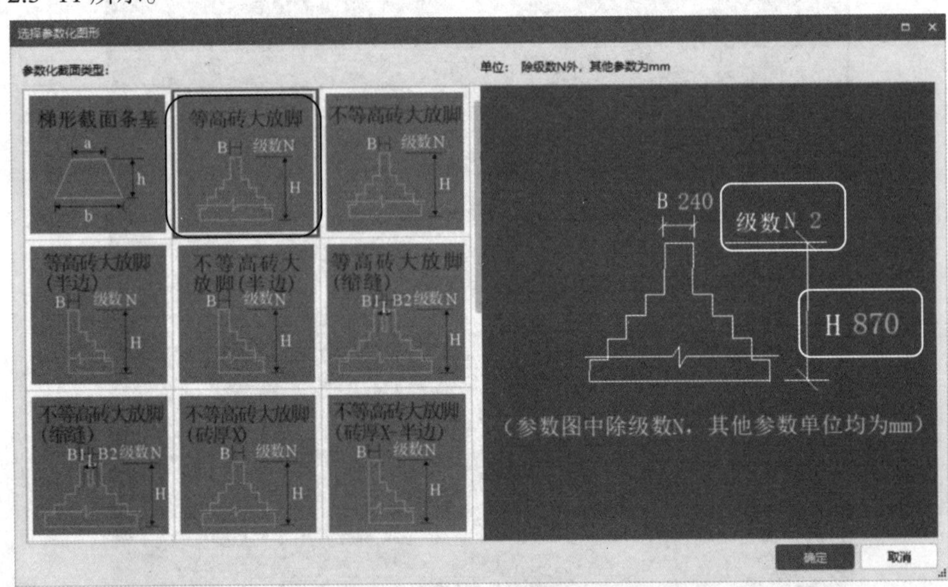

图 2.3-11

（2）条形基础套做法。条形基础属性定义完成后，对条形基础进行做法套取。结果如图 2.3-12 所示。

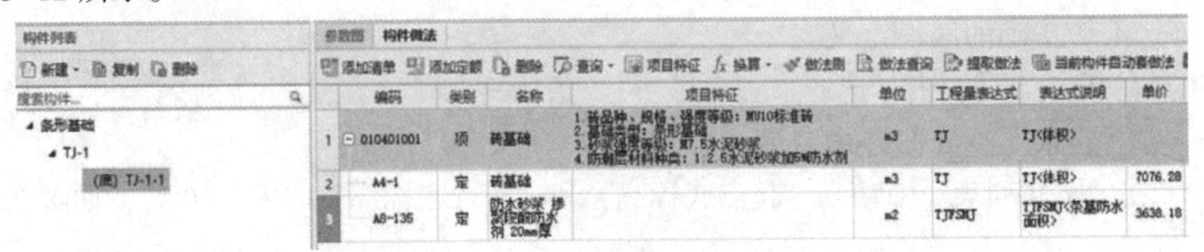

图 2.3-12

（3）条形基础绘制。参照基础平面图，采用“直线”绘制方式，即可完成基础绘制。完成效果如图 2.3–13 所示。

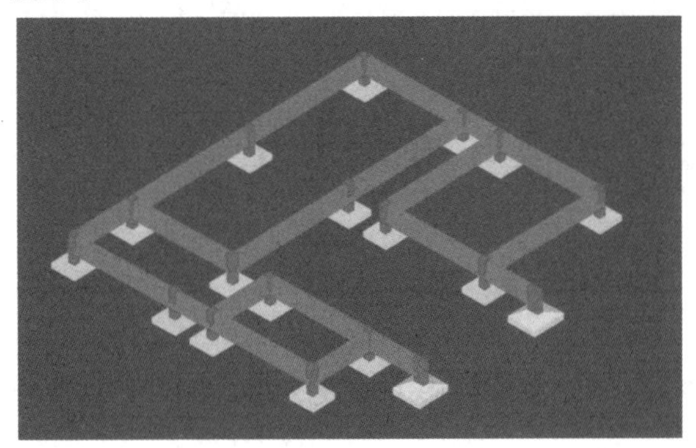

图 2.3–13

任务拓展

新建异形条形基础

条形基础截面形状复杂，软件提供的参数化截面类型无法满足工程实际情况算量需要时，可采用新建异形条形基础，绘制条形基础截面实现精确算量。具体操作步骤如下。

（1）在模块导航树中选择“基础”→“条形基础”，在“构件列表”中选择“新建”→“新建条形基础”并命名为“TJ–1”。

（2）在“属性列表”中输入“起点底标高”和“终点底标高”均为“–0.9”。

（3）在“TJ–1”名称上单击鼠标右键，在弹出的快捷菜单中选择“新建异形条形基础单元”。

（4）在弹出的“异形截面编辑器”对话框中，单击“设置网格”，输入水平方向间距为“65，65，240，65，65”，输入垂直方向间距为“120，120，630”，如图 2.3–14 所示。

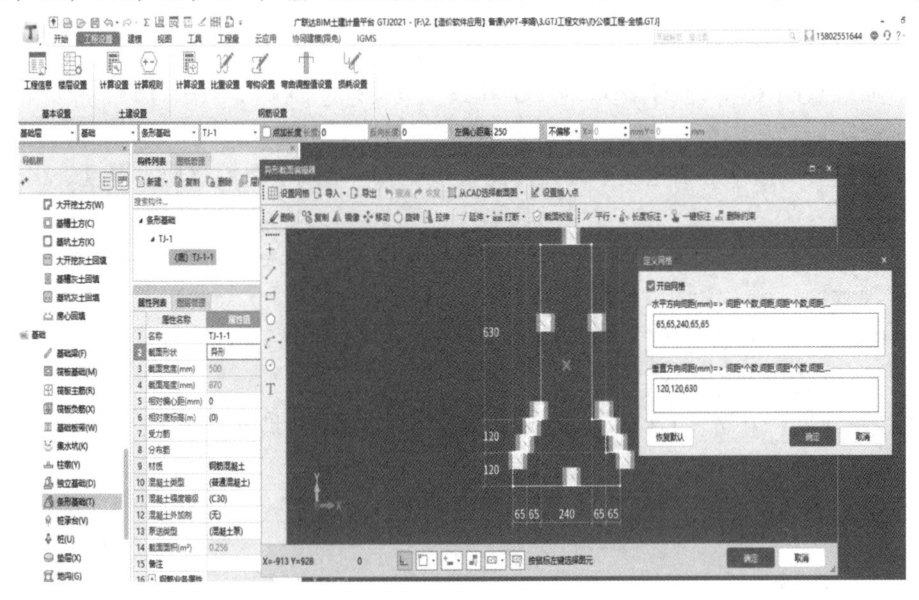

图 2.3–14

（5）按照自定义的网格用直线绘制条形基础截面轮廓，单击“确定”按钮，完成属性定义。

微课：垫层土方算量

3.2 垫层土方算量

任务说明

根据行政办公楼施工图，在软件中完成表 2.3–4 垫层土方算量任务工单所列的任务内容。

表 2.3–4 垫层土方算量任务工单

序号	任务名称	任务内容
1	垫层定义与绘制	新建面式垫层与线式基础垫层，设置垫层名称、厚度等属性信息，套取垫层清单与定额，绘制独立基础与条形基础下垫层
2	基础土方定义与绘制	新建基坑、基槽土方，设置土方属性信息并绘制土方图元
3	房心回填土方定义与绘制	新建房心回填土，设置回填土厚度等属性信息，并绘制房心回填土图元
4	工程量查询	汇总计算，查询垫层、基础土方、房心回填土土方工程量

任务探究

1. 图纸分析

（1）通过查阅图纸“柱下锥形独立基础表”可知独立基础下垫层材质、厚度、出边距离、底标高等信息。

（2）通过查阅图纸“填充墙基础大样图”可知条形基础下垫层材质、厚度、出边距离、底标高等信息。

（3）通过查阅图集 15ZJ001 工程做法表可知地面装饰做法，如图 2.3–15 所示。

本工程基坑、槽土方项目特征如下：

1）土壤类别：普通土；

2）挖土方式：人工挖土；

3）挖土深度：基坑：1.3 m（放坡）；基槽：0.4 m（不放坡）；

4）弃土运距：500 m。

（4）通过查阅定额计算规则，确定工作面宽度、放坡系数，见表 2.3–5 和表 2.3–6。

工程做法表（选自15ZJ001）

编号	装修名称	用料及分层做法
地105	细石混凝土防潮地面	1. 面层材料详装修表 2. 20 厚1：4干硬性水泥砂浆 3. 素水泥浆结合层一遍 4. 40 厚细石混凝土随捣随抹 5. 粘贴3厚SBS改性沥青防水卷材 6. 刷基层处理剂一遍 7. 20 厚1：2水泥砂浆找平 8. 80 厚C15 混凝土 9. 素土夯实
楼201	陶瓷地砖楼面	1. 10厚600X600米色地面砖 2. 20 厚1：4干硬性水泥砂浆 3. 素水泥浆结合层一遍
踢25（100高）	块料踢脚	1. 20mm预拌干混地面砂浆DS M20.0 2. 面层材料同地面、水泥浆擦缝

编号	装修名称	用料及分层做法
内墙4	混合砂浆墙面	1. 15 厚1:1:6水泥石灰砂浆 2. 5厚1：0.5：3水泥石灰砂浆
涂304	乳胶漆（3遍漆）	1. 清理基层 2. 满刮腻子一遍 3. 刷底漆一遍 4. 乳胶漆二遍
顶3	水泥砂浆顶棚	1. 钢筋混凝土板底面清理干净 2. 7厚1：1：4水泥石灰砂浆 3. 5厚1:0.5:3水泥石灰砂浆
棚6	轻钢龙骨石膏装饰板吊顶	1. 轻钢龙骨标准骨架：主龙骨中距900-1000，次龙骨中距600，横撑龙骨中距 600 2. 600X600 厚10石膏装饰板，自攻螺钉拧牢，孔眼用腻子填平
棚14	铝合金封闭式条形板吊顶	1. 配套金属龙骨 2. 铝合金条板，板宽150

编号	装修名称	用料及分层做法
外墙17	面砖外墙面	1. 15 厚1：3水泥砂浆 2. 5厚干粉类聚合物水泥防水砂浆，中间压入一层热镀锌电焊网 3. 4-5厚面砖，陶瓷墙地砖胶黏剂粘贴，填缝剂填缝。
外墙19	干挂石材外墙面	1. 外墙表面清理干净 2. 15厚干混抹灰砂浆DPM10找平 3. 12厚聚合物水泥防水涂料（I型） 4. 墙体固定连接件 5. 按石材板高度固定，固定安装配套不锈钢挂件 6. 30厚花岗岩板，用环氧树脂固定销钉；石材接缝宽5-8，用硅酮密封胶填缝
屋105（不上人屋面）	高聚物改性沥青卷材防水屋面	1. 二层3厚SBS或APP改性沥青防水卷材，面层带绿页岩保护层； 2. 刷基层处理剂一遍 3. 20 厚1：2.5 水泥砂浆找平层 4. 20厚最薄处1:8水泥珍珠岩找坡 5. 干铺50厚聚苯乙烯板 6. 钢筋混凝土屋面板，表面清理干净。

图 2.3-15

表 2.3-5　基础施工所需工作面宽度计算表

基础材料	每边各增加工作面宽度 /mm
砖基础	200
毛石、方整石基础	250
混凝土基础（支模板）	400
混凝土基础垫层（支模板）	300
基础垂直面做砂浆防潮层	400（自防潮层面）
基础垂直面做防水层或防潮层	1 000（自防水层或防潮层面）
支挡土板	100（另加）

表 2.3-6　土方放坡起点和放坡坡度表

土壤类别	起点深度（> m）	放坡系数			
		人工挖土	基坑内作业	基坑上作业	沟槽土方
普通土	1.20	1 ： 0.50	1 ： 0.33	1 ： 0.75	1 ： 0.50
坚土	1.50	1 ： 0.33	1 ： 0.25	1 ： 0.67	1 ： 0.33

2. 清单定额规则

（1）垫层清单计算规则，见表 2.3-7。

（2）垫层定额计算规则，见表 2.3-8。

表 2.3-7　垫层清单计算规则

项目编码	项目名称	计量单位	计算规则
010501001	垫层	m^3	按设计图示尺寸以体积计算。不扣除伸入承台基础的桩头所占体积
010101003	挖沟槽土方		按设计图示尺寸以垫层底面积乘以挖土深度计算
010101004	挖基坑土方		
010103001	回填方		按设计图示尺寸以体积计算。 1. 场地回填：回填面积乘以平均回填厚度。 2. 室内回填：主墙间面积乘以回填厚度，不扣除间隔墙。 3. 基础回填：按挖方清单项目工程量减去自然地坪以下埋设的基础体积（包括基础垫层及砌体构筑物）

表 2.3-8　垫层定额计算规则

项目编号	项目名称	计量单位	计算规则
A2-10	垫层　混凝土	10 m^3	按设计图示尺寸以体积计算
A19-9	现浇混凝土模板　混凝土基础垫层　木模板		按模板与现浇混凝土构件接触面积计算
A1-3	普通土　深度≤ 2 m	100 m^3	按设计图示尺寸以体积计算

任务实施

1. 垫层

（1）垫层的属性定义。本工程包含独立基础垫层与条形基础垫层，根据新建方式不同，独立基础垫层根据新建点式垫层或新建面式垫层（图 2.3-16）。具体操作步骤如下：

1）定义 J1 垫层。在模块导航树中选择“基础”→“垫层”，在“构件列表”中选择“新建”→“新建点式垫层”，并命名为“J1 垫层”。

2）在“属性列表”中输入“长度”“宽度”值均为“1600”，“厚度”为“100”，如图 2.3-17 所示。

3）定义 J2 垫层。在模块导航树中选择“基础”→“垫层”，在“构件列表”中选择“新建”→“新建面式垫层”，并命名为“J2 垫层”。

4）在“属性列表”中输入“厚度”为“100”，如图 2.3-18 所示。完成独立基础垫层定义。

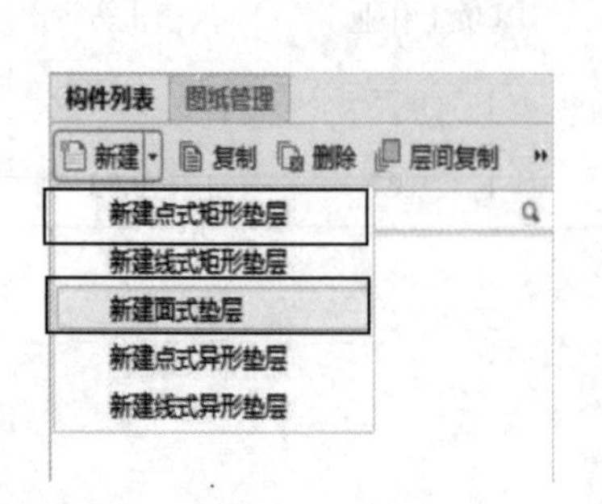

图 2.3-16

图 2.3-17

图 2.3-18

5）定义条形垫层。在模块导航树中选择“基础”→“垫层”，在“构件列表”中选择“新建”→“新建线式垫层”，并命名为“条基垫层”，属性值不做更改。

（2）垫层套做法。垫层属性定义完成后，对垫层进行做法套取。结果如图 2.3-19、图 2.3-20 所示。

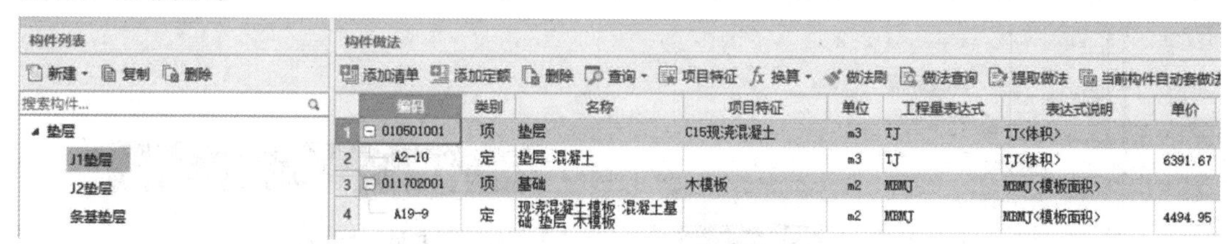

图 2.3-19

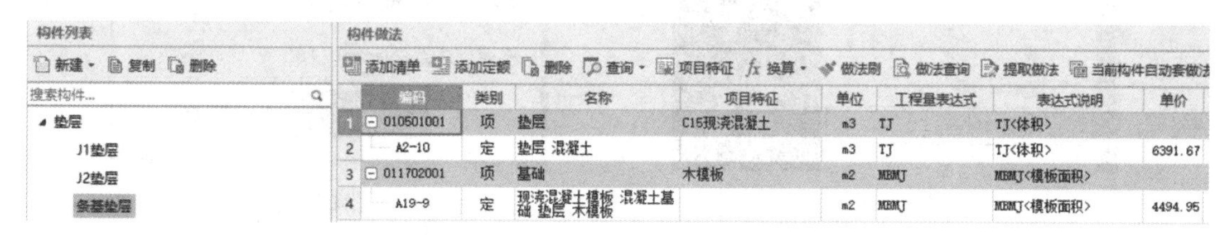

图 2.3-20

（3）垫层绘制。

1）J1 垫层绘制。选择“智能布置”→“独基”，在绘图区域框选 DJ-1 并单击鼠标右键，即可完成 J1 垫层绘制。

2）J2 垫层绘制。选择“智能布置”→“独基”，在绘图区域框选 DJ-2 并单击鼠标右键，在弹出的“设置出边距离”对话框中输入“出边距离”值为“100”，如图 2.3-21 所示，即可完成 J2 垫层绘制。

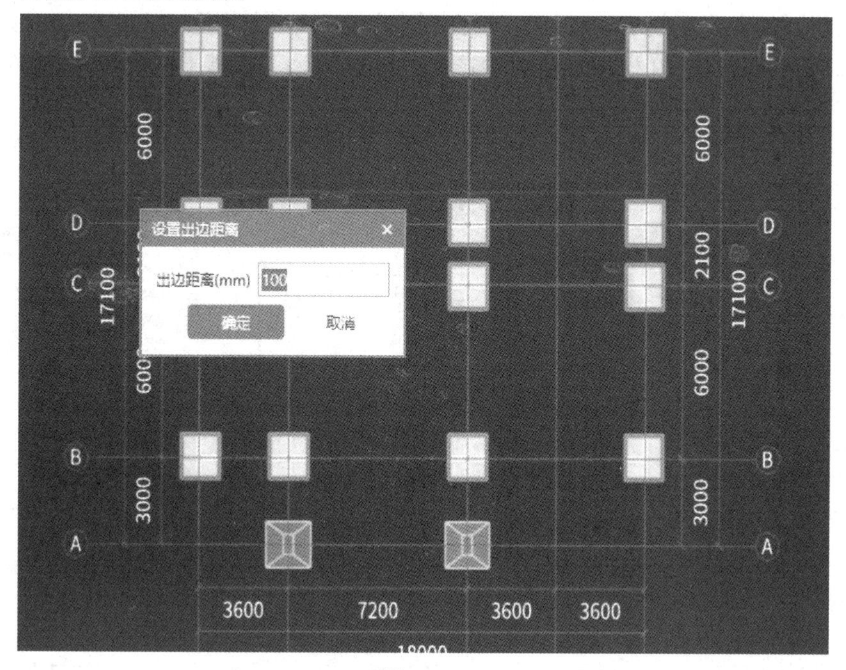

图 2.3-21

3）条形基础垫层绘制。选择“智能布置”→“条基中心线”，如图 2.3-22 所示。在绘图区域框选所有的条形基础，单击鼠标右键，在弹出的“设置出边距离”对话框中“左右出边距离”输入“100”，“起点出边距离”和“终点出边距离”输入“100”，如图 2.3-23 所示，单击“确定”按钮，即可完成条形基础垫层绘制。

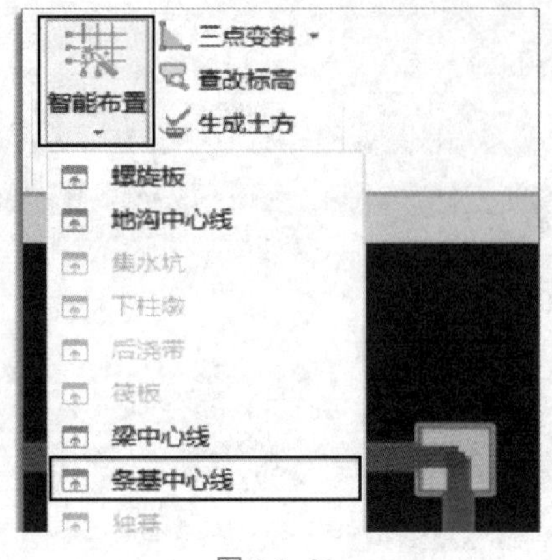

图 2.3-22

图 2.3-23

2. 基础土方

（1）基础土方的属性定义。

1）基坑土方定义。在模块导航树中选择“土方”→“基坑土方”，在“构件列表”中选择“新建”→“新建基坑土方”，并命名为“JK-1”。

2）在“属性列表”中选择“土壤类别”为“一二类土”；坑底长、宽值为“1600”；“深度（mm）”为“1300”；“工作面宽”为“300”；“放坡系数”为“0.5”；“挖土方式”为“人工”；“顶标高”为“-0.6”；“底标高”为“-1.9”，如图 2.3-24 所示。

3）按相同的方式新建 JK-2，在“属性列表”中输入属性值，如图 2.3-25 所示。

4）基槽土方定义。在模块导航树中选择“土方”→“基槽土方”，在“构件列表”中选择“新建”→“新建基槽土方”，并命名为“JC-1”。

5）在“属性列表”中输入基槽土方属性值，如图 2.3-26 所示。

属性列表　图层管理

	属性名称	属性值	附加
1	名称	JK-1	
2	土壤类别	一二类土	☐
3	坑底长(mm)	1600	☐
4	坑底宽(mm)	1600	☐
5	深度(mm)	(1300)	☐
6	工作面宽(mm)	300	☐
7	放坡系数	0.5	☐
8	冻土厚度(mm)	(0)	☐
9	湿土厚度(mm)	(0)	☐
10	挖土方式	人工	☐
11	顶标高(m)	-0.6	☐
12	底标高(m)	-1.9	☐
13	备注		☐
14	⊕ 土建业务属性		
18	⊕ 显示样式		

图 2.3-24

属性列表　图层管理

	属性名称	属性值	附加
1	名称	JK-2	
2	土壤类别	三类土	☐
3	坑底长(mm)	2000	☐
4	坑底宽(mm)	1800	☐
5	深度(mm)	1300	☐
6	工作面宽(mm)	0	☐
7	放坡系数	0	☐
8	冻土厚度(mm)	(0)	☐
9	湿土厚度(mm)	(0)	☐
10	挖土方式	人工	☐
11	顶标高(m)	-0.6	☐
12	底标高(m)	-1.9	☐
13	备注		☐
14	⊕ 土建业务属性		
18	⊕ 显示样式		

图 2.3-25

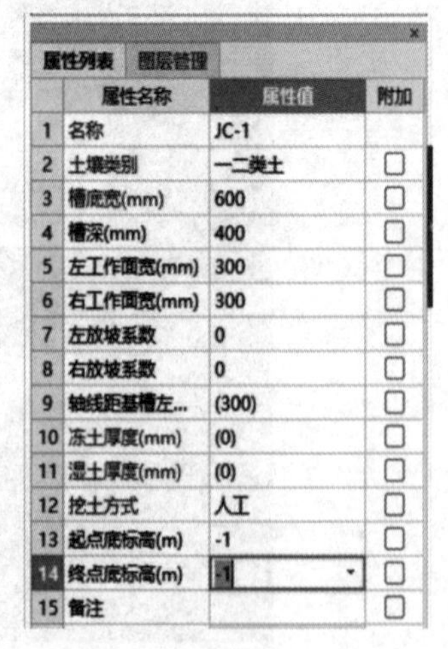

属性列表　图层管理

	属性名称	属性值	附加
1	名称	JC-1	
2	土壤类别	一二类土	☐
3	槽底宽(mm)	600	☐
4	槽深(mm)	400	☐
5	左工作面宽(mm)	300	☐
6	右工作面宽(mm)	300	☐
7	左放坡系数	0	☐
8	右放坡系数	0	☐
9	轴线距基槽左...	(300)	☐
10	冻土厚度(mm)	(0)	☐
11	湿土厚度(mm)	(0)	☐
12	挖土方式	人工	☐
13	起点底标高(m)	-1	☐
14	终点底标高(m)	-1	☐
15	备注		☐

图 2.3-26

（2）基础土方套做法。基坑与基槽土方属性定义完成后，对基坑、基槽土方进行做法套取。结果如图 2.3-27、图 2.3-28 所示。

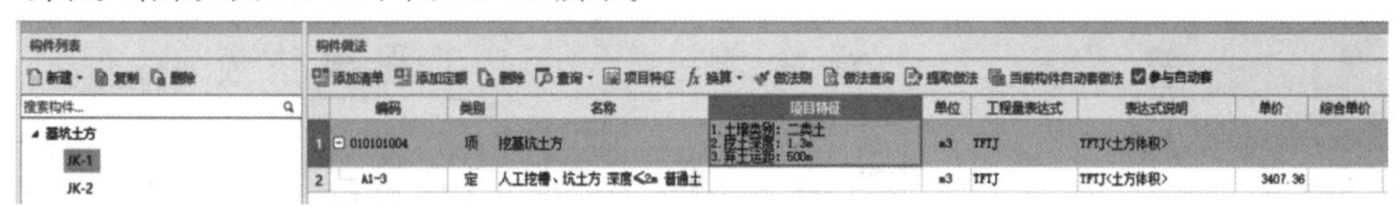

	编码	类别	名称	项目特征	单位	工程量表达式	表达式说明	单价	综合单价
1	010101004	项	挖基坑土方	1. 土壤类别：二类土 2. 挖土深度：1.3m 3. 弃土运距：500m	m3	TFTJ	TFTJ<土方体积>		
2	A1-3	定	人工挖槽、坑土方 深度≤2m 普通土		m3	TFTJ	TFTJ<土方体积>	3407.36	

图 2.3-27

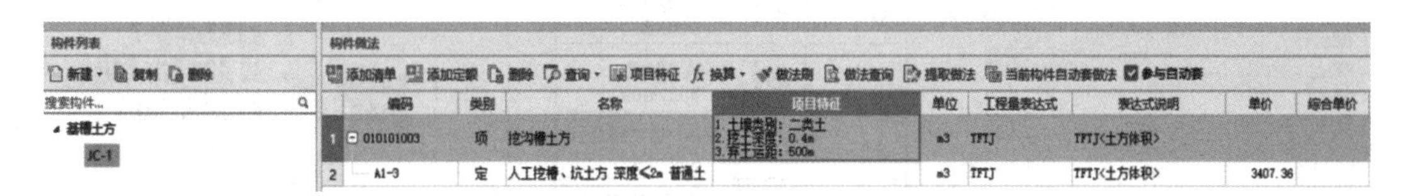

	编码	类别	名称	项目特征	单位	工程量表达式	表达式说明	单价	综合单价
1	010101003	项	挖沟槽土方	1. 土壤类别：二类土 2. 挖土深度：0.4m 3. 弃土运距：500m	m3	TFTJ	TFTJ<土方体积>		
2	A1-3	定	人工挖槽、坑土方 深度≤2m 普通土		m3	TFTJ	TFTJ<土方体积>	3407.36	

图 2.3-28

（3）基础土方绘制。

1）选择 JK-1，执行“智能布置”→“点式垫层”命令，在绘图区域框选所有的 J1 垫层，单击鼠标右键，完成 JK-1 土方的绘制。

2）选择 JK-2，选择“点”绘制工具，在绘图区域依次单击 J2 垫层处轴线交点，即可完成 JK-2 土方的绘制。

3）选择 JC-1，执行“智能布置”→“线式垫层中心线”命令，在绘图区域框选所有的条形基础垫层，单击鼠标右键，完成 JC-1 土方的绘制。

4）完成效果如图 2.3-29 所示。

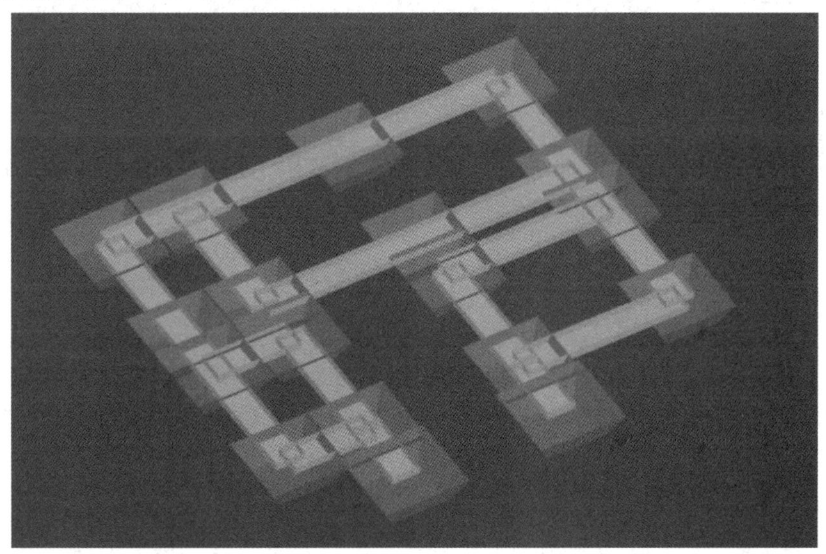

图 2.3-29

3. 房心回填土方

（1）房心回填土方的属性定义。

1）基坑土方定义。在模块导航树中选择“土方”→“房心回填”，在“构件列表”中选择“新建”→“新建房心回填”，并命名为“FXHT-1”。

2）参考本工程装修表与工程做法表，在“属性列表”中输入房心回填土的“厚度”为“442”，如图 2.3-30 ～图 2.3-32 所示。

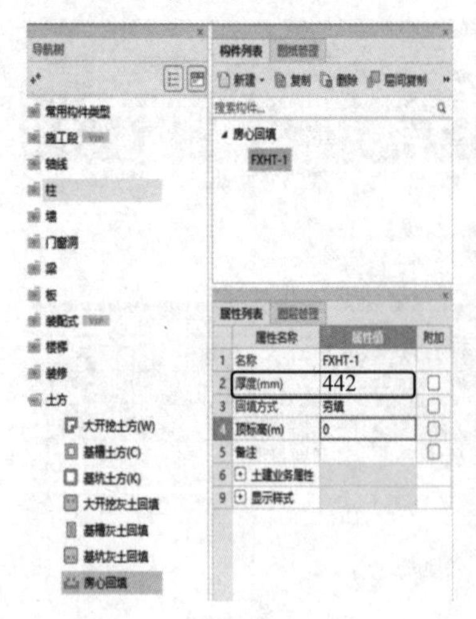

图 2.3-30

装修表

房间名称	地面	
	做法	
门厅	地62	10厚米色花岗岩 800X800
会议室	地62	10厚米色花岗岩 800X800
楼梯间	地62	10厚米色花岗岩 800X800
办公室	地62	10厚米色防滑陶瓷地面砖 600X600
休息间	地62	10厚米色防滑陶瓷地面砖 600X600
走廊	地62	10厚米色花岗岩 800X800

图 2.3-31

工程做法表（选自05ZJ001）

编号	装修名称	用料及分层做法
地62	细石混凝土防潮地面	1. 面层材料详装修表 2. 20厚1：4干硬性水泥砂浆 3. 素水泥浆结合层一遍 4. 30厚细石混凝土随捣随抹 5. 粘贴3厚SBS改性沥青防水卷材 6. 刷基层处理剂一遍 7. 15厚1：2水泥砂浆找平 8. 80厚C15 混凝土 9. 素土夯实

图 2.3-32

回填土厚度＝室外地坪标高 − 地面装修层总厚度＝ 0.6−0.158 ＝ 0.442

（2）房心回填土方套做法。对房心回填土方进行做法套取。结果如图 2.3-33 所示。

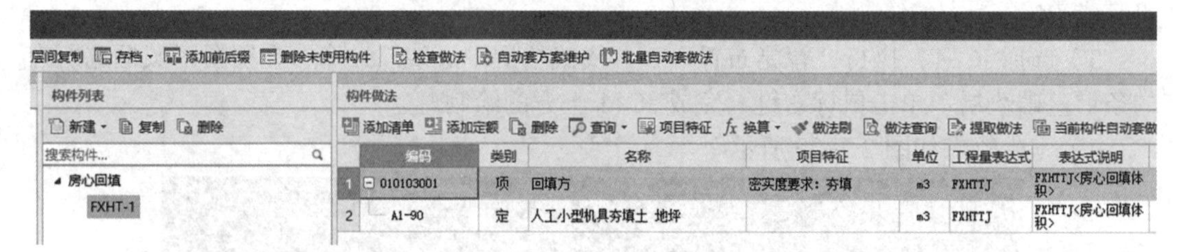

图 2.3-33

（3）房心回填土方绘制。采用“点”工具，依次单击房间内部，即可绘制房心回填土方。

任务拓展

自动生成土方

土方的定义和绘制可以手动操作也可以采用自动生成功能实现。具体操作步骤如下：

（1）在模块导航树中选择“垫层”，选择“生成土方”工具。

（2）在弹出的“生成土方”对话框中选择“土方类型”为“基槽土方”，“起始放坡位置”为“垫层底”，“生成方式”为“手动生成”，“生成范围”为“基槽土方”，“左工作面宽”和“右工作面宽”均为“300”，左右放坡系数为“0”，如图 2.3-34 所示。

（3）单击“批量选择”按钮，在弹出的“批量选择”对话框中，选择“条基垫层”选项，单击“确定”按钮，即可生成基槽土方。

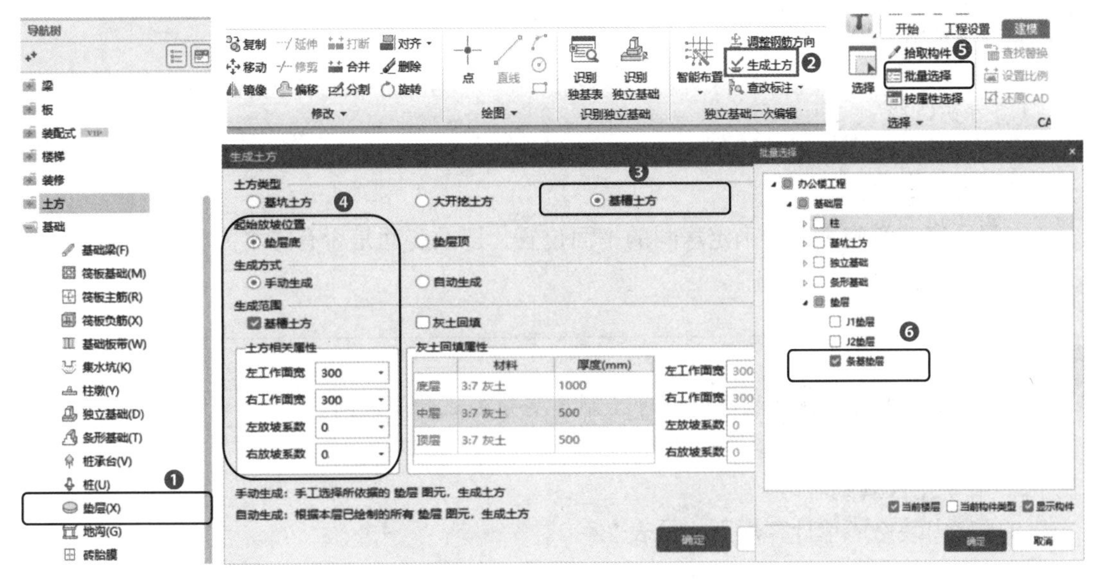

图 2.3-34

任务4　装修工程算量

4.1　室内装修算量

微课：装修工程算量

任务说明

根据行政办公楼施工图，在软件中完成表2.4-1室内装修算量任务工单所列的任务内容。

表 2.4-1　室内装修算量任务工单

序号	任务名称	任务内容
1	室内装修属性定义	新建地面，踢脚线、墙面、天棚，设置对应属性信息
2	室内装修套做法	套取地面、踢脚线、墙面、天棚等清单与定额
3	室内装修绘制	以构件形式布置室内装修、以房间形式布置室内装修
4	工程量查询	汇总计算，查询地面、踢脚线、墙面、天棚等室内装修工程量

任务探究

1．分析图纸

查阅行政办公楼图纸装修做法表与工程做法表，确定需要新建的楼地面、天棚、墙面等构件类型与数量。

查阅全套建筑施工图，确定房间的平面位置，以及房间是否有防水需求、房间是否处于封闭状态等情况。

> **提示**
> 房间处于未完全封闭状态时，可绘制虚墙分隔成封闭房间。

2．清单定额规则学习

（1）室内装修清单计算规则，见表 2.4–2。

表 2.4–2　室内装修清单计算规则

项目编码	项目名称	计量单位	计算规则
011101003	细石混凝土楼地面	m^2	按设计图示尺寸以面积计算。扣除凸出地面的构筑物、设备基础、室内管道、地沟等所占面积，不扣除间壁墙及≤ 0.3 m^2 柱、垛、附墙烟囱及孔洞所占面积。门洞、空圈、暖气包槽、壁龛的开口部分不增加面积
011102003	块料楼地面		按设计图示尺寸以面积计算。门洞、空圈、暖气包槽、壁龛的开口部分并入相应的工程量内
011105003	块料踢脚线	1．m^2 2．m	1．以平方米计量，按设计图示长度 × 高度以面积计算。 2．以米计量，按延长米计算
011201001	墙面一般抹灰	m^2	按设计图示尺寸以面积计算。扣除墙裙、门窗洞口及单个＞0.3 m^2 的孔洞面积，不扣除踢脚线、挂镜线和墙与构件交接处的面积，门窗洞口和孔洞的侧壁及顶面不增加面积。附墙柱、梁、垛、烟囱侧壁并入相应的墙面面积内
011204001	石材墙面		按镶贴表面积计算
011204003	块料墙面		按镶贴表面积计算
011406001	抹灰面油漆		按设计图示尺寸以面积计算
011301001	天棚抹灰		按设计图示尺寸以水平投影面积计算。不扣除间壁墙、垛、柱、附墙烟囱、检查口和管道所占面积，带梁天棚的梁两侧抹灰面积并入天棚面积内，板式楼梯底面抹灰按斜面积计算，锯齿形楼梯底板抹灰按展开面积计算
011302001	吊顶天棚		按设计图示尺寸以水平投影面积计算。天棚面中的灯槽及跌级、锯齿形、吊挂式、藻井式天棚面积不展开计算。不扣除间壁墙、检查口、附墙烟囱、柱垛和管道所占面积，扣除单个＞ 0.3 m^2 的孔洞、独立柱及与天棚相连的窗帘盒所占的面积

（2）室内装修定额计算规则，见表 2.4–3。

表 2.4-3　室内装修定额计算规则

项目编码	项目名称	计量单位	计算规则
A11-1	找平层　水泥砂浆　混凝土或硬基层上 20 mm	100 m^2	按设计图示尺寸以面积计算。扣除凸出地面的构筑物、设备基础、室内管道、地沟等所占面积，不扣除间壁墙及≤ 0.3 m^2 柱、垛、附墙烟囱及孔洞所占面积。门洞、空圈、暖气包槽、壁龛的开口部分不增加面积
A11-53	陶瓷地面砖　楼地面（每块面积在 cm^2 以内）3 600	100 m^2	按设计图示尺寸以面积计算。门洞、空圈、暖气包槽、壁龛的开口部分并入相应的工程量内
A11-42	石材块料面层　楼地面　周长 3 200 mm 以内　单色	100 m^2	按设计图示尺寸以面积计算。门洞、空圈、暖气包槽、壁龛的开口部分并入相应的工程量内
A11-166	踢脚线　陶瓷地面砖	100 m	按设计图示长度以延长米计算
A12-1	墙面、墙裙抹水泥　砂浆　内砖墙　20 mm	100 m^2	按设计图示尺寸以面积计算。扣除门窗洞口和 0.3 m^2 以上的空圈所占的面积。且门窗洞口、空圈、孔洞的侧壁面积也不增加。不扣除踢脚线、挂镜线及 0.3 m^2 以内的孔洞和墙与构件交接处的面积。附墙柱的侧面抹灰应并入墙面、墙裙抹灰工程量内计算。墙面、墙裙的长度以主墙间的图示净长计算，墙面高度按室内地面至天棚底面净高计算，墙面抹灰面积应扣除墙裙抹灰面积，墙面和墙裙抹灰种类相同者，工程量合并计算，按同一项目执行
A12-28	挂贴石材　砖墙面	100 m^2	按墙面镶贴表面积计算
A12-93	150×75 面砖　水泥砂浆粘贴面砖灰缝（mm）5	100 m^2	按墙面镶贴表面积计算
A15-59	刷乳胶漆　抹灰面三遍	100 m^2	楼地面、天棚、柱、梁面按抹灰相应的工程量计算
A13-1	混凝土天棚　水泥砂浆　现浇	100 m^2	抹灰及各种吊顶天棚龙骨按主墙间净空面积计算，不扣除间壁墙、检查孔、附墙烟囱、柱、垛和管道所占面积。密肋梁、井字梁等板底梁，其梁底面抹灰并入天棚面积内套取相应项目；伸出外墙的阳台、雨篷，其底面抹灰按外墙外侧设计图示尺寸以水平投影面积计算，执行天棚抹灰相应项目；阳台或雨篷悬挑梁底面抹灰并入阳台或雨篷面积内计算
A13-104	平面、跌级天棚　铝合金条板天棚　闭缝	100 m^2	（1）天棚基层按展开面积计算。（2）天棚装饰面层，按主墙间实钉（胶）展开面积以平方米计算，不扣除间壁墙、检查口、附墙烟囱、垛和管道所占面积，但应扣除 0.3 m^2 以上的孔洞、独立柱、灯槽及天棚相连的窗帘盒所占面积
A13-84	平面、跌级天棚　石膏板天棚面层　安在 T 形铝合金龙骨上	100 m^2	
A13-27	平面、跌级天棚　装配式 U 形轻钢天棚龙骨（上人型）面层规格 600 mm×600 mm 以上　平面	100 m^2	按水平投影面积计算

任务实施

1. 楼地面

室内装饰布置方法有两种：第一种是以构件形式布置装修楼地面；第二种是以房间形式布置室内装修，本节介绍第一种布置方法。

（1）楼地面的属性定义。在模块导航树中选择“装修”→“楼地面”，在“构件列表”中选择“新建”→“新建楼地面”，按照图纸修改属性值。按此方法完成其余楼地面的属性定义，结果如图 2.4-1 所示。

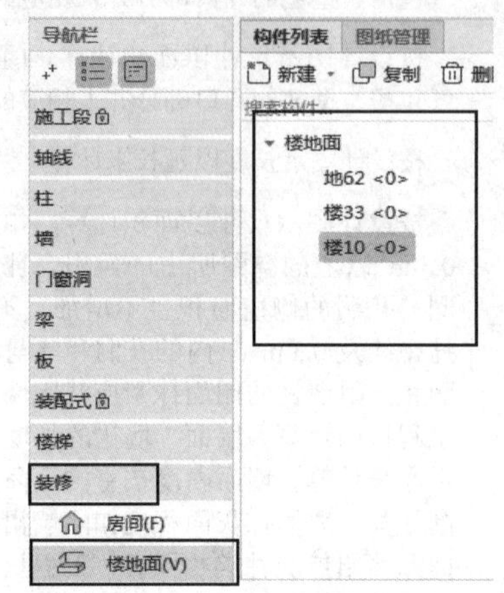

属性列表

	属性名称	属性值
1	名称	楼10
2	块料厚度(mm)	10
3	是否计算防水...	否
4	顶标高(m)	层底标高
5	备注	
6	⊞ 土建业务属性	
10	⊞ 显示样式	

图 2.4-1

（2）楼地面套做法。

1）双击“构件列表”中“楼 10”名称，弹出“定义”对话框，切换至“构件做法”，单击“查询清单库”按钮，双击“011102003 块料楼地面”清单编码，添加清单，需要手动添加最后 3 位顺序码。

2）切换至“查询定额库”，按章节查询分别选择“A11-1”“A11-53”编码。

3）单击对应清单“项目特征”列，根据图纸信息手动输入项目特征。

4）单击“工程量表达式”列，逐项选择工程量表达式计算代码，结果如图 2.4-2 所示。

8	⊟ 011102003	项	块料楼地面	1.米色防滑陶瓷地面砖 600*600 2.20厚1:4干硬性水泥砂浆，面撒素水泥 3.素水泥砂浆结合层一遍 4.20厚1:2水泥砂浆找平	m2	KLDMJ	KLDMJ<块料地面积>
9	A11-1	定	找平层 水泥砂浆 混凝土或硬基层上 20mm		m2	DMJ	DMJ<地面积>
10	A11-53	定	陶瓷地面砖 楼地面(每块面积在cm2以内) 3600		m2	KLDMJ	KLDMJ<块料地面积>

图 2.4-2

5）利用“做法刷”功能完成楼 33 套做法。选择楼 10 套取的全部做法，单击“做法刷”按钮，在弹出的对话框中选择“过滤”→“按同类型构件过滤”，勾选“楼 33”，单击“确定”按钮，完成做法套取。

（3）楼地面绘制。楼地面绘制可分为点布置、直线布置和矩形布置。

1）点布置：当房间处于封闭状态时可使用。在“建模”选项卡“绘图”面板中选择

"点"工具，开始楼地面的绘制。单击绘图区域需要布置构件处，即可完成楼地面的布置（可连续绘制），单击鼠标右键退出，完成绘制。

2）直线布置：在"建模"选项卡"绘图"面板中选择"直线"工具开始楼地面的绘制。在绘图区域单击鼠标左键选择起点，用直线绘制一个封闭的区间，单击鼠标右键退出，完成绘制。

3）矩形布置：在"建模"选项卡"绘图"面板中选择"矩形"工具开始楼地面的绘制。在绘图区域框选需要布置构件区域，单击鼠标右键退出，完成绘制。

2. 内墙面

（1）内墙面的属性定义。在模块导航树中选择"装修"→"墙面"，在"构件列表"中选择"新建"→"新建内墙面"，按照图纸修改属性值。按此方法完成其余内墙面的属性定义，结果如图 2.4-3 所示。

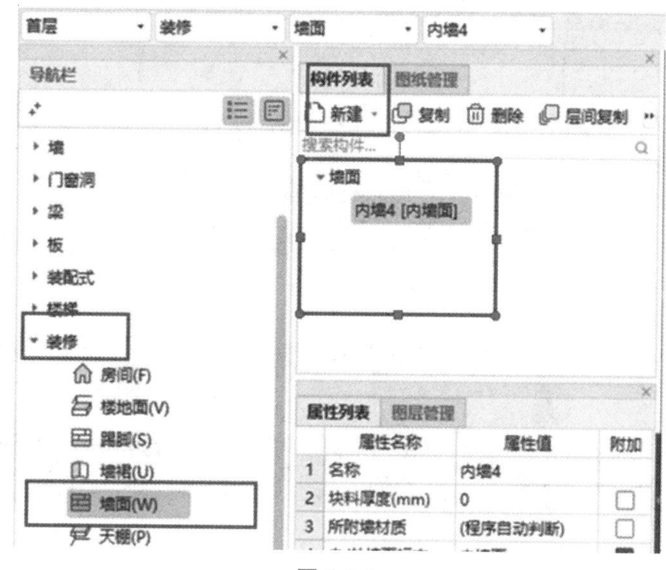

图 2.4-3

（2）内墙面套做法。

1）双击"构件列表"中"内墙 4"名称，弹出"定义"对话框，切换至"构件做法"，单击"查询清单库"按钮，双击"011201001 墙面一般抹灰"清单编码，添加清单，需要手动添加最后 3 位顺序码。

2）切换至"查询定额库"，按章节查询选择"A12-1"编码。

3）单击对应清单"项目特征"列，根据清单要求结合图纸信息手动输入项目特征，结果如图 2.4-4 所示。

构件做法

添加清单　添加定额　删除　查询　项目特征　换算　做法刷　做法查询　提取做法　当前构件自动套做法　参与自动

	编码	类别	名称	项目特征	单位	工程量表达式	表达式说明
1	011201001001	项	墙面一般抹灰	1.墙体类型：砖墙 2.底层：15厚1:1:6水泥石灰砂浆 3.面层：5厚1:0.5:3水泥石灰砂浆	m2	QMMHMJZ	QMMHMJZ<墙面抹灰面积（不分材质）>
2	A12-1	定	墙面、墙裙抹水泥砂浆 内砖墙 20mm		m2	QMMHMJZ	QMMHMJZ<墙面抹灰面积（不分材质）>

图 2.4-4

（3）内墙面绘制。内墙面绘制可分为点布置和直线布置。

1）点布置：在“建模”选项卡“绘图”面板中选择“点”工具，开始内墙面的绘制。鼠标左键选择需要布置墙面的墙体（可连续绘制），单击鼠标右键退出，完成绘制。

2）直线布置：在“建模”选项卡“绘图”面板中选择“直线”工具，开始内墙面的绘制。确定需要布置墙面的墙体，单击鼠标左键选择起点，再次单击鼠标左键选择终点，单击鼠标右键退出，完成绘制。

其立面图如图 2.4–5 所示。

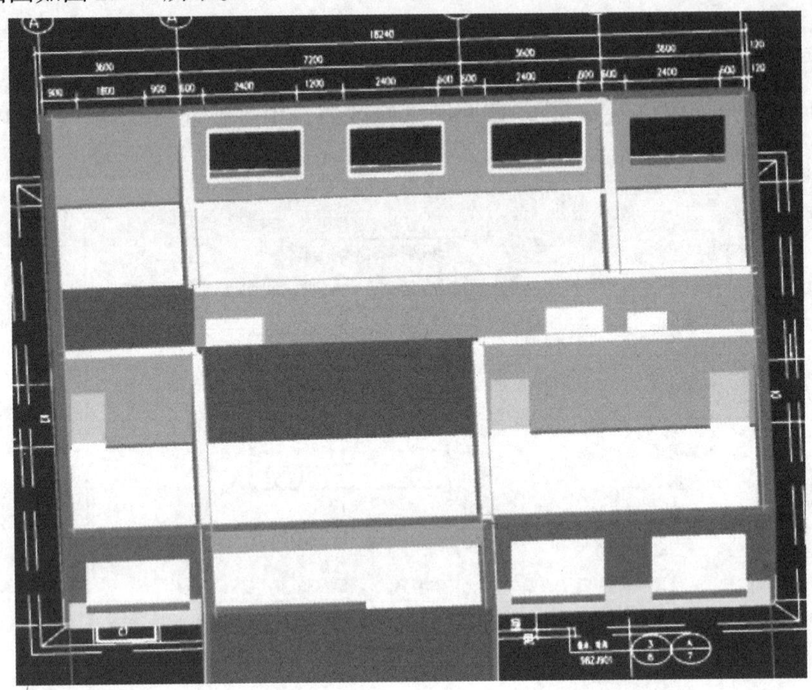

图 2.4–5

3. 天棚

（1）天棚的属性定义。在模块导航树中选择“装修”→“天棚”，在“构件列表”中选择“新建”→“新建天棚”，按照图纸修改属性值，按此方法完成其余天棚的属性定义，如图 2.4–6 所示。

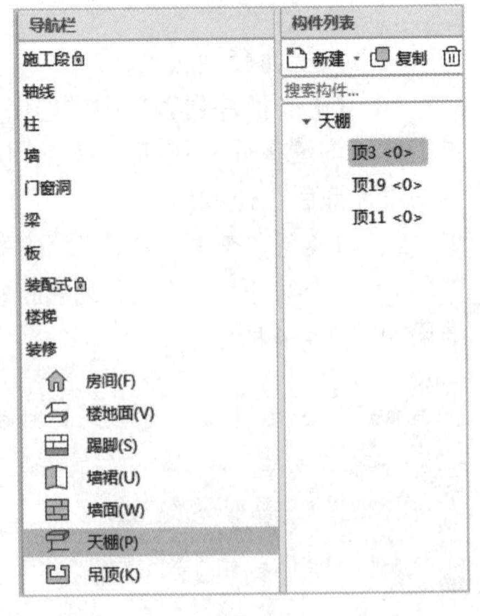

图 2.4–6

（2）天棚套做法。

1）双击“构件列表”中“顶 3”名称，弹出“定义”对话框，切换至“构件做法”，单击“查询清单库”按钮，双击“011301001 天棚抹灰”清单编码，添加清单，切换至“查询定额库”，按章节查询选择“A13–1”编码。

2）单击对应清单“项目特征”列，根据图纸信息手动输入项目特征。

3）单击“工程量表达式”列，逐项选择工程量

表达式计算代码，结果如图 2.4–7 所示。

4）利用“做法刷”功能，将项 3 做法刷给其余天棚。

添加清单　添加定额　删除　查询　项目特征　f_x 换算　做法刷　做法查询　提取做法　当前构件自动套做法　参与自动

	编码	类别	名称	项目特征	单位	工程量表达式	表达式说明
1	011301001	项	天棚抹灰	1.钢筋混凝土板底面清理干净 2.7厚1:1:4水泥石灰砂浆 3.5厚1:0.5:3水泥石灰砂浆	m2	TPMHMJ	TPMHMJ<天棚抹灰面积>
2	A13-1	定	混凝土天棚 水泥砂浆 现浇		m2		

图 2.4–7

（3）天棚绘制。天棚绘制可分为点布置、直线布置和矩形布置。

1）点布置：当房间处于封闭状态时可使用。在“建模”选项卡“绘图”面板中选择“点”工具，开始天棚的绘制。单击绘图区域需要布置构件处，即可完成天棚的布置（可连续绘制），单击鼠标右键退出，完成绘制。

2）直线布置：在“建模”选项卡“绘图”面板中选择“直线”开始天棚的绘制，单击鼠标左键选择起点，用直线绘制一个封闭的区间，单击鼠标右键退出，完成绘制。

3）矩形布置：在“建模”选项卡“绘图”面板中选择“矩形”工具开始天棚的绘制，在绘图区域框选需要布置构件区域，单击鼠标右键退出，完成绘制。

结果如图 2.4–8 所示。

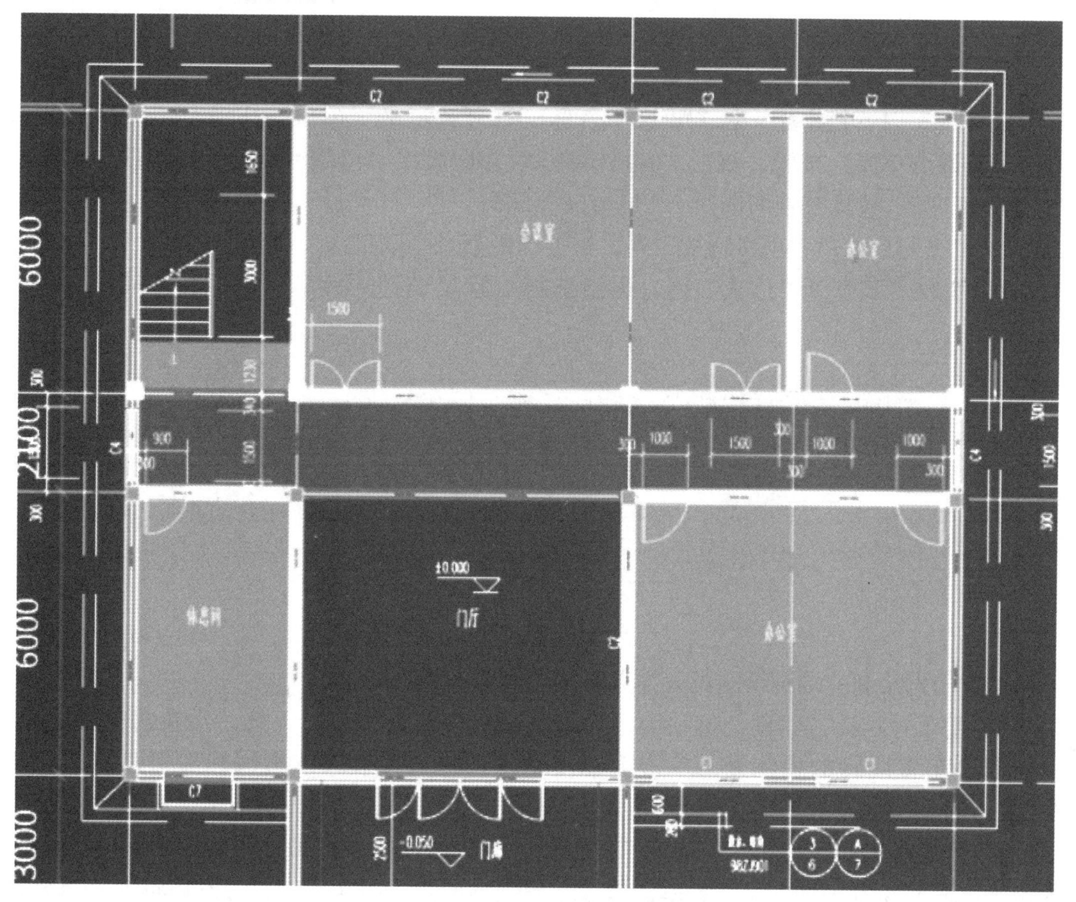

图 2.4–8

4. 踢脚

（1）踢脚的属性定义。在模块导航树中选择“装修”→“踢脚”，在“构件列表”中选择“新建”→“新建踢脚”，按照图纸修改属性值。结果如图 2.4-9 所示。

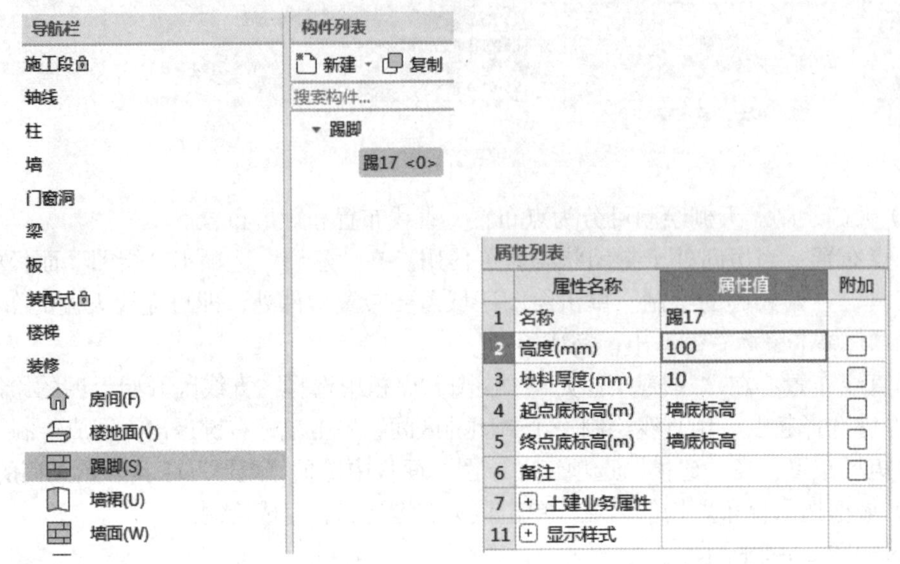

图 2.4-9

（2）踢脚套做法。

1）双击“构件列表”中“踢 17”名称，打开“定义”窗口，切换至“构件做法”，单击“查询清单库”按钮，双击“011105003 块料踢脚线”清单编码，添加清单，切换至“查询定额库”，按章节查询选择“A11-166”编码；

2）单击对应清单“项目特征”列，根据图纸信息手动输入项目特征；

3）单击“工程量表达式”列，逐项选择工程量表达式计算代码，结果如图 2.4-10 所示。

构件做法

添加清单 添加定额 删除 查询 项目特征 换算 做法刷 做法查询 提取做法 当前构件自动套做

	编码	类别	名称	项目特征	单位	工程量表达式	表达
1	011105003	项	块料踢脚线	1.17厚1:3水泥砂浆 2.3-4厚1:1水泥砂浆加水重20%白乳胶镶贴 3.8-10厚面砖、水泥浆擦缝	m2	TJKLMJ	TJKLMJ<踢
2	A11-166	定	踢脚线 陶瓷地面砖		m	TJKLCD	TJKLCD<踢

图 2.4-10

（3）踢脚绘制。踢脚绘制可分为点布置和直线布置。

1）点布置：在“建模”选项卡“绘图”面板中选择“点”工具，开始踢脚的绘制，单击需要布置踢脚的墙体处，单击鼠标左键，可连续绘制，单击鼠标右键退出，完成绘制。

2）直线布置：在“建模”选项卡“绘图”面板中选择“直线”工具开始踢脚的绘制，单击确定需要布置踢脚的墙体，单击鼠标左键选择起点，再次单击鼠标左键选择终点，单击鼠标右键退出，完成绘制。其立面图如图 2.4-11 所示。

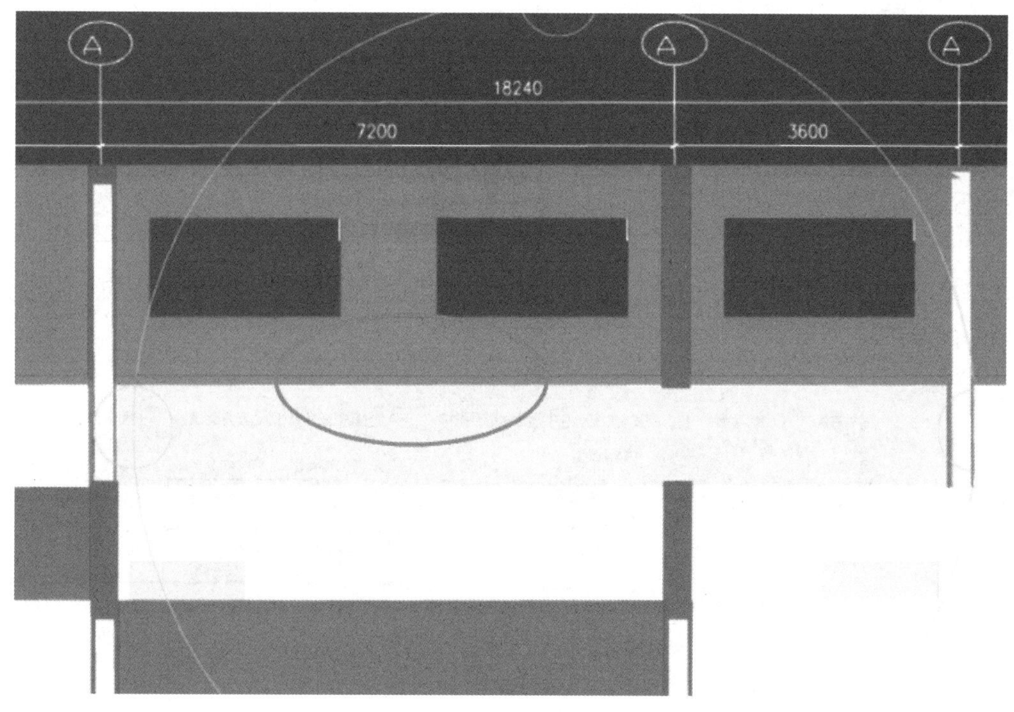

图 2.4-11

任务拓展

以房间形式布置室内装修。

1. 房间创建

在模块导航树中选择“装修”→“房间”，在“构件列表”中选择“新建”→“新建房间”，根据图纸新建房间。结果如图 2.4-12、图 2.4-13 所示。

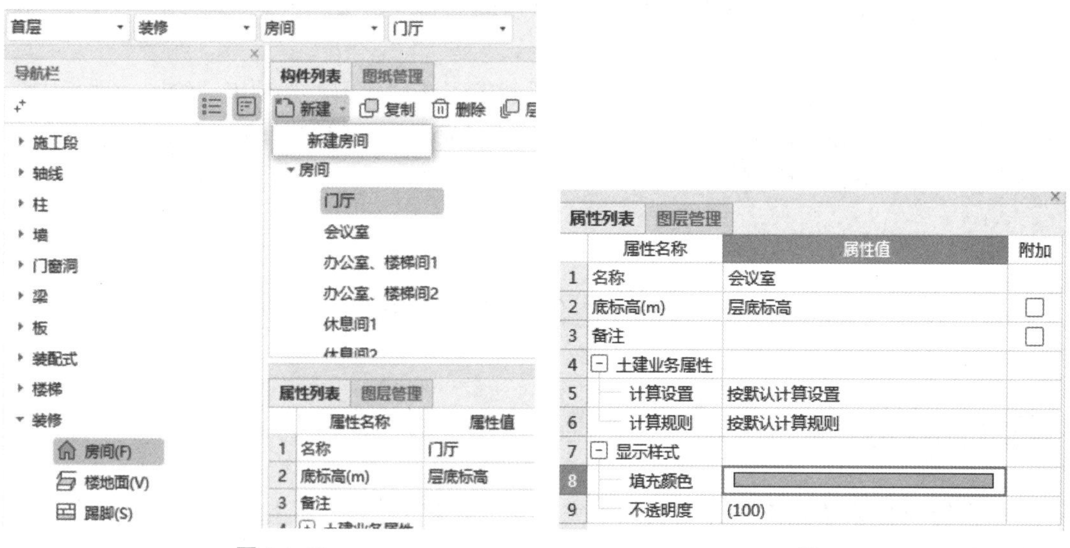

图 2.4-12　　　　图 2.4-13

提示

1. 因办公室、楼梯间、休息间、走廊的 1 楼和 2 楼的楼地面做法不同，需要分开新建房间。

2. 在房间“属性列表”中可以将显示样式中的填充颜色进行修改，方便后期直观检查房间布置情况。

双击已建房间（如门厅）进入“定义”窗口，按照室内装修做法表依次添加依附构件。结果如图 2.4-14 所示。

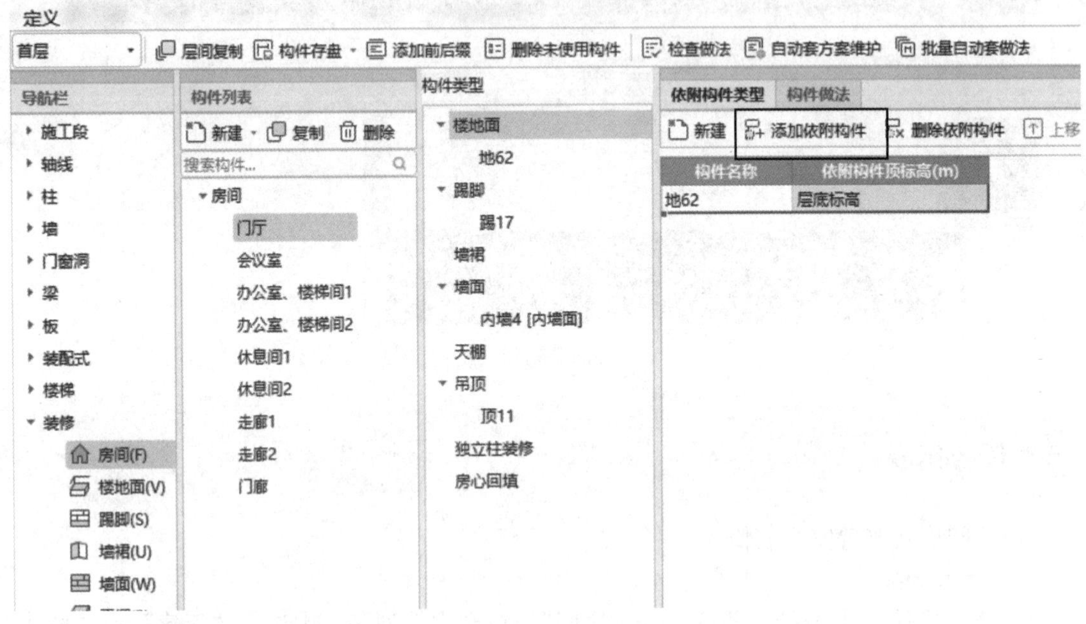

图 2.4-14

按照图纸修改属性值，按此方法完成其余房间的属性定义。

2. 房间绘制

房间绘制只能使用点布置且必须处于封闭状态。在“建模”选项卡“绘图”面板中选择“点”工具，开始房间的绘制，单击门厅即可完成房间“门厅”的布置（可连续绘制），单击鼠标右键退出，完成绘制。

4.2 室外装修算量

任务说明

根据行政办公楼施工图，在软件中完成表 2.4-4 室外装修算量任务工单所列的任务内容。

表 2.4-4　室外装修算量任务工单

序号	任务名称	任务内容
1	室外装修 属性定义	新建外墙，设置块料厚度、起点顶标高、终点顶标高、起点底标高、终点顶标高等属性信息
2	室外装修 套做法	套取外墙等清单与定额
3	室外装修绘制	采用点布置、直线布置方式绘制外墙
4	工程量查询	汇总计算，查询外墙等室外装修工程量

任务探究

1. 分析图纸

查阅行政办公楼图纸建施图装修做法表，查找外墙构造层次、做法，如图 2.4-15 所示。

编号	装修名称	用料及分层做法
外墙17	面砖外墙面	1. 15 厚1：3水泥砂浆 2. 5厚干粉类聚合物水泥防水砂浆，中间压入一层热镀锌电焊网 3. 4-5厚面砖，陶瓷墙地砖胶黏剂粘贴，填缝剂填缝。
外墙19	干挂石材外墙面	1. 外墙表面清理干净 2. 15厚干混抹灰砂浆DPM10找平 3. 12厚聚合物水泥防水涂料（I型） 4. 墙体固定连接件 5. 按石材板高度固定，固定安装配套不锈钢挂件 6. 30厚花岗岩板，用环氧树脂固定销钉；石材接缝宽5-8，用硅酮密封胶填缝

图 2.4-15

查阅建施 7-10 图纸的立面图，确定外墙装修的位置、高度。

2. 清单定额规则学习

（1）室外装修（如墙面装饰）清单计算规则，见表 2.4-5。

表 2.4-5　室外装修清单计算规则

项目编码	项目名称	计量单位	计算规则
011204001	石材墙面	m^2	按镶贴表面积计算
011204003	块料墙面		

（2）室外装修（如墙面装饰）定额计算规则，见表 2.4-6。

表 2.4-6　室外装修定额计算规则

项目编码	项目名称	计量单位	计算规则
A12-28	挂贴石材　砖墙面	100 m^2	按墙面镶贴表面积计算
A12-93	150×75 面砖　水泥砂浆粘贴面砖灰缝（mm）5		

任务实施

1. 外墙装修的属性定义

（1）在模块导航树中选择“装修”→“墙面”，在“构件列表”中选择“新建”→“新建外墙面”，如图 2.4-16 所示。

（2）在“属性列表”中输入相应的属性值，“外墙 19”的属性值如图 2.4-17 所示。

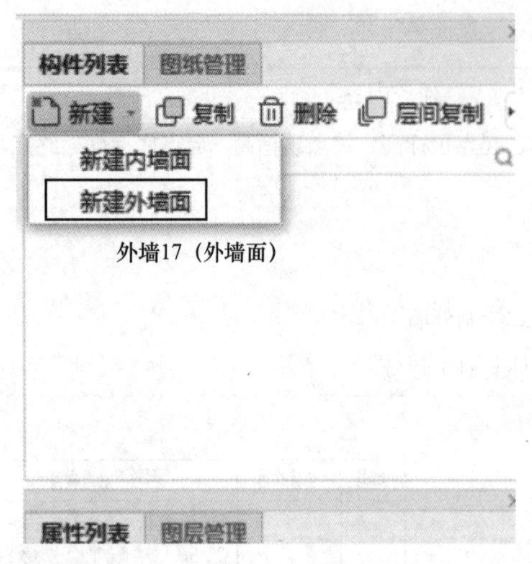

图 2.4-16

属性列表

	属性名称	属性值	附加
1	名称	外墙19	
2	块料厚度(mm)	30	☐
3	所附墙材质	(程序自动判断)	☐
4	内/外墙面标志	外墙面	☑
5	起点顶标高(m)	0.9	☐
6	终点顶标高(m)	0.9	☐
7	起点底标高(m)	-0.6	☐
8	终点底标高(m)	-0.6	☐
9	备注		☐
10	⊞ 土建业务属性		
14	⊞ 显示样式		

图 2.4-17

（3）可以复制“外墙 19”并修改名称为“外墙 17”，在此基础上按照图纸修改属性值。

提示

1. 外墙的“起点顶标高”和“终点顶标高”一定要高度一致，否则会出现高低墙。
2. 外墙的顶标高和底标高通过立面图可以找到相关数值。

2. 外墙装修套做法

（1）双击“构件列表”中的“外墙 15”，弹出“定义”对话框，切换至“构件做法”，单击“查询清单库”按钮，双击“011204001 石材外墙面”清单编码，添加清单，切换至“查询定额库”，按章节查询选择“A12-28”编码。

（2）单击对应清单“项目特征”列，根据清单项目特征要求结合图纸信息手动输入项目特征。

（3）单击“工程量表达式”列，逐项选择工程量表达式计算代码，结果如图 2.4-18 所示。

	编码	类别	名称	项目特征	单位	工程量表达式	表达式说明
1	⊟ 011204001	项	石材外墙面	1.外墙表面处理干净 2.15厚干混抹灰砂浆DPM10找平 3.1.5厚聚合物防水涂料（I型） 4.墙体固定连接件 5.按石材高度固定，固定安装配套不锈钢挂件 6.30厚花岗岩板，用环氧树脂固定销钉，石材接缝宽5-8，用硅酮密封胶填缝	m2	QMKLMJ	QMKLMJ<墙面块料面积>
2	A12-28	定	挂贴石材 砖墙面		m2	QMKLMJZ	QMKLMJZ<墙面块料面积（不分材质）>
3	A8-124	定	聚合物水泥基防水涂料(JS涂料I型) 外墙 1.5mm厚		m2	QMMHMJ	QMMHMJ<墙面抹灰面积>

图 2.4-18

（4）利用“做法刷”功能，将外墙 15 做法刷给其余外墙面。

3. 外墙装修绘制

外墙装修绘制时可采用点布置或直线布制。

（1）点布置：在“建模”选项卡“绘图”面板中选择“点”工具，开始外墙面的绘制，单击绘图区域需要布置构件处，单击鼠标左键，可连续绘制，单击鼠标右键退出，完成绘制。

（2）直线布置：在“建模”选项卡“绘图”面板中选择“直线”工具，开始外墙面的绘制，单击鼠标左键选择起点，再次单击鼠标左键选择终点，单击鼠标右键退出，完成绘制。

任务拓展

特殊外墙处理：如行政办公楼外墙同一墙面中墙裙与墙面装修材质不一致。

处理方法：同一面墙不同材质可以通过在“属性列表”中设置墙面装修层的起止高度来解决。

上面墙面的底标高即下面墙裙的顶标高。属性设置详见图 2.4–19，完成效果如图 2.4–20 所示。

属性列表

	属性名称	属性值
1	名称	外墙 19
2	块料厚度(mm)	0
3	所附墙材质	(程序自动判断)
4	内/外墙面标志	外墙面
5	起点顶标高(m)	0.9
6	终点顶标高(m)	0.9
7	起点底标高(m)	墙底标高
8	终点底标高(m)	墙底标高
9	备注	
10	⊞ 土建业务属性	
14	⊞ 显示样式	

属性列表

	属性名称	属性值
1	名称	外墙 17
2	块料厚度(mm)	0
3	所附墙材质	(程序自动判断)
4	内/外墙面标志	外墙面
5	起点顶标高(m)	层顶标高
6	终点顶标高(m)	层顶标高
7	起点底标高(m)	0.9
8	终点底标高(m)	0.9
9	备注	
10	⊞ 土建业务属性	
14	⊞ 显示样式	

图 2.4–19

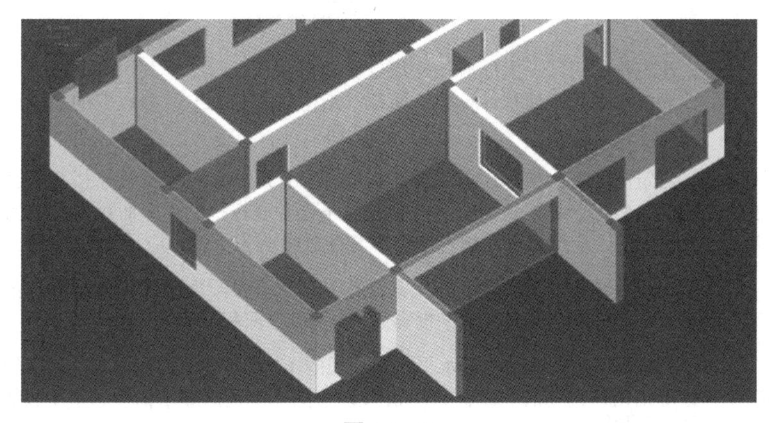

图 2.4–20

任务5　零星工程算量

5.1　建筑面积、平整场地算量

微课：建筑面积、平整场地、台阶算量

任务说明

根据行政办公楼施工图，在软件中完成表2.5-1建筑面积、平整场地算量任务工单所列的任务内容。

表2.5-1　建筑面积、平整场地算量任务工单

序号	任务名称	任务内容
1	建筑面积、平整场地属性定义	新建建筑面积、平整场地，设置建筑面积、平整场地属性信息
2	建筑面积、平整场地套做法	套取建筑面积、平整场地清单与定额
3	建筑面积、平整场地绘制	采用点布置、矩形布置方式绘制建筑面积，采用矩形布置方式绘制平整场地
4	工程量查询	汇总计算，查询建筑面积、平整场地工程量

任务探究

1. 建筑面积

（1）分析图纸。查阅行政办公楼图纸建筑设计总说明及平面图图名处文字注写内容，确定建筑面积相关信息。

（2）计算规则学习。建筑面积计算规则见表2.5-2。

表2.5-2　建筑面积计算规则

序号	部位	计算规则
1	门厅、大厅	建筑物的门厅、大厅应按一层计算建筑面积，门厅、大厅内设置的走廊应按走廊结构底板水平投影面积计算建筑面积。结构层高在2.20 m及以上的，应计算全面积；结构层高在2.20 m以下的，应计算1/2面积
2	室内楼梯、电梯井、提物井	建筑物的室内楼梯、电梯井、提物井、管道井、通风排气竖井、烟道，应并入建筑物的自然层计算建筑面积。有顶盖的采光井应按一层计算面积，且结构净高在2.10 m及以上的，应计算全面积；结构净高在2.10 m以下的，应计算1/2面积
3	阳台	在主体结构内的阳台，应按其结构外围水平投影面积计算全面积；在主体结构外的阳台，应按其结构底板水平投影面积计算1/2面积
4	雨篷	有柱雨篷应按其结构板水平投影面积的1/2计算建筑面积；无柱雨篷的结构外边线至外墙结构外边线的宽度在2.10 m及以上的，应按雨篷结构板的水平投影面积的1/2计算建筑面积

2. 平整场地

（1）分析图纸。查阅行政办公楼图纸结施图总说明第 7 条、施工方案，确定平整场地相关信息。

（2）清单定额规则学习。

1）平整场地清单计算规则，见表 2.5-3。

表 2.5-3 平整场地清单计算规则

项目编码	项目名称	计量单位	计算规则
010101001	平整场地	m^2	按设计图示尺寸以建筑物首层面积计算
注：详见《房屋建筑与装饰工程工程量计算规范》(GB 50854—2013)。			

2）平整场地定额计算规则学习，见表 2.5-4。

表 2.5-4 平整场地定额计算规则

项目编号	项目名称	计量单位	计算规则
A1-83	场地平整 人工	100 m^2	设计图示尺寸以建筑物外墙外边线每边各加两米以平方米面积计算
A1-84	场地平整 机械		
A1-85	场地平整 机械修整边坡		

任务实施

1. 建筑面积

（1）建筑面积的属性定义。

1）在模块导航树中选择“其他”→“建筑面积”，在“构件列表”中选择“新建”→“新建建筑面积”，根据建筑面积计算规则选择计算全部或计算一半，如图 2.5-1 所示。

2）可以复制 JZMJ-1 并修改名称为“JZMJ-2”，在此基础上定义建筑面积。

（2）建筑面积绘制。单击“定义”按钮，切换至绘图窗口，在“构件列表”中选择“JZMJ-1”，在“绘图”面板中选择“点”工具，在绘图区域任意一点单击，如图 2.5-2 所示，即可绘制建筑面积。

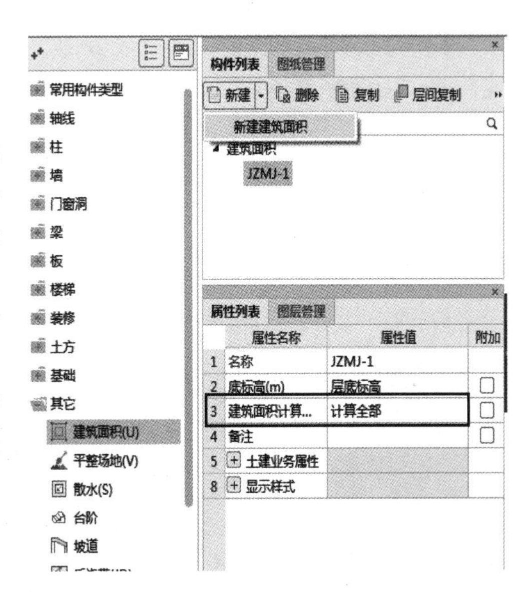

图 2.5-1

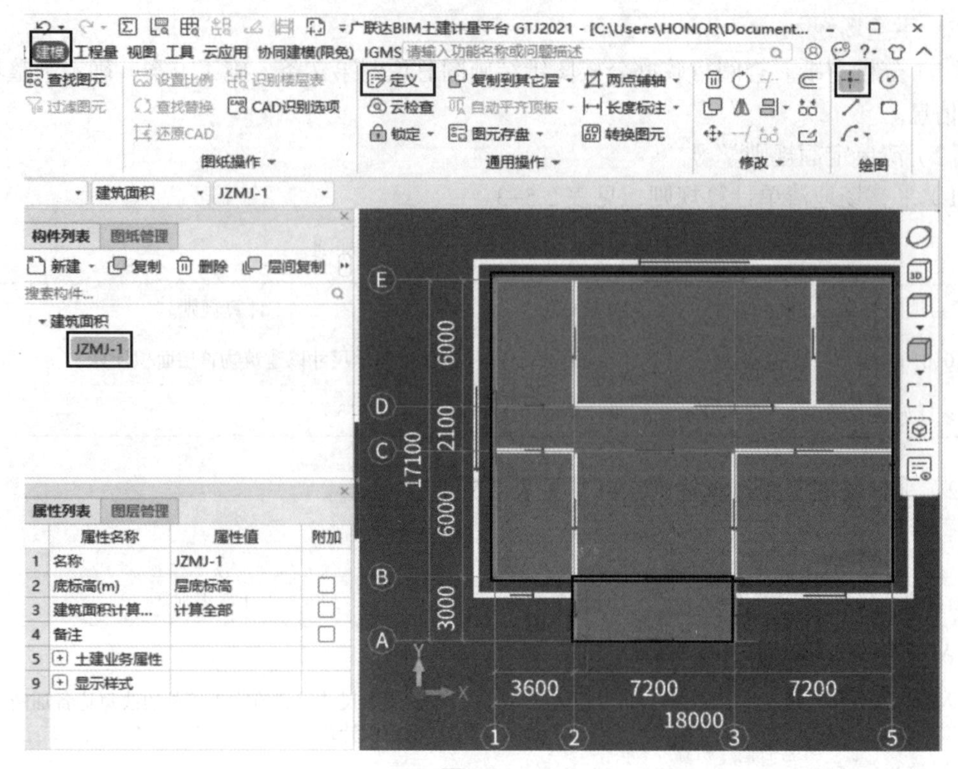

图 2.5-2

建筑面积绘制也可以采用“绘图”面板上的“矩形”工具或其他工具灵活绘制。

2. 平整场地

（1）平整场地的属性定义。

1）在模块导航树中选择“其他”→“平整场地”，在“构件列表”中选择“新建”→“新建平整场地”，如图 2.5-3 所示。

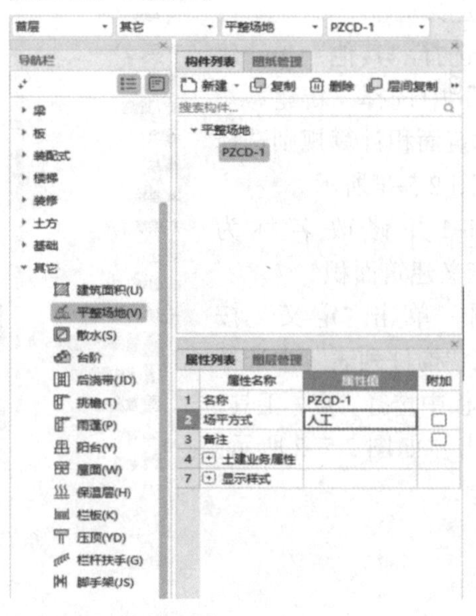

图 2.5-3

2）可以复制 PZCD-1 并修改名称为“PZCD-2”，在此基础上定义平整场地。

（2）平整场地绘制。单击“定义”按钮，切换至绘图窗口，在“构件列表”中选择 PZCD-1，在“绘图”面板中选择“直线”或“矩形”工具（在此介绍“矩形”工具），在绘图区域选中平整场地范围（可分多次选中），如图 2.5-4 所示，即可绘制平整场地。

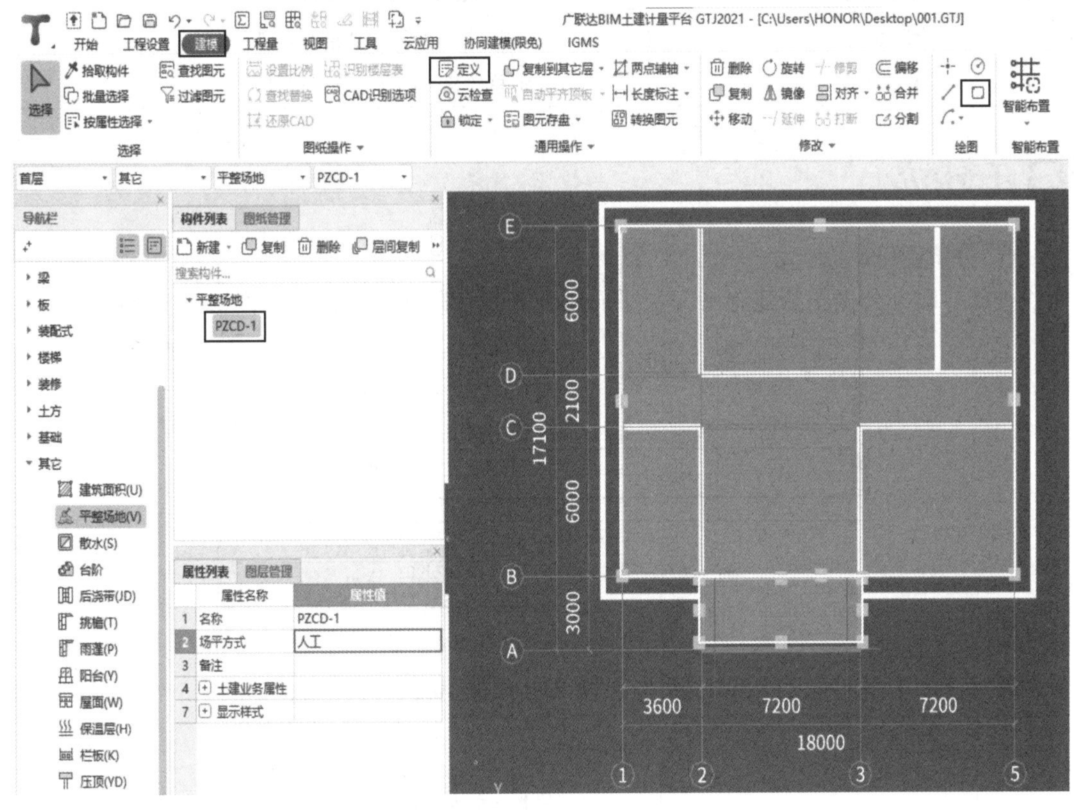

图 2.5-4

任务拓展

使用智能布置的方式绘制平整场地。

绘制步骤：单击“建模”按钮，切换至绘图界面，在构件列表中选择 PZCD-1，在绘图面板中单击“智能布置”按钮，选择“外墙轴线”即完成绘图。

5.2 台阶算量

任务说明

根据行政办公楼施工图，在软件中完成表 2.5-5 台阶算量任务工单所列的任务内容。

表 2.5-5　台阶算量任务工单

序号	任务名称	任务内容
1	台阶属性定义	新建台阶，设置台阶高度、踏步高度、材质等属性信息
2	台阶套做法	套取台阶清单与定额
3	台阶绘制	采用直线、矩形方式绘制台阶
4	工程量查询	汇总计算，查询台阶工程量

任务探究

1. 分析图纸

查阅行政办公楼图纸建施图一层平面图，查找台阶相关信息，如图 2.5-5 所示。

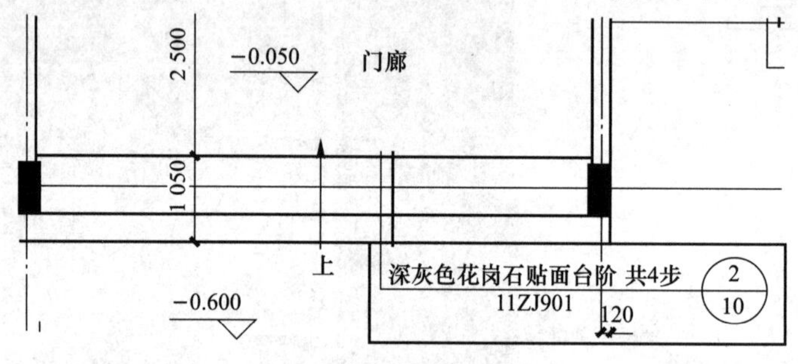

图 2.5-5

通过查询中南图集 11ZJ901 第 10 页图 2 可知花岗石台阶做法，如图 2.5-6 所示。

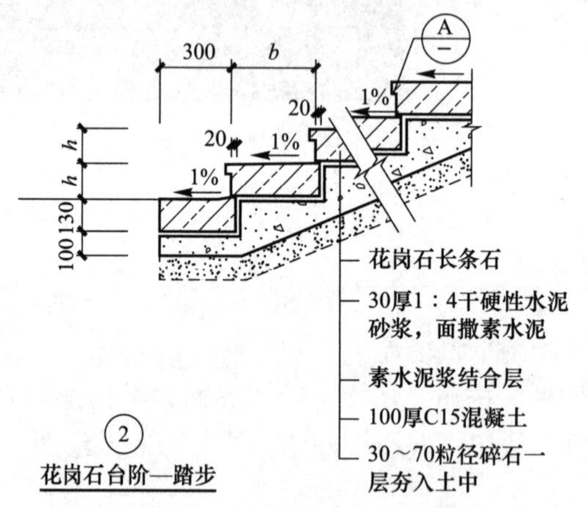

图 2.5-6　花岗石台阶做法

2. 清单定额规则学习

（1）台阶清单计算规则，见表 2.5-6。

表 2.5-6　台阶清单计算规则

项目编码	项目名称	计量单位	计算规则
010507004	台阶	1．m^2 2．m^3	1．以平方米计量，按设计图示尺寸以水平投影面积计算 2．以立方米计量，按设计图示尺寸以体积计算

项目编码	项目名称	计量单位	计算规则
011107001	石材台阶面	m^2	按设计图示尺寸以台阶（包括最上层踏步边沿加 300 mm）水平投影面积计算

（2）台阶定额计算规则，见表 2.5-7。

表 2.5-7　台阶定额计算规则

项目编号	项目名称	计量单位	计算规则
A5-114	现浇混凝土构件　台阶	10 m^2	1. 现浇混凝土台阶消耗量标准按无底模的混凝土台阶考虑。 2. 有底模的混凝土台阶应按整体楼梯的有关规定计算
A11-180	石材　台阶　水泥砂浆	100 m^2	台阶面积（包括踏步及最上一层踏步边沿加 300 mm）按水平投影面积计算
A11-1	找平层 水泥砂浆　混凝土或硬基层上　20 mm		
A11-3	找平层　水泥砂浆　每增减 1 mm		

任务实施

1. 台阶的属性定义

在模块导航树中选择“其他”→“台阶”，在“构件列表”中选择“新建”→“新建台阶”。输入 TAIJ-1 的属性信息，如图 2.5-7 所示。

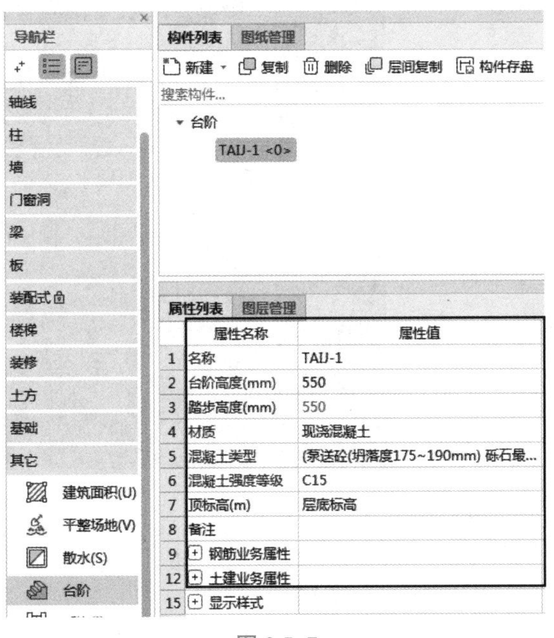

图 2.5-7

2. 台阶套做法

（1）双击“构件列表”中的“TAIJ–1”名称，弹出“定义”对话框，切换至“构件做法”，单击“查询清单库”按钮，双击“010507004 台阶”清单编码，添加清单，切换至“查询定额库”，按章节查询选择“A11–180”编码；

（2）单击对应清单“项目特征”列，根据图纸信息手动输入项目特征；

（3）单击“工程量表达式”列，逐项选择工程量表达式计算代码，结果如图 2.5–8 所示。

	编码	类别	名称	项目特征	单位	工程量表达式	表达式说明
1	⊟ 011107001001	项	石材台阶面	1.找平层厚度、砂浆、配合比30厚1：4干硬性水泥砂浆 2.面层材料：花岗岩长条石	m2	MJ	MJ<台阶整体水平投影面积>
2	A11-180	定	石材 台阶 水泥砂浆		m2	MJ	MJ<台阶整体水平投影面积>
3	A11-1	定	找平层 水泥砂浆 混凝土或硬基层上 20mm		m2	MJ	MJ<台阶整体水平投影面积>
4	A11-3	定	找平层 水泥砂浆 每增减 1mm		m2	MJ	MJ<台阶整体水平投影面积>
5	⊟ 010507004001	项	台阶	1.踏步高130、踏步宽300 2.混凝土种类：商品混凝土 3.混凝土强度等级：C15	m2	MJ	MJ<台阶整体水平投影面积>
6	A5-114	定	现浇混凝土构件 台阶		m2	MJ	MJ<台阶整体水平投影面积>

图 2.5–8

3. 台阶绘制

（1）绘制方法一：台阶绘制时，单击“定义”按钮，切换至绘图窗口，在“构件列表”中选择“TAIJ–1”，在“绘图”面板中选择“直线”工具，通过查阅行政办公楼图纸建施图，确定台阶绘制范围，进行直线绘制即可，如图 2.5–9 所示。

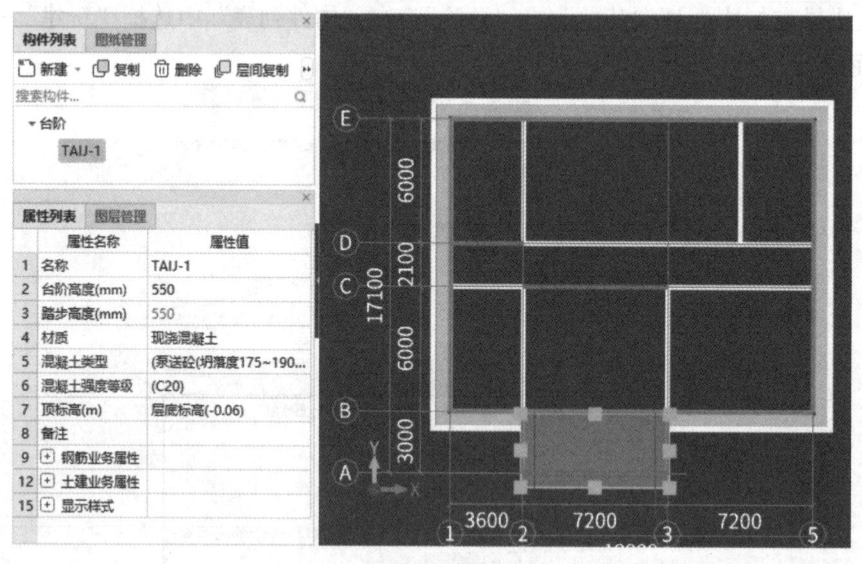

图 2.5–9

（2）绘制方法二：台阶绘制时，单击“定义”按钮，切换至绘图窗口，在“构件列表”中选择“TAIJ–1”，在“绘图”面板中选择“矩形”工具，通过查阅行政办公楼图纸建施图，确定台阶绘制范围，进行矩形框选绘制即可，如图 2.5–10 所示。

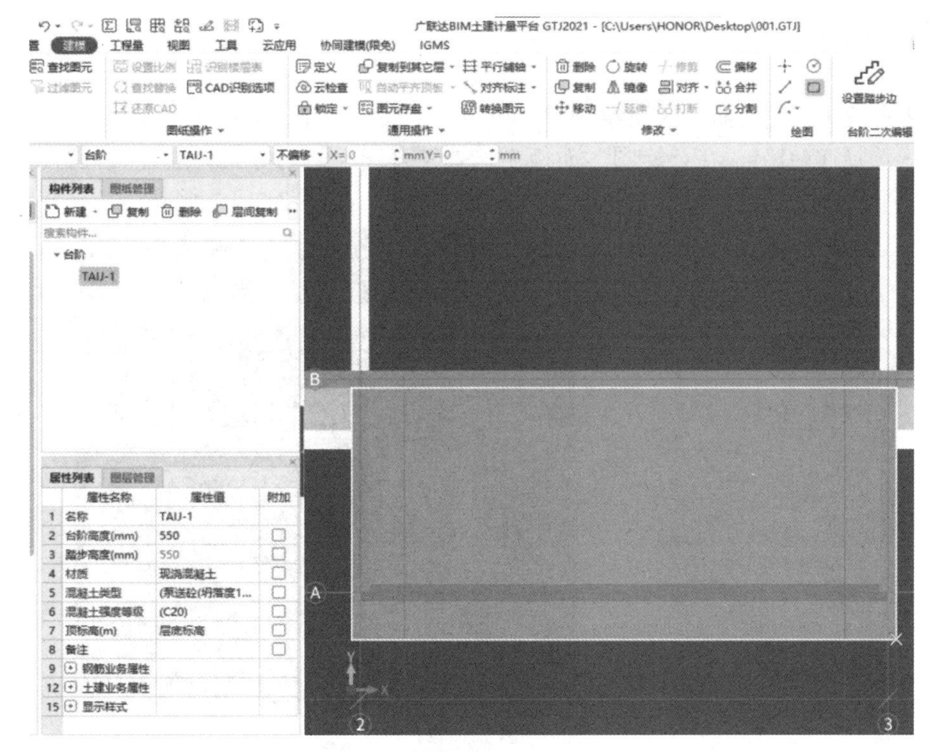

图 2.5-10

（3）台阶边设置：单击“建模”选项卡“台阶二次编辑”面板中的“设置踏步边”按钮，单击踏步边缘边线，边线变成绿色后，单击鼠标右键，在弹出的对话框中输入相应数据，单击“确定”按钮即可，如图 2.5-11 所示。

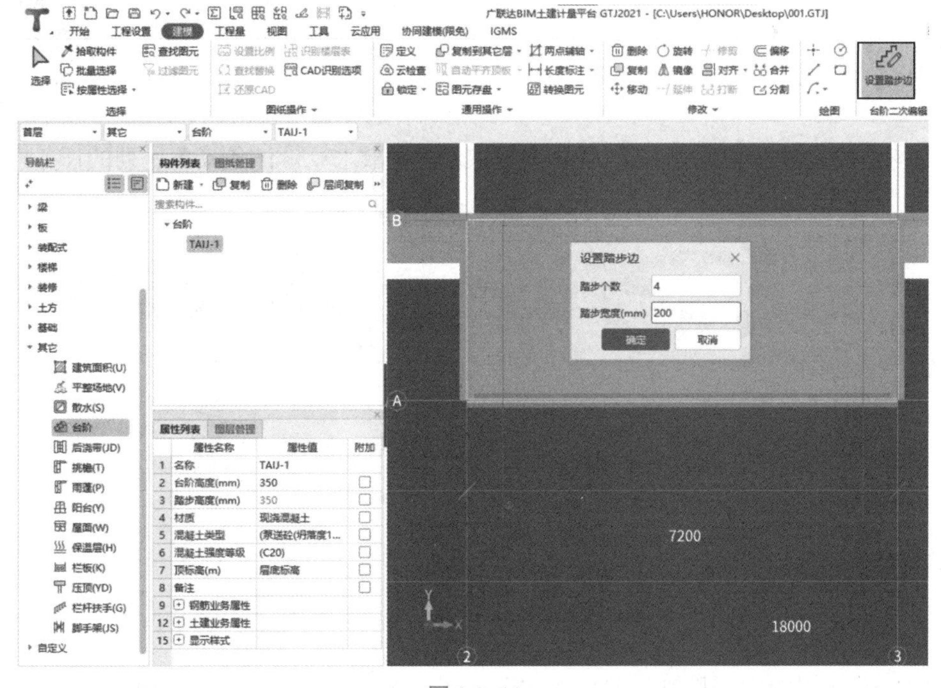

图 2.5-11

任务拓展

使用直线法绘制台阶：台阶绘制时，单击“定义”按钮，切换至绘图界面，在“构件列表”中选择 TAIJ-1，在“绘图”面板中选择“直线”绘制方式，通过查询行政办公楼图纸首层平面图，确定台阶绘制范围，直线绘制即可，如图 2.5-12 所示。

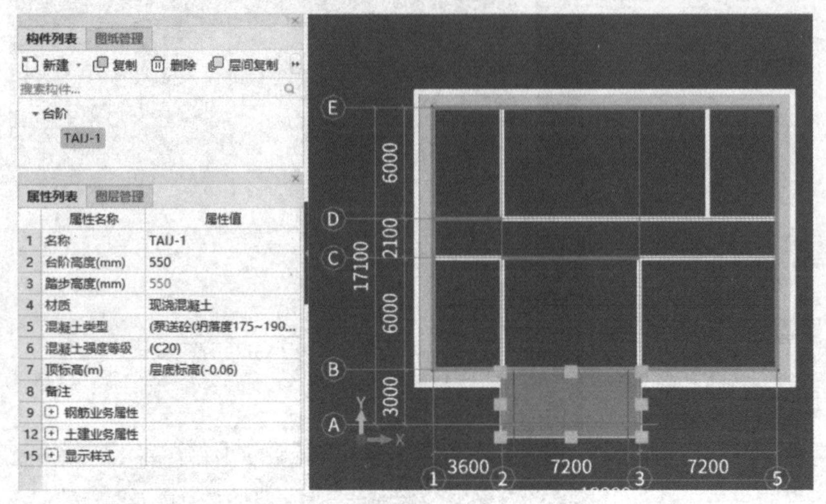

图 2.5-12

5.3 散水算量

微课：散水、暗沟算量

任务说明

根据行政办公楼施工图，在软件中完成表 2.5-8 散水算量任务工单所列的任务内容。

表 2.5-8 散水算量任务工单

序号	任务名称	任务内容
1	散水属性定义	新建散水，设置散水宽度和厚度、材质等属性信息
2	散水套做法	套取散水清单与定额
3	散水绘制	采用直线、矩形方式绘制散水
4	工程量查询	汇总计算，查询散水工程量

任务探究

1. 分析图纸

（1）查阅行政办公楼图纸建施图一层平面图，查找散水相关信息，如图 2.5-13 所示。

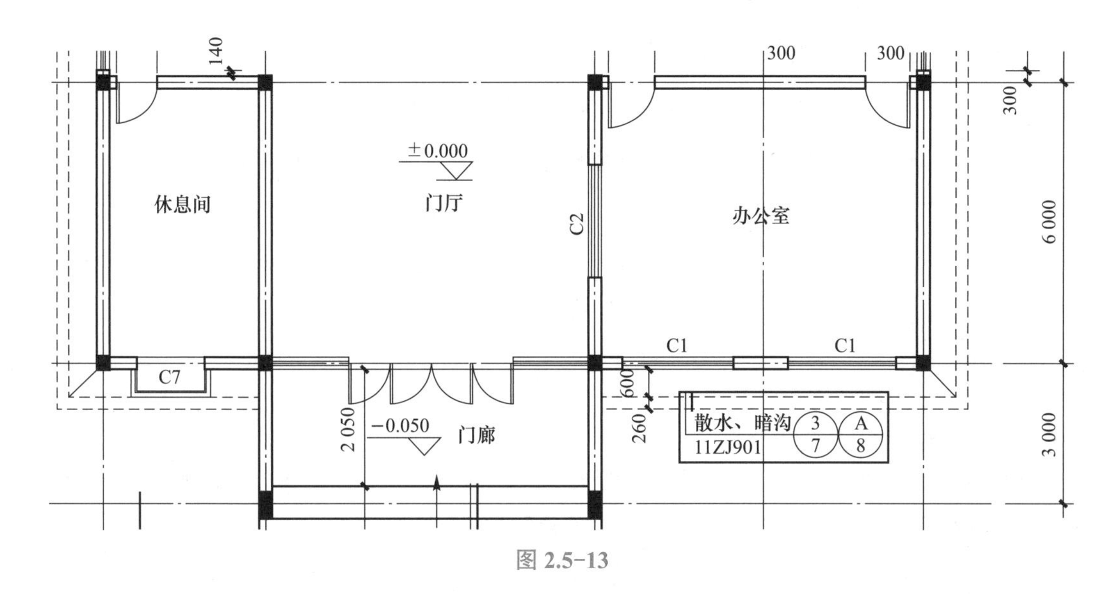

图 2.5-13

（2）通过查阅中南图集 11ZJ901 第 7 页第 3 幅图可知混凝土散水做法，如图 2.5-14 所示。

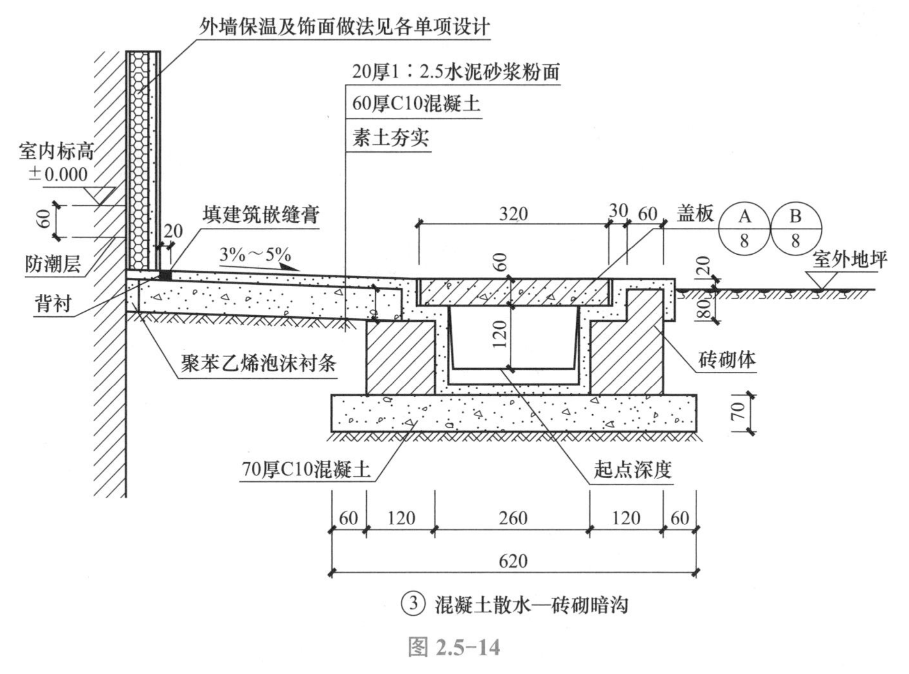

图 2.5-14

2. 清单定额规则学习

（1）散水清单计算规则，见表 2.5-9。

表 2.5-9 散水清单计算规则

项目编码	项目名称	计量单位	计算规则
010507001	散水、坡道	m^2	按设计图示尺寸以水平投影面积计算。不扣除单个 ≤ 0.3 m^2 以内的孔洞所占面积

（2）散水定额计算规则，见表 2.5–10。

表 2.5–10　散水定额计算规则

项目编号	项目名称	计量单位	计算规则
A10–1	室外附属工程 混凝土散水	100 m^2	按图示尺寸以平方米计算

任务实施

1. 散水的属性定义

在模块导航树中选择“其他”→“散水”，在“构件列表”中选择“新建”→“新建散水”。输入“SS–1”的属性信息，如图 2.5–15 所示。

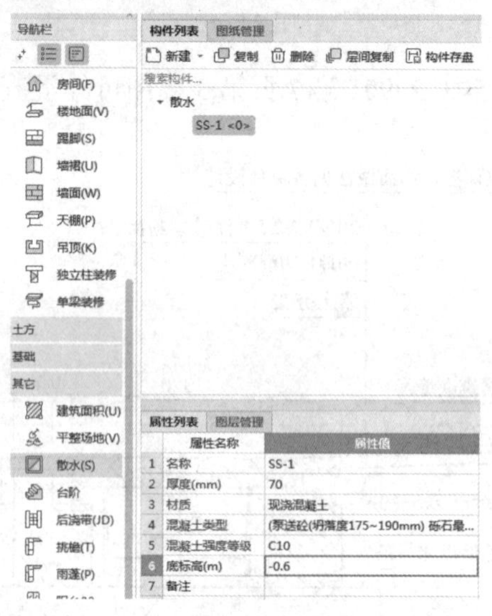

图 2.5–15

2. 散水套做法

（1）双击“构件列表”中的“SS–1”名称，弹出“定义”对话框，切换至“构件做法”，单击“查询清单库”按钮，双击“010507001 散水、坡道”清单编号，添加清单，切换至“查询定额库”，按章节查询选择“A10–1”编码。

（2）单击对应清单“项目特征”列，根据图纸信息手动输入项目特征。

（3）单击“工程量表达式”列，逐项选择工程量表达式计算代码，结果如图 2.5–16 所示。

	编码	类别	名称	项目特征	单位	工程量表达式	表达式说明
1	010507001001	项	散水、坡道	1.面层厚度：20厚1;2.5水泥砂浆 2.混凝土种类：现拌 3.混凝土强度等级：C10 4.变形材料填塞材料种类：建筑嵌缝油膏，粗砂填缝	m2	MJ	MJ<面积>
2	A10-1	定	室外附属工程 混凝土散水		m2	MJ	MJ<面积>

图 2.5–16

3. 散水绘制

（1）散水绘制时，通过查阅行政办公楼图纸建施图，确定散水宽度。

（2）单击“定义”按钮，切换至绘图窗口，在“构件列表”中选择“SS-1”，在“绘图”面板中选择“智能布置”→“外墙外边线”，点选外墙外边线，如图 2.5-17 所示，单击鼠标右键，输入散水宽度即可绘制，如图 2.5-18 和图 2.5-19 所示。

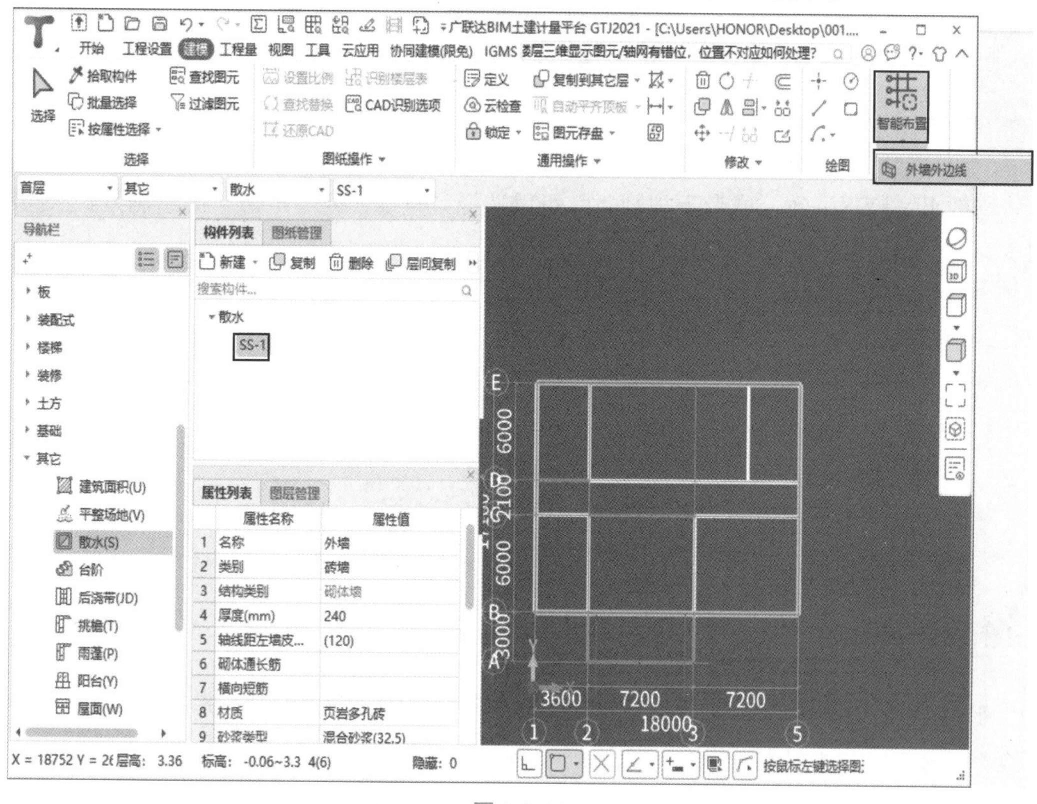

图 2.5-17

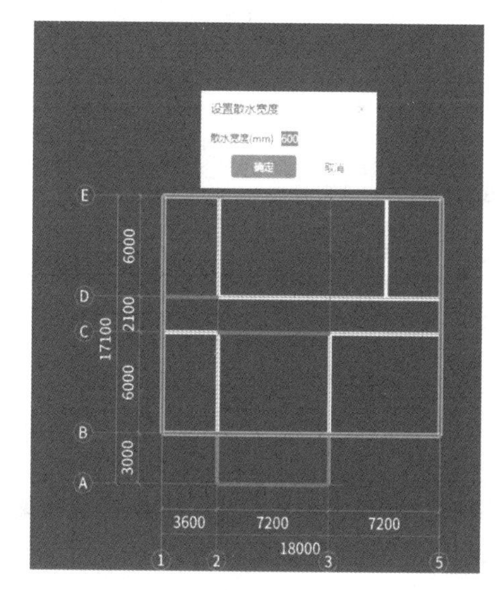

图 2.5-18

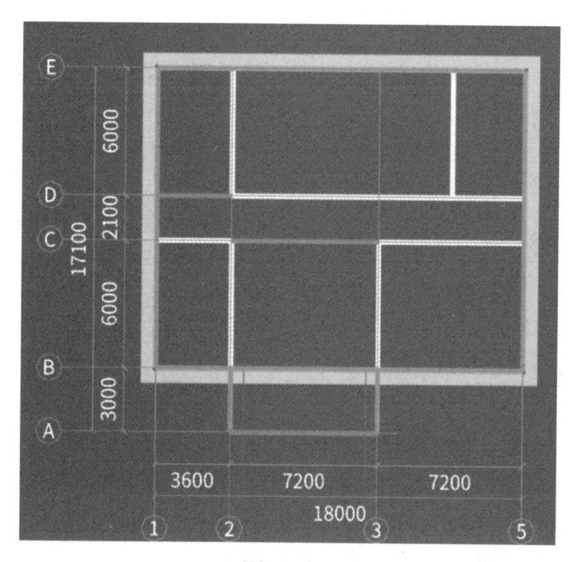

图 2.5-19

提示

1. 散水和室外台阶同时存在时，要注意散水和台阶的底标高。如果底标高相同，那么散水和台阶重叠部分，软件会自动扣除。

2. 如果散水在台阶下方，软件识别不到散水被台阶阻断，需要手动分割散水，将台阶下方的台阶图元删除。

任务拓展

当散水宽度不一致，或者不规则时，可以选择“直线”或“矩形”的绘制方式来绘制散水。

小技巧：使用 Shift ＋鼠标左键，用偏移的方式完成。X 轴代表水平左右方向，向左“−”为负数，向右“＋”为正数；Y 轴代表垂直上下方向，向下“−”为负数，向上“＋”为正数。

5.4　暗沟算量

任务说明

根据行政办公楼施工图，在软件中完成表 2.5-11 暗沟算量任务工单所列的任务内容。

表 2.5-11　暗沟算量任务工单

序号	任务名称	任务内容
1	暗沟属性定义	新建暗沟，设置截面宽度、截面高度、混凝土强度等级等属性信息
2	暗沟套做法	套取暗沟清单与定额
3	暗沟绘制	采用直线、矩形方式绘制暗沟
4	工程量查询	汇总计算，查询暗沟工程量

任务探究

1. 分析图纸

查阅行政办公楼图纸建施图一层平面图，查找暗沟做法索引图集信息，通过查阅中南图集 11ZJ901 可知砖砌暗沟做法，如图 2.5-14 所示；通过查询图集第 8 页详图 A 可知沟盖板做法，如图 2.5-20 所示。

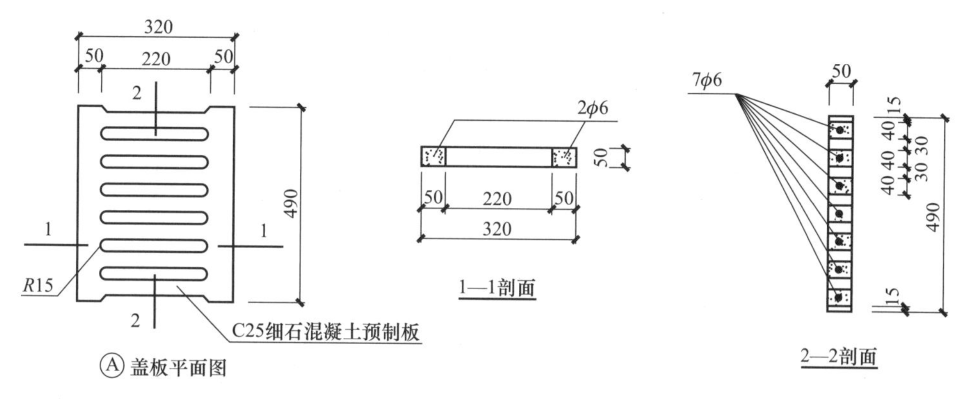

图 2.5-20

2. 清单定额规则学习

（1）暗沟清单计算规则，见表 2.5-12。

表 2.5-12 暗沟清单计算规则

项目编码	项目名称	计量单位	计算规则
010401014	砖地沟、明沟	m	以米计量，按设计图示尺寸以中心线长度计算
010514002	其他构件	1. m^3 2. m^2 3. 根（块、套）	1. 以立方米计量，按设计图示尺寸以体积计算。不扣除单个面积≤ 300 mm×300 mm 的孔洞所占体积，扣除烟道、垃圾道、通风道的孔洞所占体积。 2. 以平方米计量，按设计图示尺寸以面积计算。不扣除单个面积≤ 300 mm×300 mm 的孔洞所占面积。 3. 以根计量，按设计图示尺寸以数量计算

（2）暗沟定额计算规则，见表 2.5-13。

表 2.5-13 暗沟定额计算规则

项目编号	项目名称	计量单位	计算规则
A10-2	室外附属工程　砖砌明沟　沟深平均 27 cm	100 m	按延长米计算
A10-3	室外附属工程　砖砌明沟　沟深每增减 5 cm	100 m	按延长米计算
A5-140	预制混凝土构件制作　地沟盖板	10 m^3	按体积计算

任务实施

1. 暗沟的属性定义

在模块导航树中选择“自定义”→“自定义线”，在“构件列表”中选择“新建”→“新建矩形自定义线”，修改名称为“暗沟”。输入暗沟的属性信息，如图 2.5-21 所示。

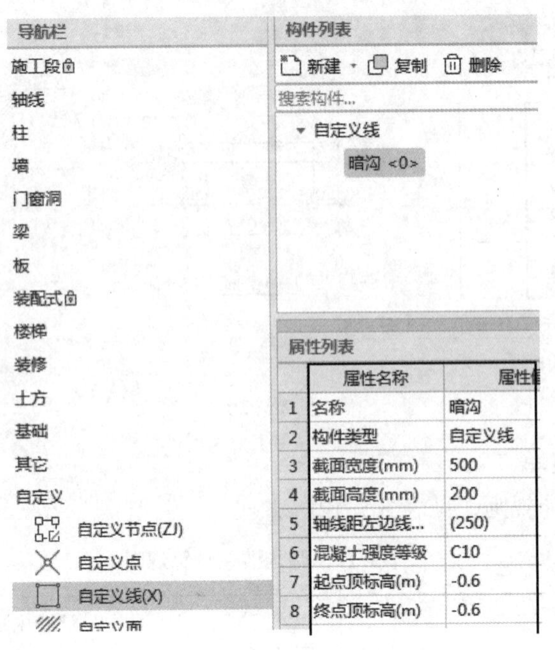

图 2.5-21

2. 暗沟套做法

（1）双击“构件列表”中的“暗沟”名称，切换至“构件做法”，单击“查询清单库”按钮，双击“010401014 砖地沟、明沟”清单编号，添加清单，切换至“查询定额库”，按章节查询选择“A10-2、A10-3、A5-140”编码。

（2）单击对应清单“项目特征”列，根据图纸信息手动输入项目特征。

（3）单击“工程量表达式”列，逐项选择工程量表达式计算代码，结果如图 2.5-22 所示。

	编码	类别	名称	项目特征	单位	工程量表达式	表达式说明
1	010401014001	项	砖地沟、明沟	1.砖：MU7.5标准砖 2.沟截面尺寸：500*200mm 3.垫层：70厚C10混凝土 4.M5水泥砂浆	m	CD	CD<长度>
2	A10-2	定	室外附属工程 砖砌明沟 沟深平均27cm		m	CD	CD<长度>
3	A10-3	定	室外附属工程 砖砌明沟 沟深每增减5cm		m	CD	CD<长度>
4	A5-140	定	预制混凝土构件制作 地沟盖板C20		m3	TJ	TJ<体积>

图 2.5-22

3. 暗沟绘制

暗沟绘制时，打开建施图一层平面图，在“构件列表”中选择“暗沟”，在“绘图”面板中选择“直线”工具，通过行政办公楼图纸建施图，确定暗沟绘制范围，进行“直线”绘制即可，如图 2.5-23 所示。

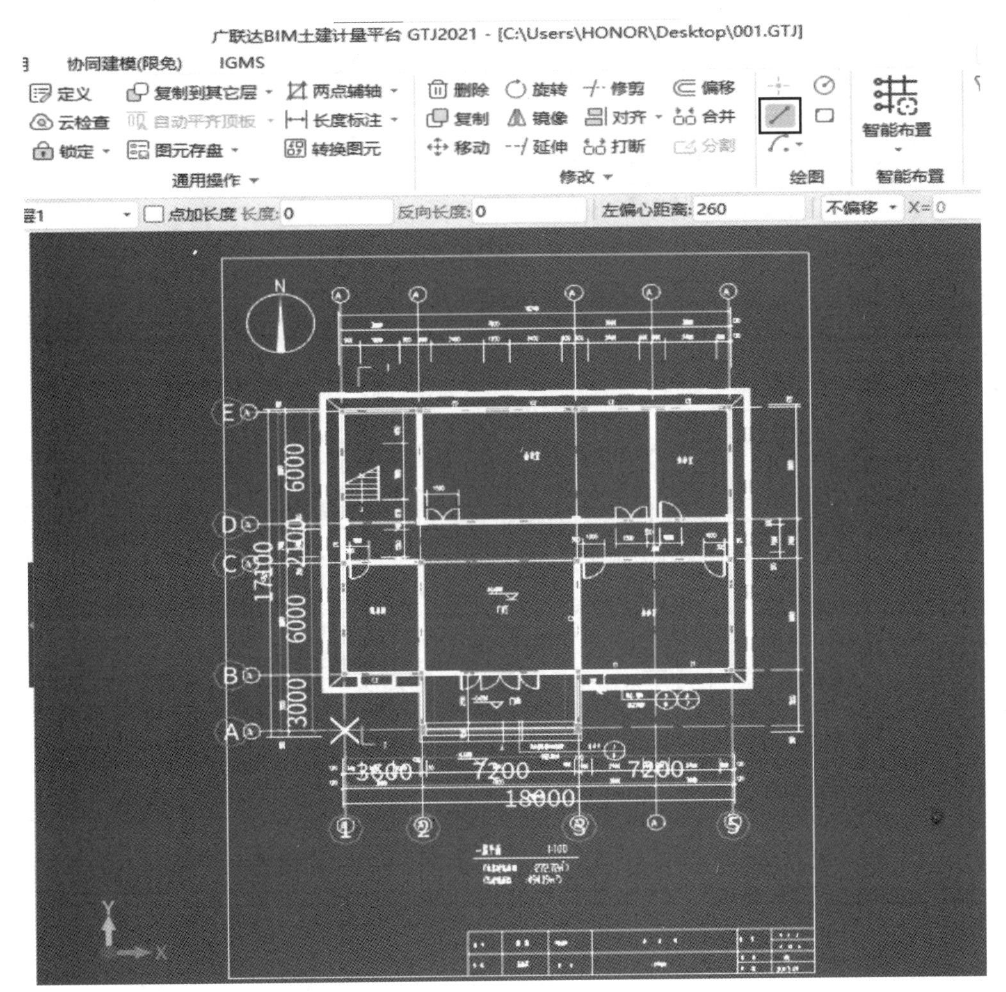

图 2.5-23

任务拓展

明沟的绘制方式和暗沟的绘制方式一致，操作区别在于清单编码和定额子目的选择，还可以使用“智能布置”中的“轴线”绘制方法。

5.5　挑檐天沟算量

微课：挑檐天沟算量

任务说明

根据行政办公楼施工图，在软件中完成表 2.5-14 挑檐天沟算量任务工单所列的任务内容。

表 2.5-14 挑檐天沟算量任务工单

序号	任务名称	任务内容
1	挑檐天沟属性定义	新建挑檐天沟，设置截面形状、截面宽度、截面高度、材质等属性信息，完成挑檐天沟截面编辑
2	挑檐天沟套做法	套取挑檐天沟清单与定额
3	挑檐天沟绘制	采用直线布置方式绘制挑檐天沟
4	工程量查询	汇总计算，查询挑檐天沟工程量

任务探究

1. 分析图纸

查阅行政办公楼图纸建施图 1—1 剖面图，查找挑檐天沟相关信息，如图 2.5-24 所示。天沟的具体构造做法查阅结构施工图 03，如图 2.5-25 所示。

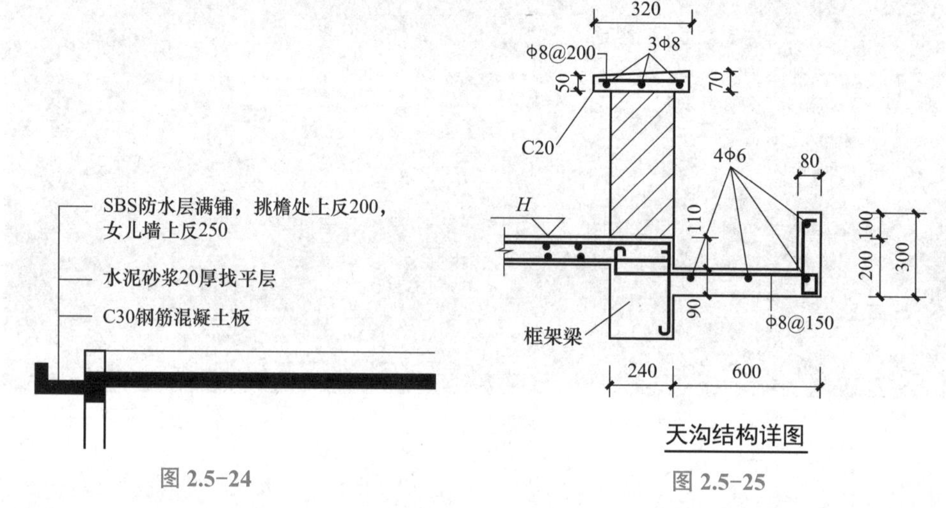

图 2.5-24　　图 2.5-25

2. 清单定额规则学习

（1）挑檐天沟清单计算规则，见表 2.5-15。

表 2.5-15 挑檐天沟清单计算规则

项目编码	项目名称	计量单位	计算规则
010505007	天沟（檐沟）、挑檐板	m^3	按设计图示尺寸以体积计算

（2）挑檐天沟定额计算规则，见表 2.5-16。

表 2.5-16 挑檐天沟定额计算规则

项目编号	项目名称	计量单位	计算规则
A5-118	现浇混凝土构件 天沟、挑檐板	10 m^3	挑檐、天沟消耗量标准按垂直反口高度在 400 mm 以内考虑。反口超过 400 mm 时，垂直反口按全高执行栏板栏目，斜板包括斜板、压顶、肋板或小柱，按栏板消耗量标准人工、机械乘以系数 1.15

续表

项目编号	项目名称	计量单位	计算规则
A19-53	现浇混凝土模板 挑檐天沟 木模板木支撑	100 m^2	按模板与混凝土的接触面积（扣除后浇带所占面积）计算
A5-2	普通钢筋 圆钢 直径（mm）8	t	按设计图示钢筋（网）长度（面积）乘单位理论质量计算

任务实施

1. 挑檐天沟的属性定义

（1）在模块导航树中选择“其他”→“挑檐”，在“构件列表”中选择“新建”→“新建线式异形挑檐”，在“异形截面编辑器”中绘制出天沟的形状，单击“确定”按钮。输入“TG-1”的属性信息，结果如图 2.5-26 所示。

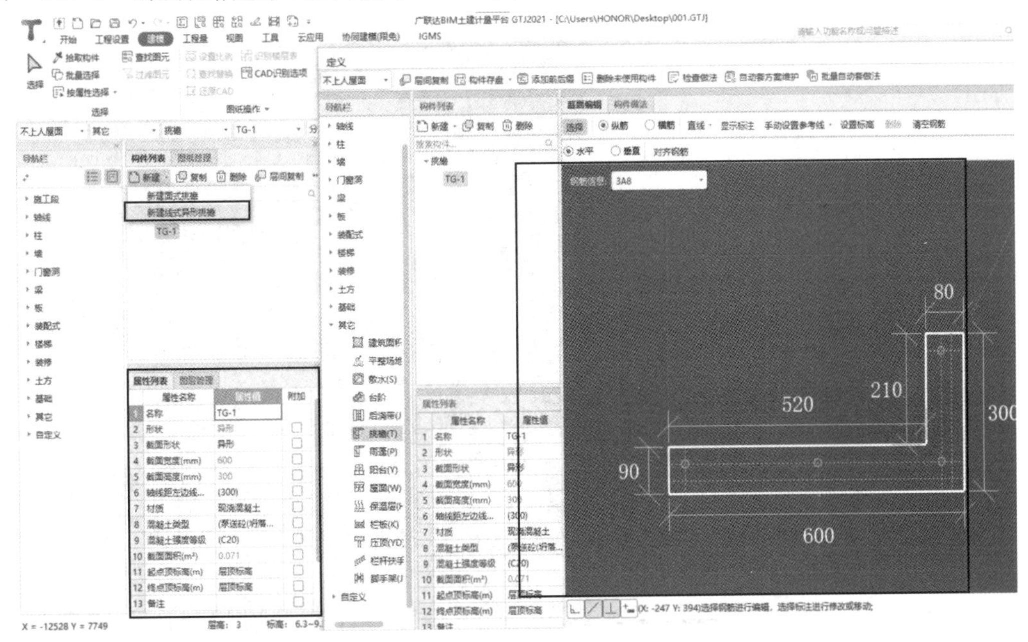

图 2.5-26

（2）按此方法完成其余天沟的属性定义。

2. 挑檐套做法

（1）双击“构件列表”中的“TG-1”名称，切换至“构件做法”，单击“查询清单库”按钮，双击添加清单“010505007 天沟（檐沟）、挑檐板”，切换至“查询定额库”，按章节查询选择“A5-118”编码；

（2）单击对应清单“项目特征”列，根据图纸信息手动输入项目特征；

（3）单击“工程量表达式”列，逐项选择工程量表达式计算代码，结果如图 2.5-27 所示。

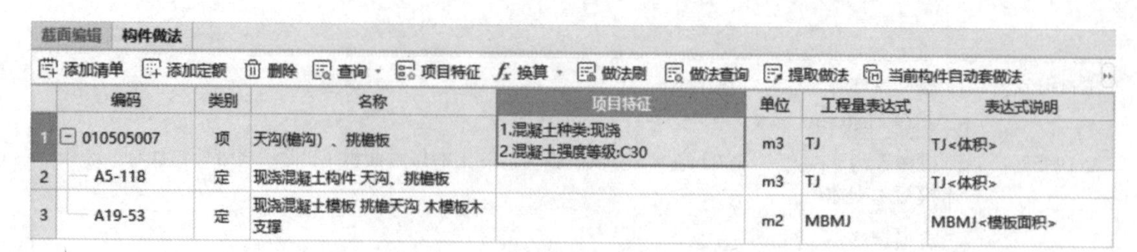

截面编辑　构件做法

添加清单　添加定额　删除　查询　项目特征　换算　做法刷　做法查询　提取做法　当前构件自动套做法

	编码	类别	名称	项目特征	单位	工程量表达式	表达式说明
1	010505007	项	天沟(檐沟)、挑檐板	1.混凝土种类:现浇 2.混凝土强度等级:C30	m3	TJ	TJ<体积>
2	A5-118	定	现浇混凝土构件 天沟、挑檐板		m3	TJ	TJ<体积>
3	A19-53	定	现浇混凝土模板 挑檐天沟 木模板木支撑		m2	MBMJ	MBMJ<模板面积>

图 2.5-27

3. 挑檐绘制

挑檐天沟绘制时，打开建施图一层平面图，切换至绘图窗口，在“构件列表”中选择“TG-1”，在“绘图”面板中选择“直线”工具，通过行政办公楼图纸建施图，确定挑檐天沟绘制范围，进行直线绘制即可，如图 2.5-28 所示。

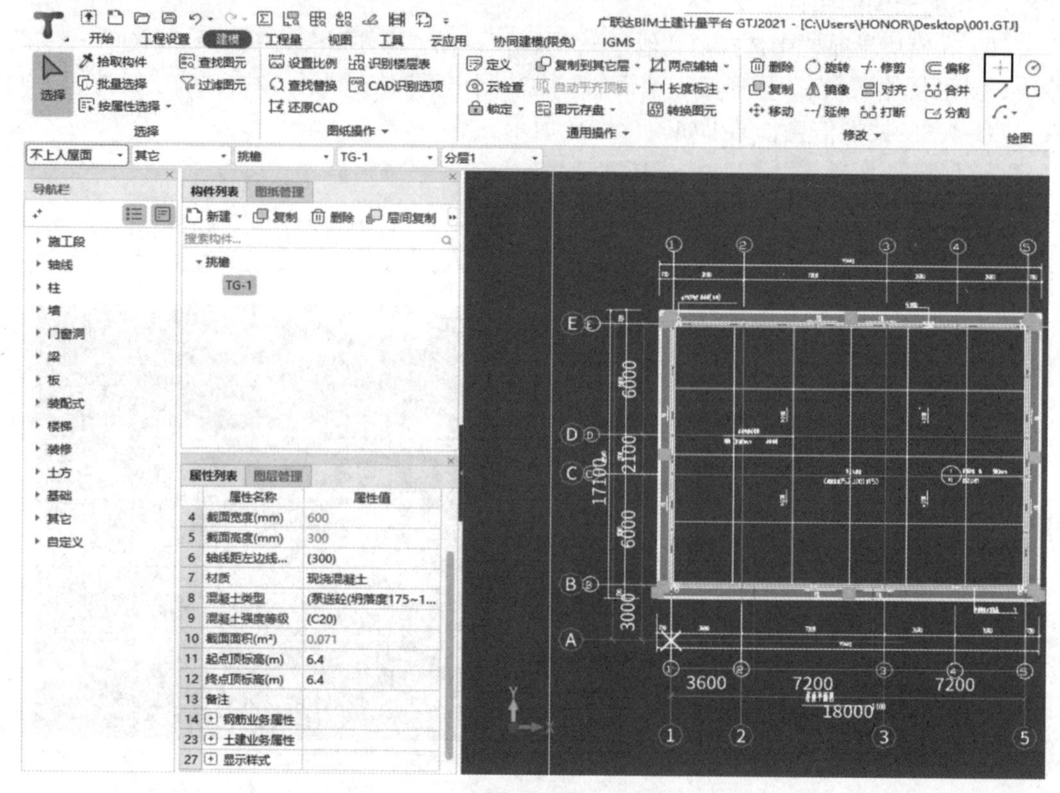

图 2.5-28

任务拓展

1. 女儿墙算量

根据“天沟结构详图”可知女儿墙的材质是砖砌体，根据图纸信息可以绘制女儿墙。

（1）女儿墙的属性定义。在模块导航树中选择“墙”→“砌体墙”，在“构件列表”中单击“新建”→“新建外墙”，将名称修改成“女儿墙”；“类别”选择“砖墙”；“厚度”输入“240”；“底标高”填写“层顶标高”；“顶标高”填写“层顶标高+女儿墙高度”。

（2）女儿墙的绘制。打开“顶层平面图”，切换至绘图界面，在“构件列表”中选择“女儿墙”，在“绘图”面板中选择“直线”绘制方式，也可以使用“智能布置”中的轴线方式。

2. 压顶的算量

（1）在模块导航树中选择“其他”→“压顶”，在“构件列表”中新建异形压顶，参照图纸，根据挑檐的属性定义方法，完成压顶的定义。

（2）选择“智能布置”，选择屋顶层女儿墙，即可完成绘制。

5.6 防水保温算量

微课：防水保温算量

任务说明

根据行政办公楼施工图，在软件中完成表 2.5-17 防水保温算量任务工单所列的任务内容。

表 2.5-17 防水保温算量任务工单

序号	任务名称	任务内容
1	防水保温属性定义	新建防水保温，设置防水保温属性信息
2	防水保温套做法	套取防水保温清单与定额
3	防水保温绘制	采用直线布置方式绘制防水保温
4	工程量查询	汇总计算，查询防水保温工程量

任务探究

1. 防水工程

（1）分析图纸。查阅行政办公楼图纸建施图第 3 页工程做法表，查找防水相关信息，如图 2.5-29 所示。

编号	装修名称	用料及分层做法
地 105	细石混凝土防潮地面	1. 面层材料详装修表； 2. 20 厚 1 ： 4 干硬性水泥砂浆； 3. 素水泥浆结合层一遍； 4. 40 厚细石混凝土随捣随抹； 5. 粘贴 3 厚 SBS 改性沥青防水卷材； 6. 刷基层处理剂一遍； 7. 20 厚 1 ： 2 水泥砂浆找平； 8. 80 厚 C15 混凝土； 9. 素土夯实
楼 201	陶瓷地砖楼面	1. 10 厚 600×600 米色地面砖； 2. 20 厚 1 ： 4 干硬性水泥砂浆； 3. 素水泥浆结合层一遍

图 2.5-29

（2）清单定额规则学习。

1）防水工程清单计算规则，见表 2.5-18。

表 2.5-18　防水工程清单计算规则

项目编码	项目名称	计量单位	计算规则
010903002	墙面涂膜防水	m^2	按设计图示尺寸以面积计算
010904001	楼（地）面卷材防水	m^2	按设计图示尺寸以面积计算。 1. 楼（地）面防水：按主墙间净空以面积计算，扣除凸出地面的构筑物、设备基础等所占面积，不扣除间壁墙及单个面积≤ 0.3 m^2 柱、垛、烟囱和孔洞所占面积。 2. 楼（地）面防水反边高度≤ 300 mm 算作地面防水，反边高度＞ 300 mm 按墙面防水计算
010904002	楼（地）面涂膜防水		
010904003	楼（地）面砂浆防水（防潮）		

2）防水工程定额计算规则，见表 2.5-19。

表 2.5-19　防水工程定额计算规则

项目编号	项目名称	计量单位	计算规则
A8-13	改性沥青防水卷材单层　自粘法施工　大面满铺	100 m^2	1. 墙面防水、防潮层外墙按外墙中心线长度、内墙按墙体净长度乘以宽度，以面积计算。 2. 墙立面防水、防潮层，不论内墙、外墙，均按设计图示尺寸以面积计算，不扣除穿墙管线洞口。 3. 楼（地）面防水，按主墙间净空以面积计算，扣除凸出地面的构筑物、设备基础所占的面积，不扣除柱、垛、间壁墙、烟囱及 0.3 m^2 以内孔洞所占面积。与墙面连接处高度在 300 mm 以内者按展开面积计算，并入楼地面防水工程量，超过 300 mm 时，按立面防水层计算
A8-14	改性沥青防水卷材单层　热熔法施工　每增加一层	100 m^2	
A8-15	改性沥青防水卷材单层　自粘法施工　大面满铺	100 m^2	

2. 保温工程

（1）分析图纸。查阅行政办公楼图纸建施图第 3 页工程做法表，查找防水相关信息，如图 2.5-30 所示。

屋 105（不上人屋面）	高聚物改性沥青卷材防水屋面	1. 二层 3 厚 SBS 或 APP 改性沥青防水卷材，面层带绿页岩保护层； 2. 刷基层处理剂一遍； 3. 20 厚 1 ：2.5 水泥砂浆找平层； 4. 20 厚最薄处 1 ：8 水泥珍珠岩找坡； 5. 干铺 50 厚聚苯乙烯板； 6. 钢筋混凝土屋面板，表面清理干净

图 2.5-30

（2）清单定额规则学习。

1）保温工程清单计算规则，见表 2.5-20。

表 2.5-20　保温工程清单计算规则

项目编码	项目名称	计量单位	计算规则
011001001	保温隔热屋面	m^2	按设计图示尺寸以面积计算。扣除面积＞ 0.3 m^2 孔洞及占位面积
011001002	保温隔热天棚		按设计图示尺寸以面积计算。扣除面积＞ 0.3 m^2 柱、垛、孔洞所占面积，与天棚相连的梁按展开面积计算，并入天棚工程量内
011001003	保温隔热墙面		按设计图示尺寸以面积计算。扣除门窗洞口以及面积＞ 0.3 m^2 梁、孔洞所占面积，门窗洞口侧壁以及与墙相连的柱，并入保温墙体工程量内
011001004	保温柱、梁		按设计图示尺寸以面积计算。 1. 柱按设计图示柱断面保温层中心线展开长度乘保温层高度以面积计算，扣除面积＞ 0.3 m^2 梁所占面积。 2. 梁按设计图示梁断面保温层中心线展开长度乘保温层长度以面积计算

2）保温工程定额计算规则学习，见表 2.5-21。

表 2.5-21　保温工程定额计算规则

项目编号	项目名称	计量单位	计算规则
A9-1	外墙外保温　粘贴保温板外保温系统　30 mm 厚聚苯板保温层	100 m^2	1. 独立柱、梁面保温装饰一体板按墙面保温装饰板一体板消耗量标准人工费乘以系数 1.19，材料乘以系数 1.04。 2. 保温板、保温砂浆外墙内保温中的热桥部位按相应消耗量标准人工费乘以系数 1.1。 3. 保温板材规格面积小于 0.18 m^2 时，消耗量标准人工费乘以系数 1.07
A9-2	外墙外保温　保温装饰板保温系统　保温装饰一体板	100 m^2	
A9-3	外墙外保温　干挂岩棉板岩棉板（50 mm）	100 m^2	
A9-18	屋面保温　干铺聚苯乙烯板　厚度 50 mm	100 m^2	保温层应区别不同保温材料，均按设计实铺面积以平方米计算
注：详见《湖南省房屋建筑与装饰工程消耗量标准》（2020）			

任务实施

1. 防水工程

（1）防水工程套做法。

1）双击“构件列表”“楼地面”中的“地 105”名称，切换至“构件做法”，单击“查询清单库”按钮，双击“010904001 楼（地）面卷材防水”清单编号，添加清单，切换至“查询定额库”，按章节查询选择“A8-15”编码。

2）单击对应清单“项目特征”列，根据图纸信息手动输入项目特征。

3）单击“工程量表达式”列，逐项选择工程量表达式计算代码，结果如图 2.5-31 所示。

4）利用“做法刷”功能，将该做法刷给其余防水，修改属性。

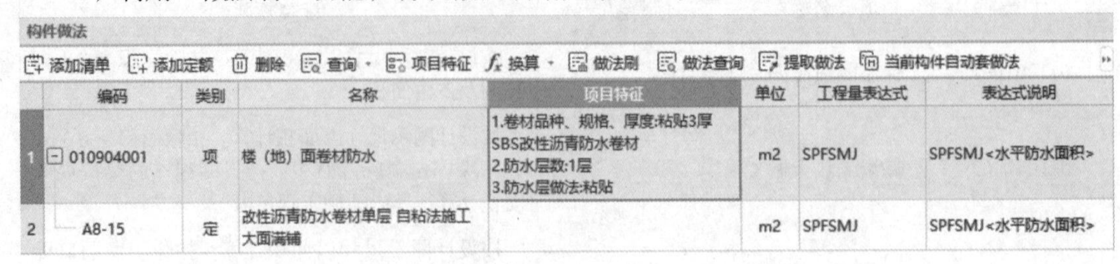

构件做法

添加清单　添加定额　删除　查询　项目特征　换算　做法刷　做法查询　提取做法　当前构件自动套做法

	编码	类别	名称	项目特征	单位	工程量表达式	表达式说明
1	010904001	项	楼（地）面卷材防水	1.卷材品种、规格、厚度:粘贴3厚SBS改性沥青防水卷材 2.防水层数:1层 3.防水层做法:粘贴	m2	SPFSMJ	SPFSMJ<水平防水面积>
2	A8-15	定	改性沥青防水卷材单层 自粘法施工 大面满铺		m2	SPFSMJ	SPFSMJ<水平防水面积>

图 2.5-31

（2）防水绘制。防水绘制时，执行“装修”→“楼地面”命令，在“构件列表”中单击“地 62”，单击“楼地面二次编辑”面板中的“设置防水卷边”按钮，单击任意部分楼地面装修，通过查阅行政办公楼图纸建施图，查找防水卷边高度，输入数值，单击“确定”按钮即可，如图 2.5-32 所示。

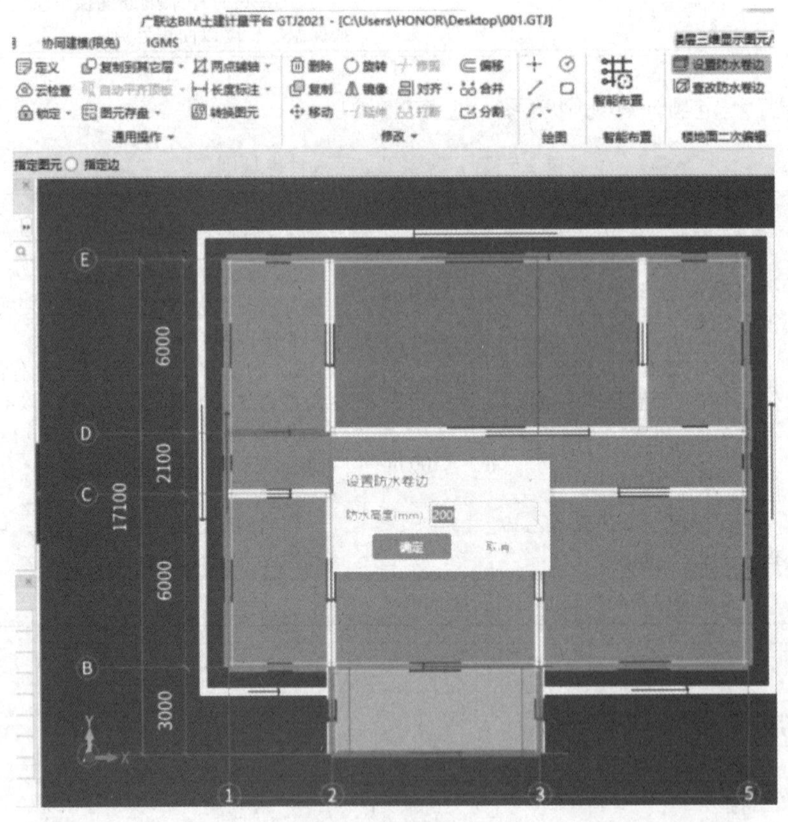

图 2.5-32

2. 保温工程

（1）屋面保温的属性定义。在模块导航树中选择“其他”→“屋面”，在“构件列表”中选择“新建”→“新建屋面”。输入“WM-1”的属性信息，如图 2.5-33 所示。

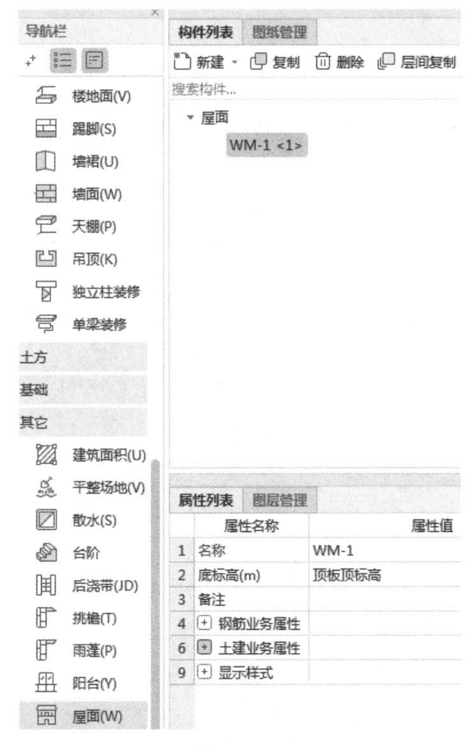

图 2.5-33

（2）保温工程套做法。

1）以前面保温为例，双击“构件列表”“屋面”中的“WM-1”名称，切换至“构件做法”，单击“查询清单库”按钮，双击添加清单“011001001 保温隔热屋面”，切换至“查询定额库”，按章节查询选择“A9-18”编码。

2）单击对应清单“项目特征”列，根据图纸信息手动输入项目特征。

3）单击“工程量表达式”列，逐项选择工程量表达式计算代码，结果如图 2.5-34 所示。

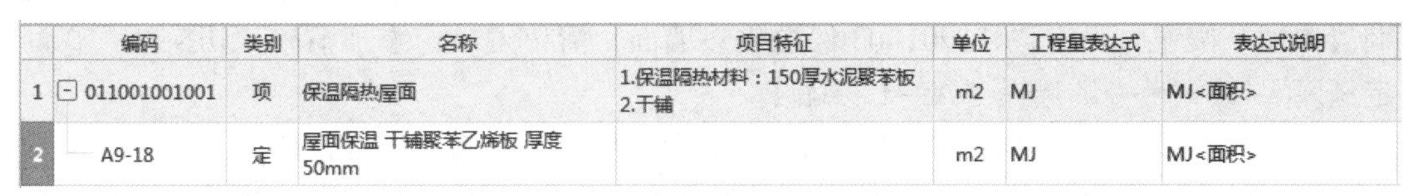

	编码	类别	名称	项目特征	单位	工程量表达式	表达式说明
1	011001001001	项	保温隔热屋面	1.保温隔热材料：150厚水泥聚苯板 2.干铺	m2	MJ	MJ<面积>
2	A9-18	定	屋面保温 干铺聚苯乙烯板 厚度50mm		m2	MJ	MJ<面积>

图 2.5-34

（3）保温绘制（以屋顶举例）。屋面保温层绘制时，单击导航栏“其他”→“屋面”，在“构件列表”中单击“WM-1”，在“绘图”面板中单击“智能布置”绘制方式，选择“现浇板”方式，移动到现浇板构件图元上，单击鼠标左键确定，单击鼠标右键退出，绘图完成。

任务拓展

完成行政办公楼中工程做法表中楼 201、屋 105 防水工程的绘制。

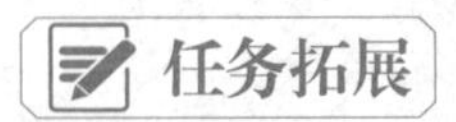

墙面保温图元的绘制

1．保温层的属性定义

在模块导航树中选择“其他”→“保温层”，在“构件列表”中选择“新建”→“新建保温层”。输入“BWC-1”的属性信息，如图 2.5-35 所示。

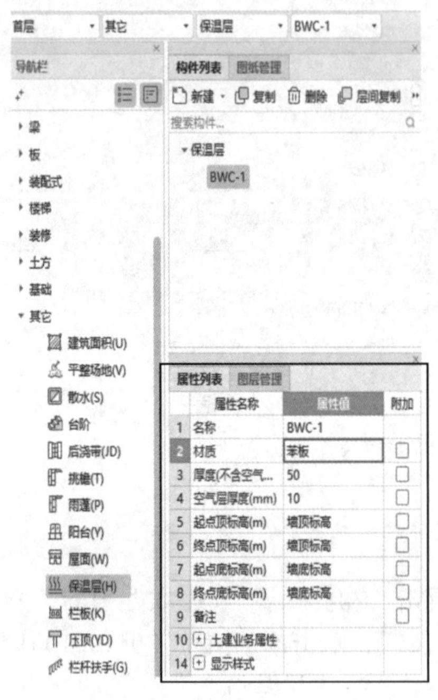

图 2.5-35

2．保温工程套做法（墙面保温举例）

（1）双击“构件列表”“墙面”中的“内墙 4”名称，切换至“构件做法”，单击“查询清单库”按钮，双击“011001003 保温隔热墙面”清单编号，添加清单，切换至“查询定额库”，按章节查询选择“A9-1”编码。

（2）单击对应清单“项目特征”列，根据图纸信息手动输入项目特征。

（3）单击“工程量表达式”列，逐项选择工程量表达式计算代码，结果如图 2.5-36 所示。

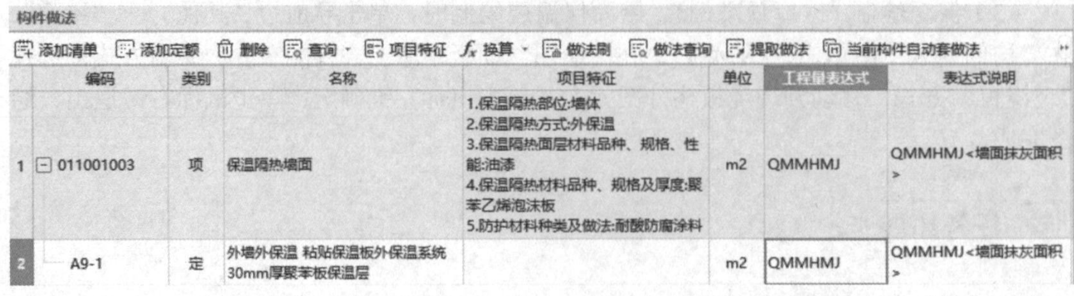

	编码	类别	名称	项目特征	单位	工程量表达式	表达式说明
1	011001003	项	保温隔热墙面	1.保温隔热部位:墙体 2.保温隔热方式:外保温 3.保温隔热面层材料品种、规格、性能:油漆 4.保温隔热材料品种、规格及厚度:聚苯乙烯泡沫板 5.防护材料种类及做法:耐酸防腐涂料	m2	QMMHMJ	QMMHMJ<墙面抹灰面积>
2	A9-1	定	外墙外保温 粘贴保温板外保温系统 30mm厚聚苯板保温层		m2	QMMHMJ	QMMHMJ<墙面抹灰面积>

图 2.5-36

3. 保温绘制（以墙面举例）

（1）绘制方法一：保温层绘制时，切换至三维视图，在“构件列表”中选择“BWC–1”，在“绘图”面板中选择“点”工具，通过查阅行政办公楼图纸建施图，确定墙面保温范围，进行“点”绘制即可，如图 2.5–37 所示。

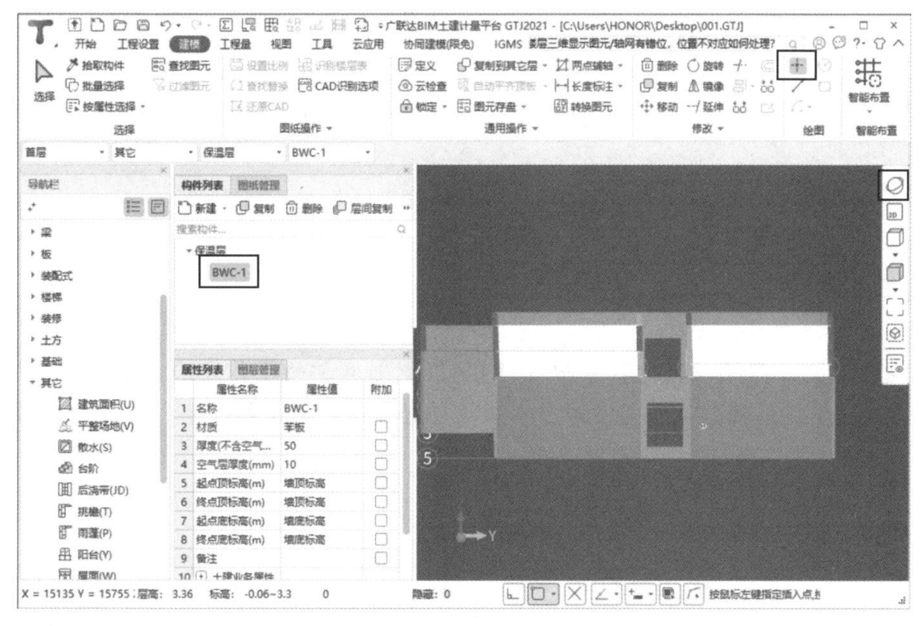

图 2.5–37

（2）绘制方法二：保温层绘制时，切换至三维视图，在“构件列表”中选择“BWC–1”，在“绘图”面板中选择“直线”工具，通过查阅行政办公楼图纸建施图，确定墙面保温范围，对墙面同一侧的两个端点进行“直线”绘制即可，如图 2.5–38 所示。

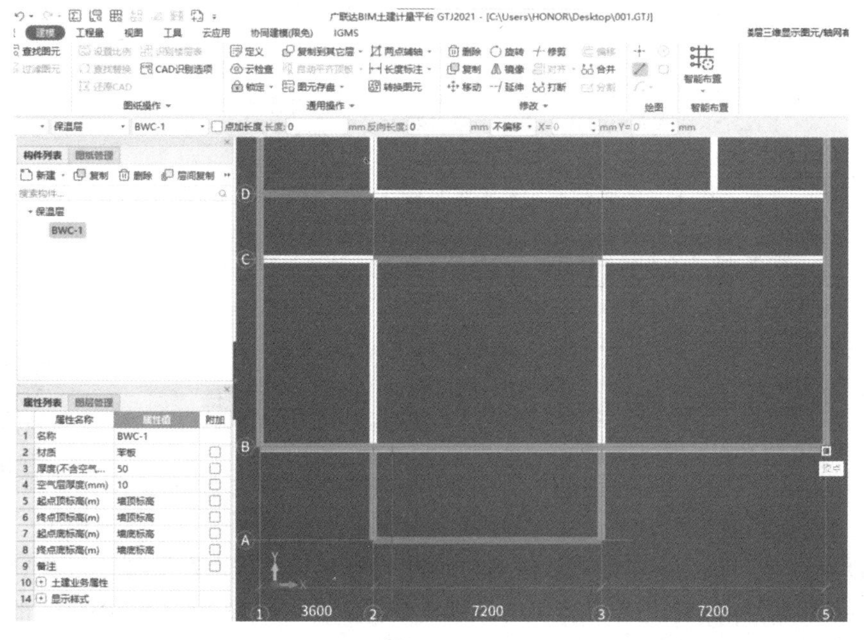

图 2.5–38

模块3　CAD识别计量

模块简介

本模块主要介绍了在造价软件中进行CAD识别算量的操作方法，通过本模块学习，掌握手工建模算量的操作流程与方法。本模块包含3个典型工作任务，11个子任务。

教学目标

任务点	知识目标	能力目标	素质目标
任务1 CAD识别 前期准备	•了解CAD识别的基本原理和识别步骤； •掌握图纸管理、识别楼层表、识别轴网的操作方法	•能够完成CAD识别和图纸导入分割工作； •能够通过识别楼层表和识别轴网功能，创建工程楼层和轴网	•具有诚实守信的职业品德、踏实严谨的工作态度； •具有良好的创新精神和团队合作精神； •具有爱岗敬业的职业品德、精益求精的工匠精神
任务2 CAD识别 主体构件	•掌握柱大样、柱、墙、梁、板、独立基础等主体构件识别的流程和操作的方法； •掌握对识别生成的构件及图元准确性校核的方法	•能够运用CAD识别功能识别常见主体构件并进行准确性校核	
任务3 CAD识别 后期完善	•掌握门窗表、装修表的识别流程与操作方法 •掌握对识别生成的构件及图元校核的方法	•能够运用CAD识别功能识别门窗与装修表并进行校核	

任务1　CAD识别前期准备

微课：识别原理

1. CAD识别原理

CAD识别是广联达土建计量软件GTJ2021根据建筑工程制图原则，将CAD“.dwg”电子图导入到软件中，利用软件提供的识别构件功能，可以快速将电子图纸中的信息识别为软件的各类构件，从而完成建模的方法。

2. CAD 识别的构件范围及流程

（1）广联达土建计量软件 GTJ2021 构件识别范围。

1）表格类：楼层表、柱表、剪力墙表、连梁表、门窗表、装修表、独基表。

2）构件类：轴网、柱、柱大样、梁、板、墙、门窗、独立基础、承台、基础梁、桩及各类钢筋。

（2）CAD 识别流程。CAD 识别主要通过新建工程→图纸管理→符号转化→识别构件→构件校核的方式，将 CAD 图纸中的线条及文字标注转化成广联达土建计量软件 GTJ2021 中的基本构件图元（如轴网、梁、柱、板、墙等），从而快速地完成构件的建模操作，提高整体的绘图效率。

1.1　图纸管理

微课：图纸管理与识别楼层表

任务说明

通过软件图纸管理功能，能够将原电子图进行有效管理，并随工程统一保存，提高做工程的效率，完成表 3.1-1 图纸管理任务工单所列的任务内容。

表 3.1-1　图纸管理任务工单

编号	任务名称	任务内容
1	添加图纸	将 CAD 图纸导入软件中
2	分割图纸	单独拆分楼层图纸
3	定位图纸	完成图纸与构件的对应位置
4	删除图纸	移除不需要的图纸
5	图纸锁定和解锁	锁定和解除锁定导入的 CAD 图纸

任务探究

1. 图纸管理流程

图纸管理的流程如图 3.1-1 所示。

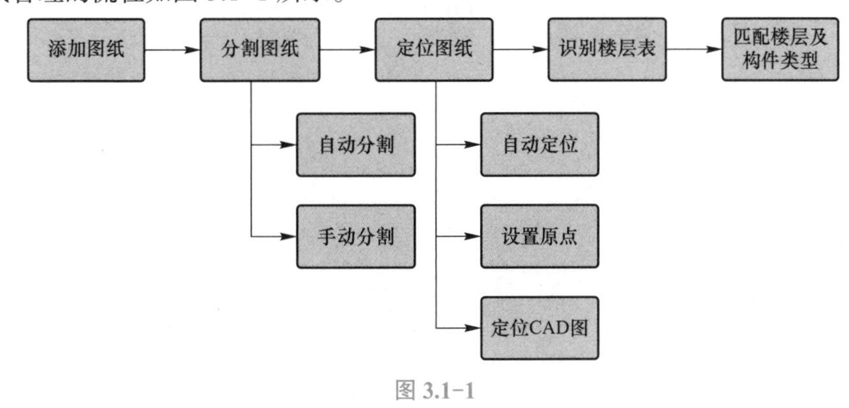

图 3.1-1

2. 图纸管理操作要点

（1）界面的“图纸管理”“图层管理”页签若被关闭，可以在“视图”选项卡“用户界面”面板中打开，如图 3.1–2 所示。

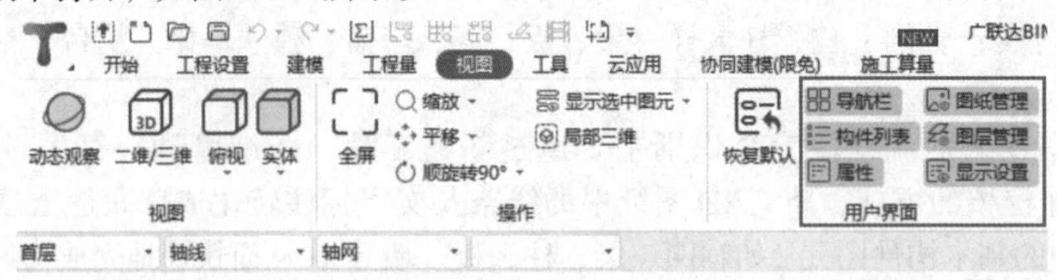

图 3.1–2

（2）CAD 识别时，“图纸管理”“图层管理”以页签的形式，默认与“构件列表”“属性列表”并列显示，如图 3.1–3 所示。

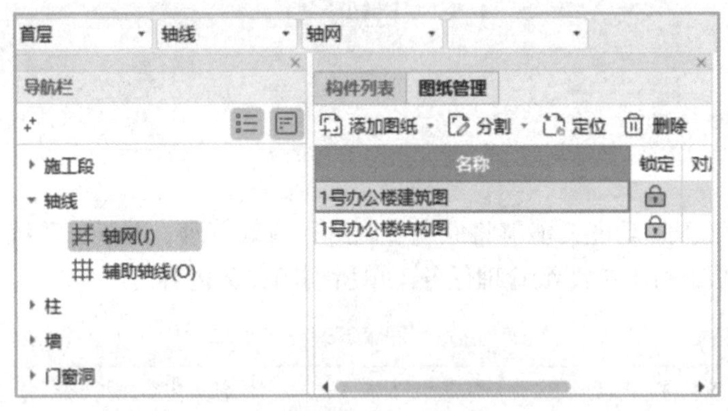

图 3.1–3

任务实施

1. 添加图纸

（1）单击“图纸管理”页签下的“添加图纸”按钮，选择“1 号办公楼图”所在的文件夹，并选择需要导入的 1 号办公楼建筑图和结构图，单击“打开”按钮即可导入，如图 3.1–4 所示。

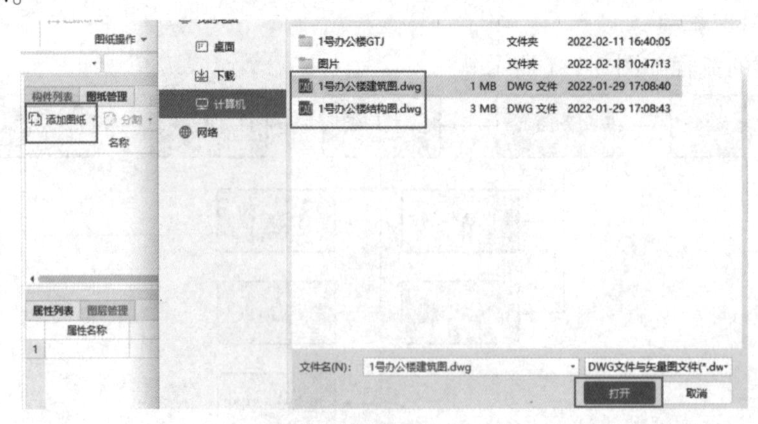

图 3.1–4

（2）在“图纸管理”界面显示1号办公楼建筑图和结构图后，可以修改名称，双击添加的图纸，在绘图区域显示导入的图纸文件内容，如图3.1–5所示。

图 3.1–5

提示

1. 选择图纸支持单选、Shift或Ctrl＋左键多选。

2. 单击“添加图纸”的下三角按钮，下拉可以插入图纸，也可以使用保存图纸将当前的图纸再保存为 *.dwg格式文件。

3. 执行“建模”→“图纸操作”命令，可以对添加的图纸进行设置比例、查找替换、还原CAD、补画CAD线、修改CAD标注等操作。

2. 分割图纸

1号办公楼工程的多个楼层、多种建筑和结构构件类型会放在1张建筑图和1张结构图中。为了方便识别，需要将各个楼层图纸单独拆分出来，这时就可以使用分割图纸功能，逐个分割图纸，再在相应的楼层分别选择这些图纸进行识别操作。

（1）自动分割：单击“图纸管理”→“分割”下三角按钮，在下拉列表中选择“自动分割”，软件会自动查找图纸边框线和图纸名称自动分割图纸。若找不到合适名称会自动命名，如图3.1–6所示。

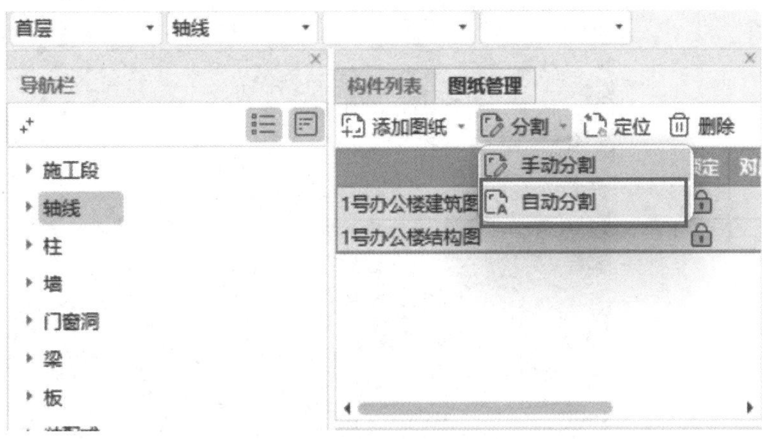

图 3.1–6

（2）手动分割：单击“图纸管理”→“分割”下三角按钮，在下拉列表中选择“手动分割”，然后在绘图区域拉框选择要分割的图纸，单击鼠标右键。接着输入图纸名称和选择对应图层，单击“确定”按钮，如图3.1–7所示。

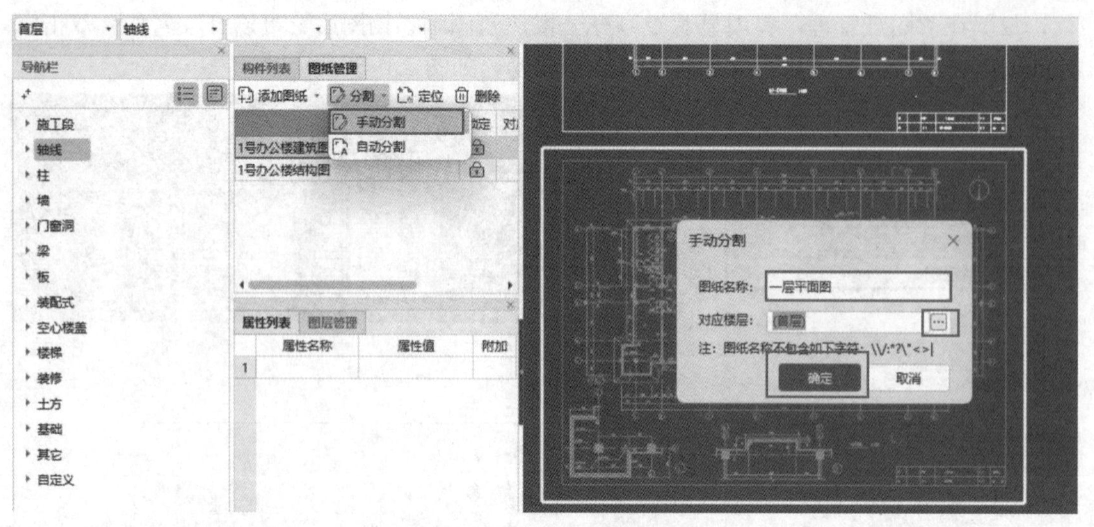

图 3.1–7

3．定位图纸

在分割图纸后，需要定位 CAD 图纸，使构件之间及上下层之间的构件位置重合。

单击“定位”按钮，在 CAD 图纸上选中项目基准点，再选择项目目标点，或打开“动态输入”输入坐标原点（0,0）完成定位。快速完成所有图纸中构件的对应，如图 3.1–8 所示。

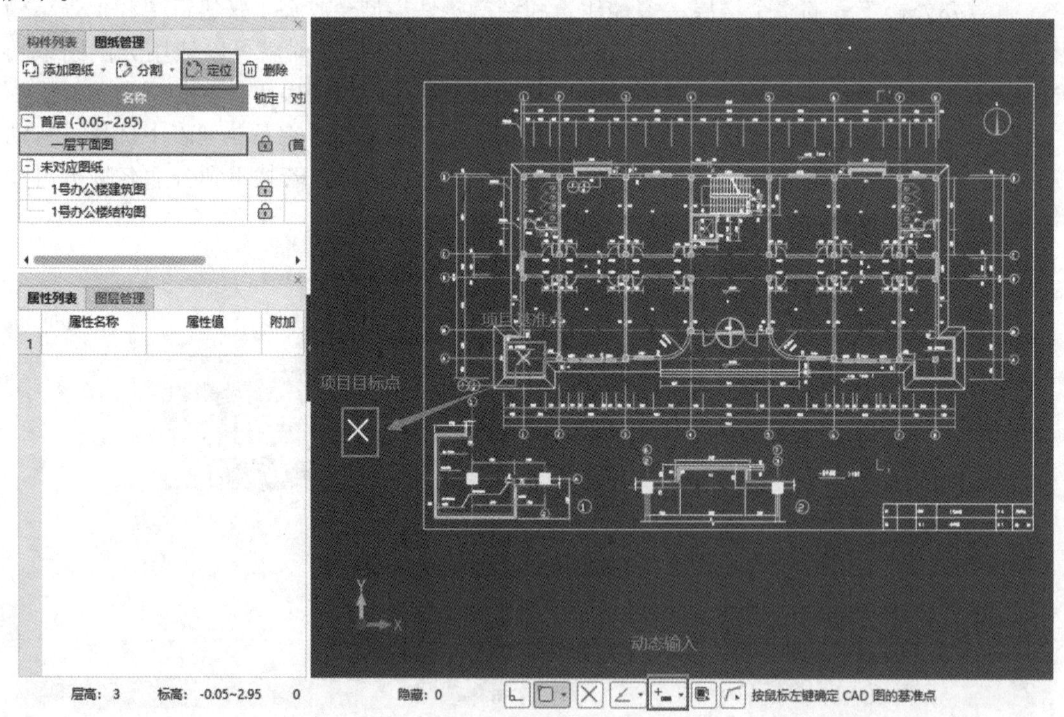

图 3.1–8

4．删除图纸

如果导入了不需要的 CAD 图纸或导入的 CAD 图纸已经识别完成，可以使用“删除

图纸”的功能，从列表中移除选中的 CAD 图纸。

执行“图纸管理”→“删除”命令，选中需要移除的图纸，在弹出的对话框中单击“是”按钮，可以删除 CAD 图形，如图 3.1-9 所示。

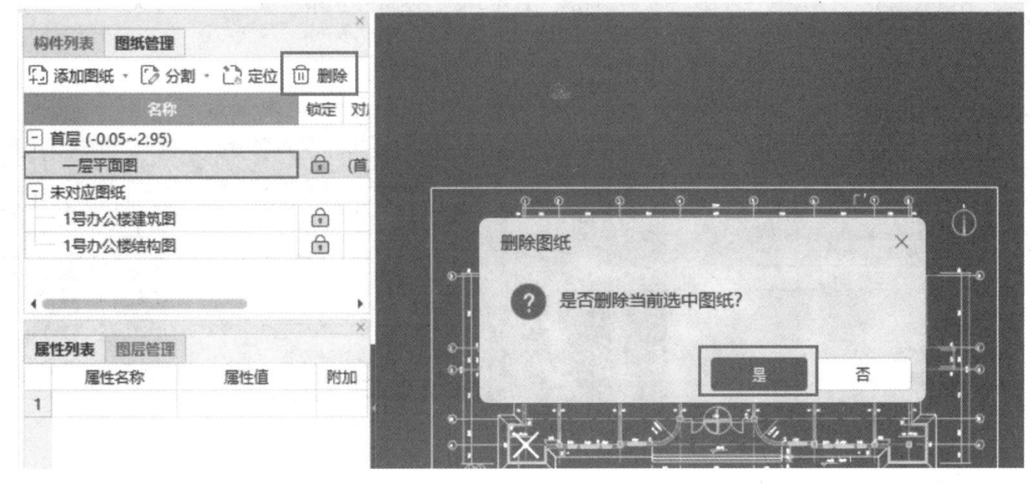

图 3.1-9

5. 图纸锁定和解锁

为了避免识别时不小心误删了 CAD 图纸，导入软件的 CAD 图纸默认是锁定状态。若需要对其进行修改、删除、复制等操作，就需要解除图纸锁定。

单击图纸“锁定”列的“小锁”图标，即可解锁，如图 3.1-10 所示。

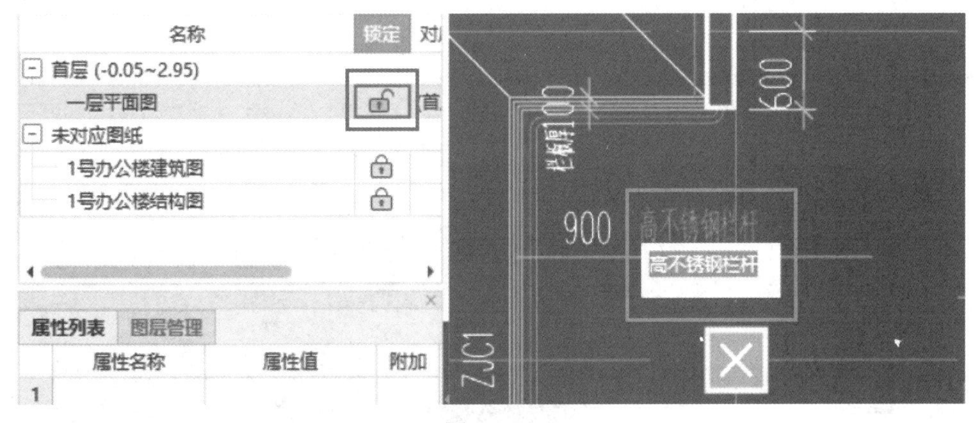

图 3.1-10

任务拓展

1. 设置比例

当 CAD 图或图片导入后，发现比例不正确，可以使用“设置比例”功能重新设置比例。图纸上存在不同部位比例不同时，可以通过多次设置比例来正确识别，不需要重复导入设置比例。

（1）导入图纸后，单击“建模”选项卡“图纸操作”面板中的“设置比例”按钮。

（2）单击鼠标左键选取两点，软件自动量取两点距离，并弹出对话框，输入需要的尺寸，单击“确定”按钮，即可完成设置比例，如图 3.1–11 所示。

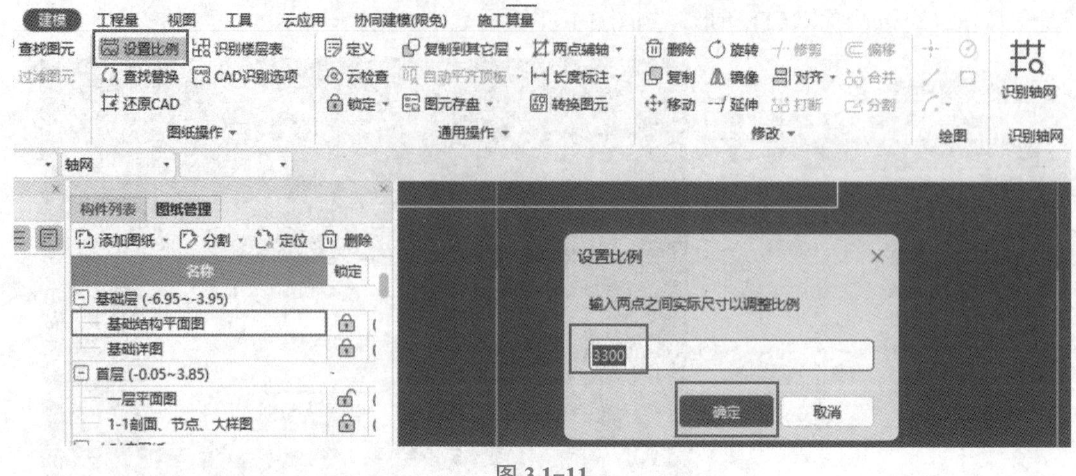

图 3.1–11

2. 查找替换

在 CAD 图纸中，有时标高是采用汉字描述的方式，如基础底标高等，对于此类标高，软件不能处理时，可以将其转换为具体的标高数值。

单击“建模”选项卡“图纸操作”面板中的“查找替换”按钮，弹出“查找替换”对话框，在“查找内容”中输入“基础底标高”，在“替换为”中输入“−3.95 m”，单击“全部替换”按钮，如图 3.1–12 所示。

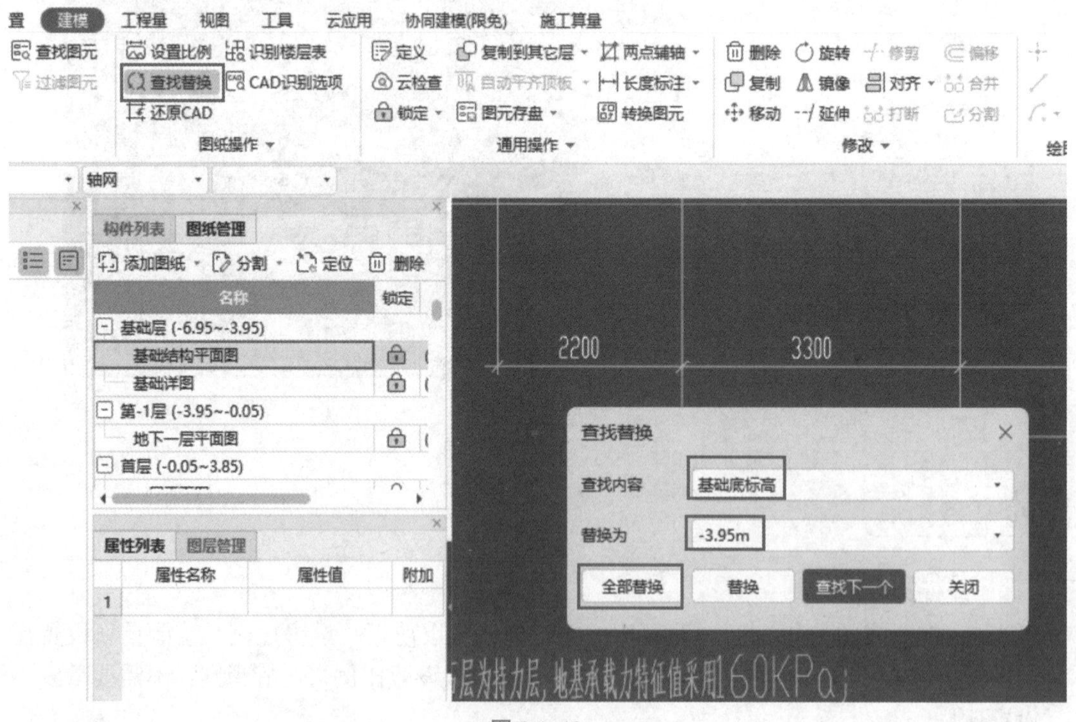

图 3.1–12

3. 还原 CAD

在提取 CAD 图层的操作中，不小心将一些多余的信息提取时，可以使用“还原 CAD”功能将错误提取的 CAD 图元还原到原始的 CAD 图层中。

（1）单击“建模”选项卡“图纸操作”面板中的“还原 CAD”按钮，在已提取的 CAD 图层中选择错误提取的 CAD 图元，选中的图元显示为蓝色。

（2）单击鼠标右键，则选中的 CAD 图元将不在“已提取的 CAD 图层”中显示，图元被还原到“CAD 原始图层”，操作完成。

4. 补画 CAD 线

当 CAD 图中有些图层不完善时，可以利用“补画 CAD 线”功能补全后再进行识别。

（1）单击“建模”选项卡“图纸操作”面板下拉列表中的“补画 CAD 线”按钮，弹出“补线的图层”，如图 3.1-13 所示。

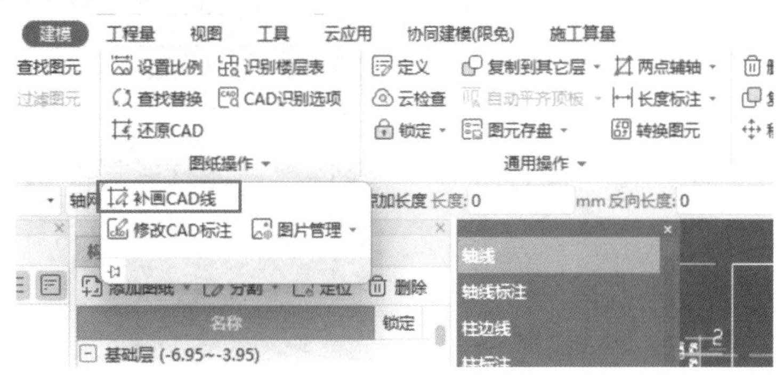

图 3.1-13

（2）选择要补线的图层，单击“绘图”面板中的“直线”按钮，在图中画直线；如果想画矩形或弧线，选择相应的工具即可，如图 3.1-14 所示。

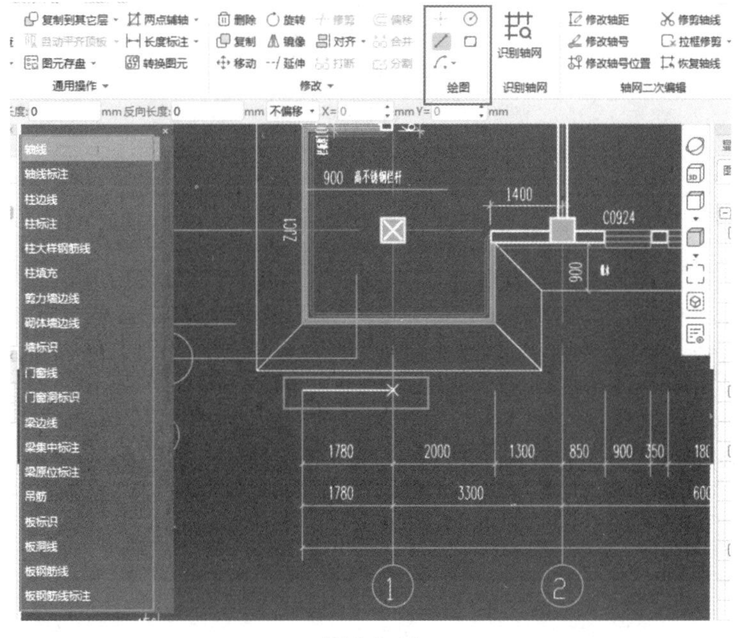

图 3.1-14

5. 修改 CAD 标注

当 CAD 图导入后，发现有些标注、字体需要进行修改时，可以使用“修改 CAD 标注”功能进行直接编辑。

单击“建模”选项卡“图纸操作”面板下拉列表中的“修改 CAD 标注”按钮，选中要修改的标注，单击鼠标左键，出现编辑框，直接修改即可，如图 3.1-15 所示。

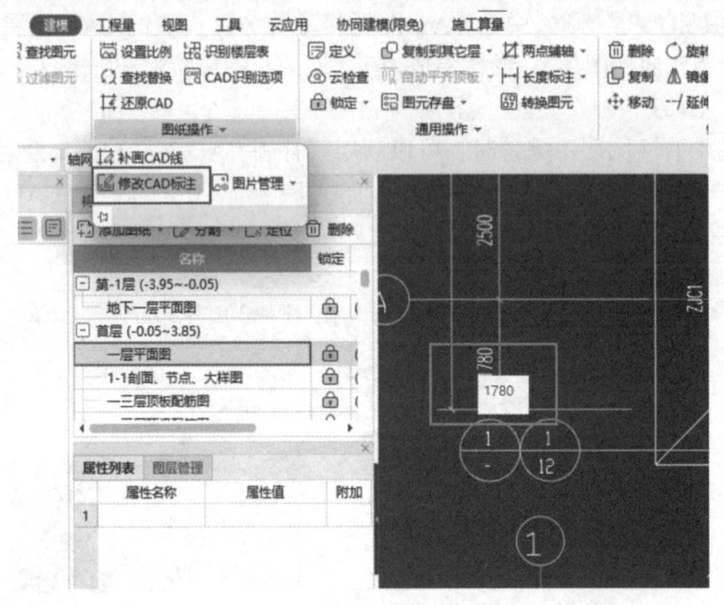

图 3.1-15

1.2　识别楼层表

任务说明

通过软件识别楼层表功能，能够创建工程楼层，并能将分割好的图纸与工程的楼层一一对应，提高图纸管理的效率。完成表 3.1-2 识别楼层表任务工单所列的任务内容。

表 3.1-2　识别楼层表任务工单

编号	任务名称	任务内容
1	切换图纸	切换至有楼层表的图纸
2	识别楼层表	点选识别图纸中的楼层表

任务探究

识别楼层表的流程如图 3.1-16 所示。

图 3.1-16

任务实施

1. 切换图纸

双击“1 号办公楼结构图”，找到具有楼层表的图纸，如一～三层顶梁配筋图，如图 3.1-17 所示。

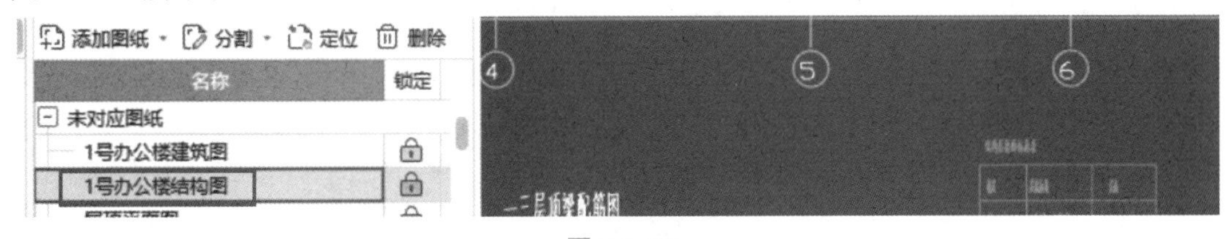

图 3.1-17

2. 识别楼层表

单击“建模”选项卡“图纸操作”面板中的“识别楼层表”按钮，如图 3.1-18 所示。

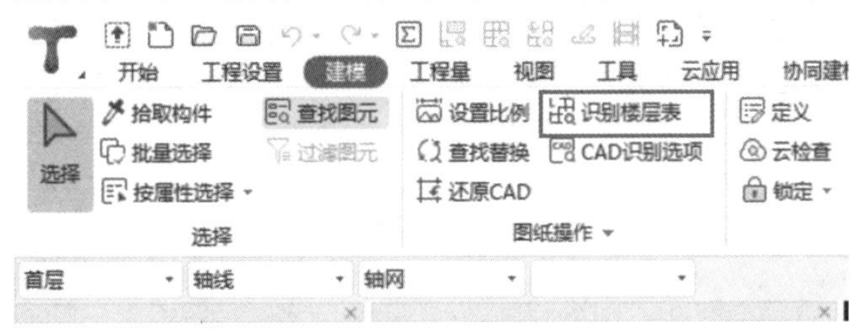

图 3.1-18

3. 点选识别

框选绘图区域图纸中的楼层表，单击鼠标右键，弹出“识别楼层表”对话框，单击“识别”按钮，如图 3.1-19、图 3.1-20 所示。

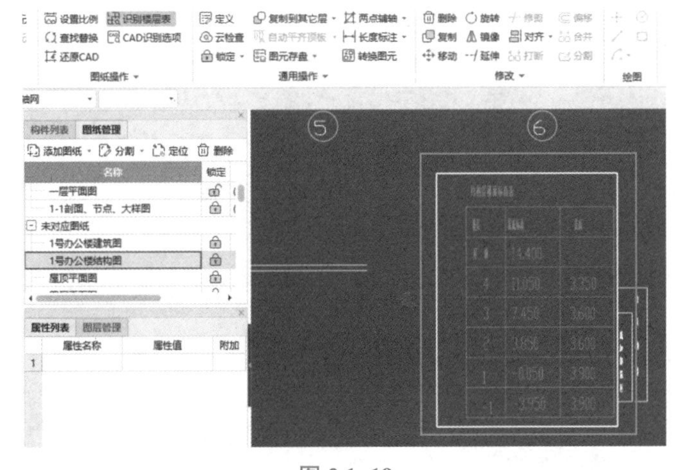

图 3.1-19

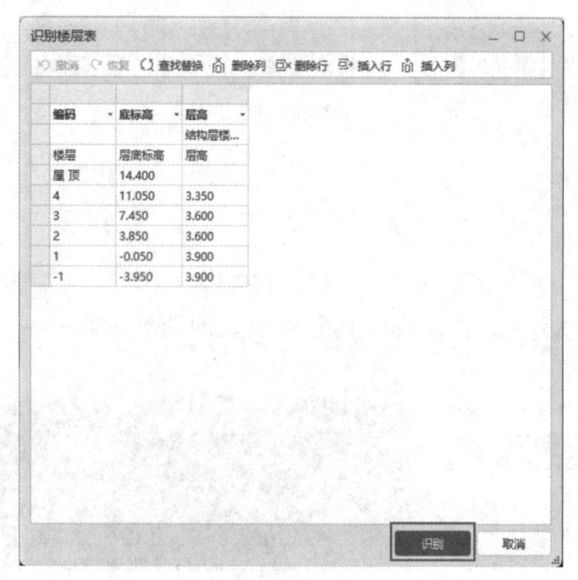

图 3.1-20

提示

1. 软件目前不能识别层高中带中文的楼层表，需要手动输入层高。

2. 在框选图纸中的楼层表过程中，要注意框选范围。若范围过大，则有可能导致识别楼层表编写有误。

任务拓展

在“识别楼层表”中，如标高采用汉字描述，则可以采用“查找替换”功能转换成具体的标高数值；同时，根据项目需要，删除或增加行列，如图 3.1-21 所示。

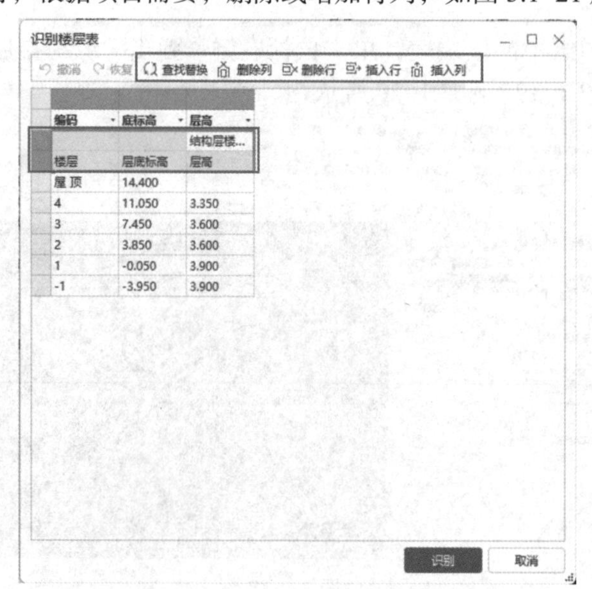

图 3.1-21

1.3　识别轴网

微课：识别轴网

任务说明

通过软件识别轴网功能，创建项目轴网，为识别主体构件打下基础。完成表 3.1–3 识别轴网任务工单所列的任务内容。

表 3.1–3　识别轴网任务工单

编号	任务名称	任务内容
1	提取轴线	提取 CAD 图纸中的轴线边线
2	提取标注	提取 CAD 图纸中的轴网标注
3	识别轴网	识别 CAD 图纸中的轴线

任务探究

识别轴网的流程如图 3.1–22 所示。

图 3.1–22

任务实施

1. 提取轴线

（1）在导航栏中，将目标构件定位至“轴网”，如图 3.1–23 所示。

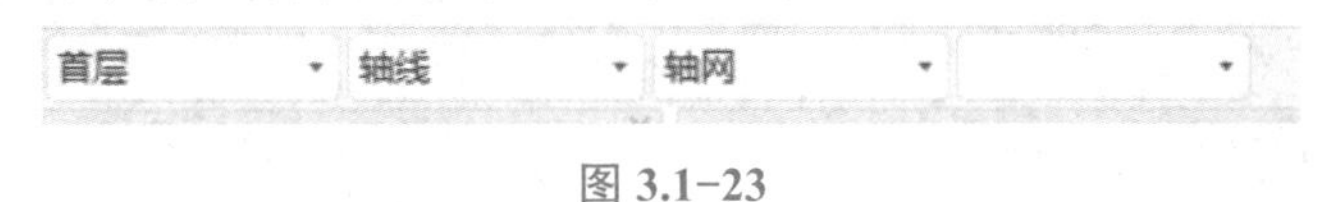

图 3.1–23

（2）选择一层平面图，执行“建模”→“识别轴网”→“提取轴线”命令，可以选择“单图元选择”“按图层选择”“按颜色选择”的方式点选或框选需要提取的轴线 CAD 图元，如图 3.1–24 所示。

（3）单击鼠标右键确认选择，则选择的 CAD 图元自动消失，并存放在“已提取的 CAD 图层”中。

2. 提取标注

（1）执行“建模”→“识别轴网”→“提取标注”命令，可以选择“单图元选择”“按图层选择”“按颜色选择”的方式点选或框选需要提取的轴网标注 CAD 图元，如图 3.1–25 所示。

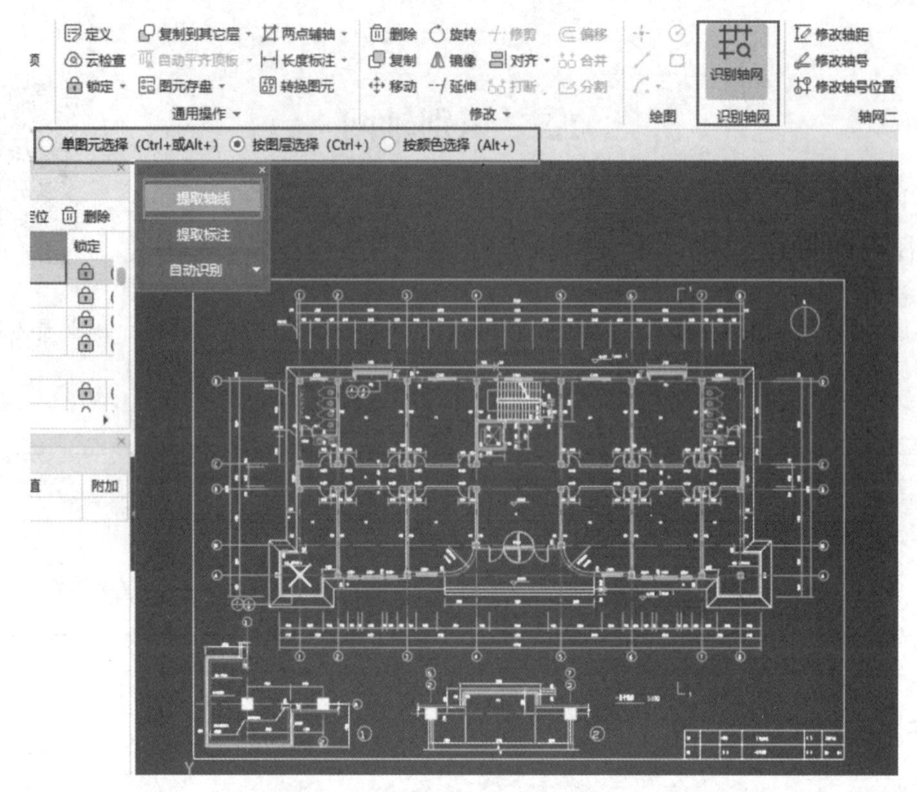
定义
复制到其它层
两点辅轴
云检查
自动平齐顶板
长度标注
锁定
图元存盘
转换图元
通用操作
删除
旋转
修剪
偏移
复制
镜像
对齐
合并
移动
延伸
打断
分割
修改
绘图
识别轴网
识别轴网
修改轴距
修改轴号
修改轴号位置
单图元选择（Ctrl+或Alt+）
按图层选择（Ctrl+）
按颜色选择（Alt+）
提取轴线
提取标注
自动识别
删除
锁定
附加

图 3.1-24

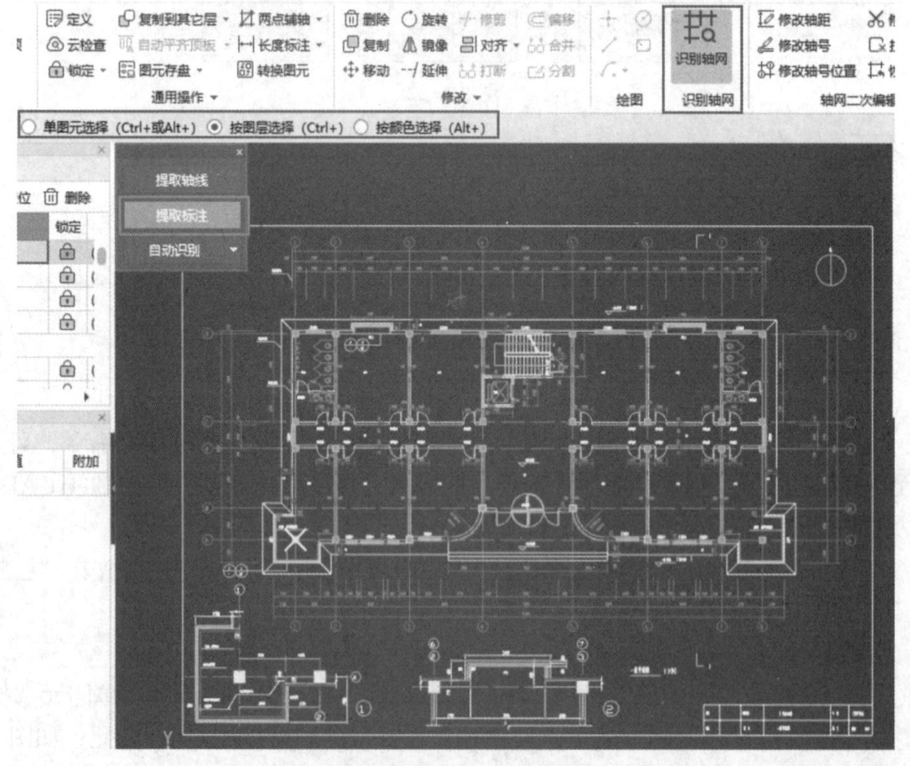
定义
复制到其它层
两点辅轴
云检查
自动平齐顶板
长度标注
锁定
图元存盘
转换图元
通用操作
删除
旋转
修剪
偏移
复制
镜像
对齐
合并
移动
延伸
打断
分割
修改
绘图
识别轴网
识别轴网
修改轴距
修改轴号
修改轴号位置
轴网二次编辑
单图元选择（Ctrl+或Alt+）
按图层选择（Ctrl+）
按颜色选择（Alt+）
提取轴线
提取标注
自动识别
删除
锁定
附加

图 3.1-25

（2）单击鼠标右键确认选择，则选择的CAD图元自动消失，并存放在“已提取的CAD图层”中。

3. 自动识别

完成提取轴网轴线、提取轴网标注操作后，执行“建模”→“识别轴网”→“自动识别”命令，则提取的轴网轴线和轴网标注被自动识别为软件的轴网，如图3.1–26所示。

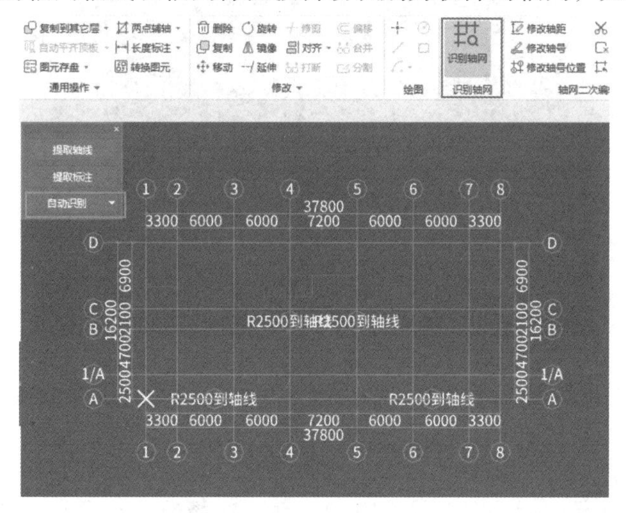

图 3.1–26

任务拓展

1. 选择识别

（1）完成提取轴网轴线、提取轴网标注操作后，执行“建模”→“识别轴网”→“选择识别”命令，此时单击鼠标左键选择所需要识别的开间轴线（点选两条基准开间轴线后支持框选），单击鼠标右键确认，如图3.1–27所示。

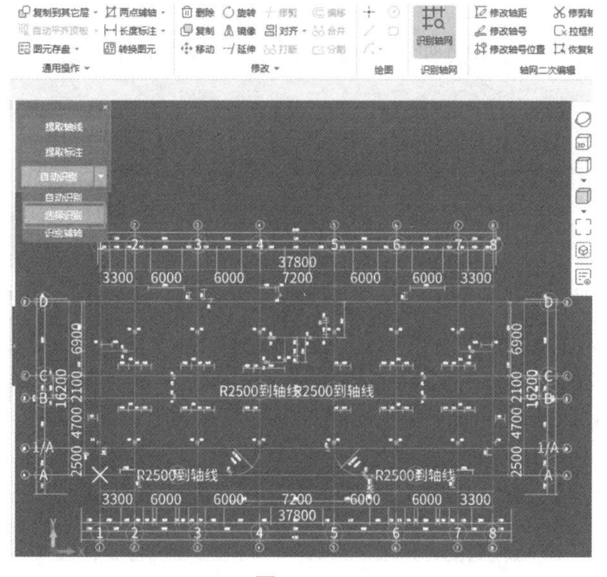

图 3.1–27

（2）单击鼠标左键选择所需要识别的进深轴线（点选两条基准开间轴线后支持框选），如图 3.1–28 所示。

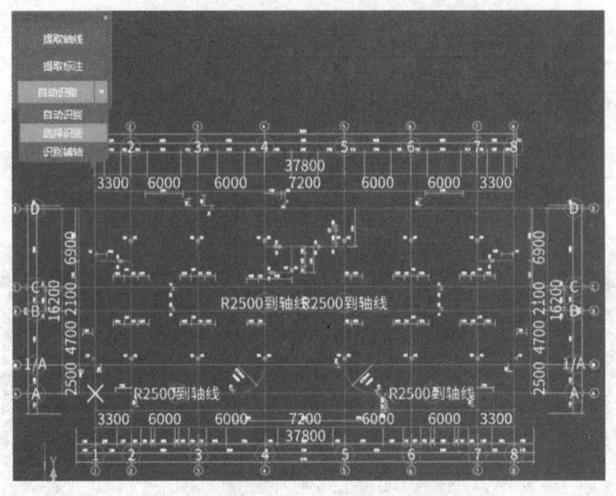

图 3.1–28

提示

1. 如果最先选择的两条轴线是平行的，之后选择的轴线中有不平行的，则软件会给出错误提示。

2. 如果最先选择的两条开间轴线不平行，软件会认为是弧形轴网。如果第三条开始的轴线不能和前两条轴线构成弧形轴网，软件会给出错误提示。

（3）选择完成后单击鼠标右键确定，所有这些被选择的轴线全部被识别。

2. 识别辅轴

如果图纸上有辅助轴线需要进行识别，则可以使用“识别辅轴”功能进行识别。

（1）选择基础结构平面图，在完成提取轴网轴线、提取轴网标注操作后，执行“建模”→“识别轴网”→“选择辅轴”命令，在绘图区域中单击已经提取的辅助轴线，如图 3.1–29 所示。

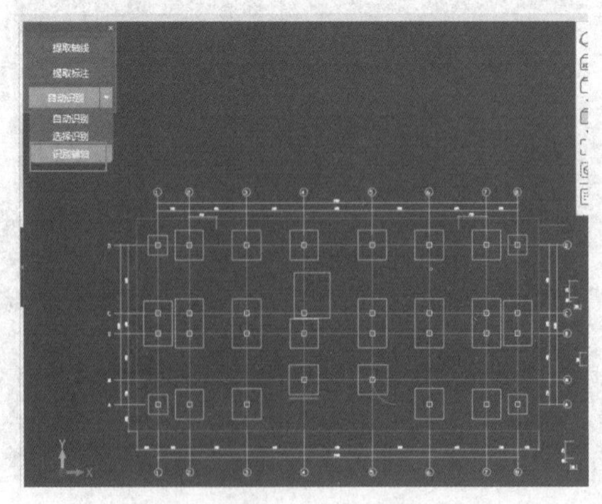

图 3.1–29

（2）要识别的辅助轴线选择确认后，单击鼠标右键，辅助轴线识别完毕。

任务 2　CAD 识别主体构件

2.1　识别剪力墙柱大样

任务说明

根据行政办公楼施工图，在软件中完成表 3.2-1 识别剪力墙柱大样任务工单所列的任务内容。

表 3.2-1　识别剪力墙柱大样任务工单

编号	任务名称	任务内容
1	提取柱大样边线	提取 CAD 图纸中的柱大样边线
2	提取柱大样标注	提取 CAD 图纸中的柱大样标注
3	提取柱大样钢筋线	提取 CAD 图纸中的柱大样钢筋线
4	识别柱大样	识别提取的柱大样边线、柱大样标注、柱大样钢筋线
5	校核柱大样	检查识别后的柱构件与原 CAD 图纸信息是否匹配，并进行修改完善

任务探究

柱大样识别的流程如图 3.2-1 所示。

图 3.2-1

任务实施

1. 提取柱大样边线

（1）双击进入“柱墙结构平面图”，在导航栏中，将目标构件定位至“柱”，如图 3.2-2 所示。

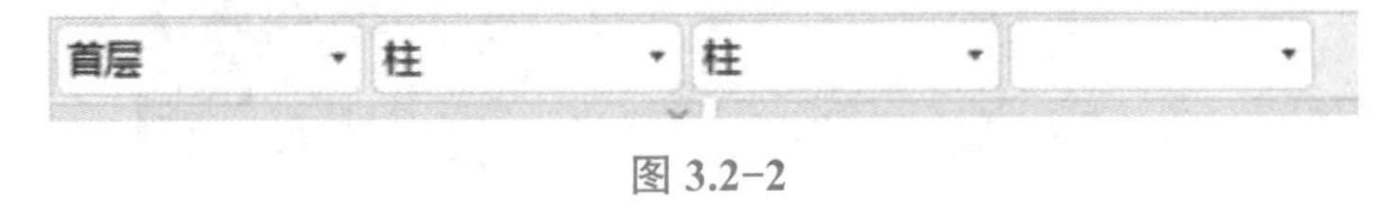

图 3.2-2

（2）执行“建模”→“识别柱大样”→“提取边线”命令，可以选择“单图元选择”“按图层选择”“按颜色选择”的方式点选或框选需要提取的柱大样边线 CAD 图元，如图 3.2-3 所示。

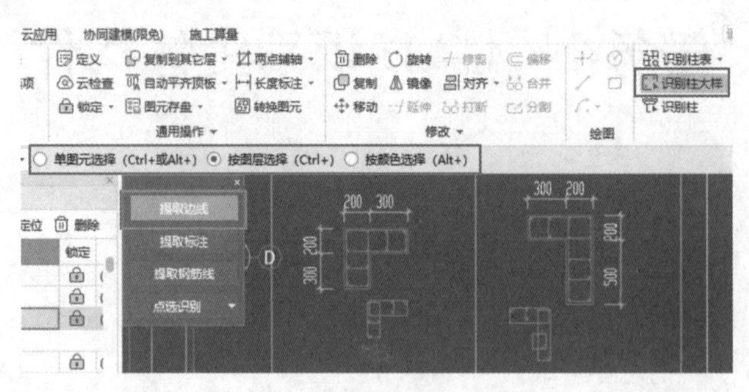

图 3.2-3

（3）单击鼠标右键确认选择，则选择的 CAD 图元自动消失，并存放在“已提取的 CAD 图层”中，如图 3.2-4 所示。

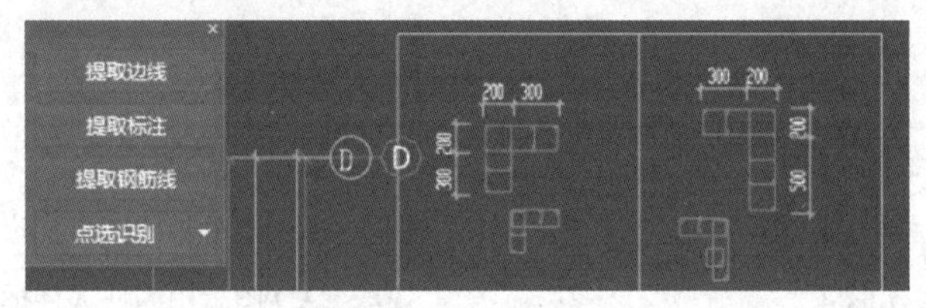

图 3.2-4

提示

1. 当导入柱墙结构平面图时，可能出现图纸与轴网位置不一致的情况，那么需要采用“定位”功能使图纸与轴线重合。

2. 当图纸比较复杂，柱大样边线的图层或颜色与其他构件的边线一致时，建议采用“单图元选择”方式点选或框选需要提取的柱大样边线 CAD 图元。

3. 切记提取柱大样边框线，否则将导致识别柱大样时，界面信息错乱，无法识别。

2. 提取柱大样标注

（1）执行“建模”→“识别柱大样”→“提取标注”命令，可以选择“单图元选择”“按图层选择”“按颜色选择”的方式点选或框选需要提取的柱大样标注 CAD 图元，如图 3.2-5 所示。

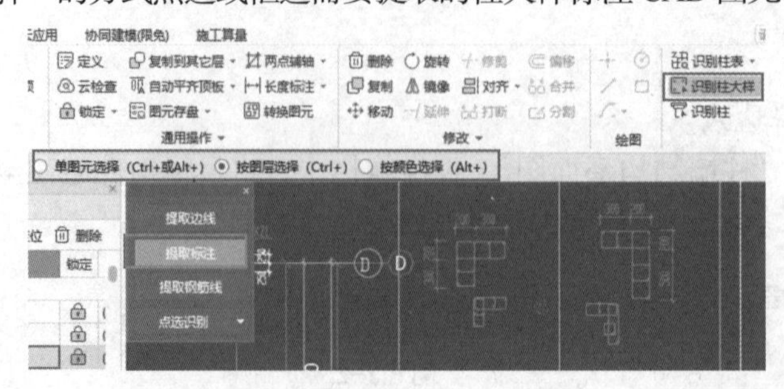

图 3.2-5

（2）单击鼠标右键确认选择，则选择的CAD图元自动消失，并存放在“已提取的CAD图层”中，如图3.2-6所示。

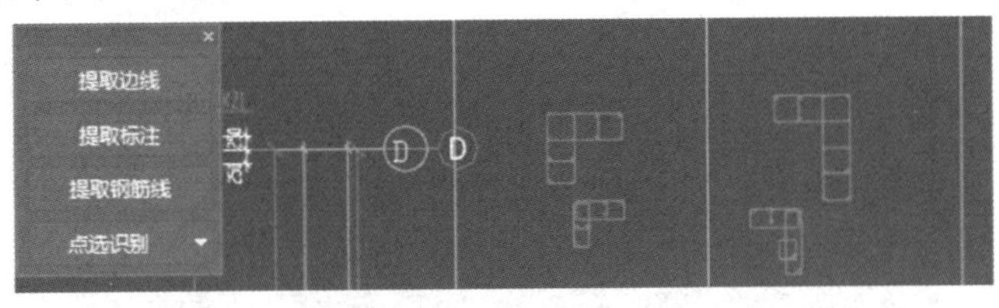

图 3.2-6

提示

当柱大样图中出现“基础”字样时，软件无法识别，就需要进行查找替换。由“基础结构平面图”可知柱大样基础标高为 −5.7 m，那么单击“查找替换”按钮，输入“查找内容”为“基础～11.050”，然后输入“替换为”为“ −5.7 ～ 11.050”，进行全部替换，如图3.2-7所示。

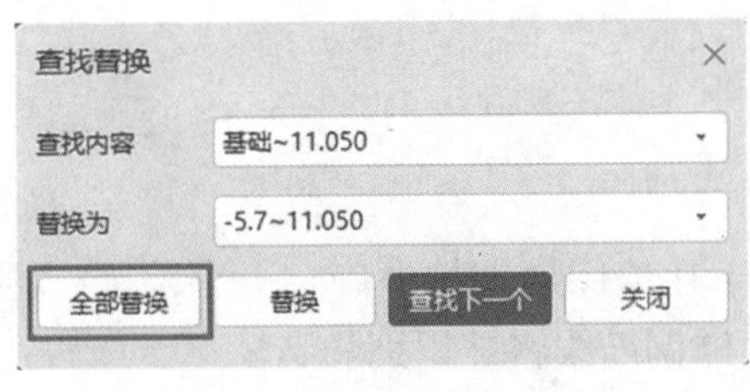

图 3.2-7

3. 提取柱大样钢筋线

（1）执行“建模”→“识别柱大样”→“提取钢筋线”命令，可以选择“单图元选择”“按图层选择”“按颜色选择”的方式点选或框选需要提取的柱大样钢筋线CAD图元，如图3.2-8所示。

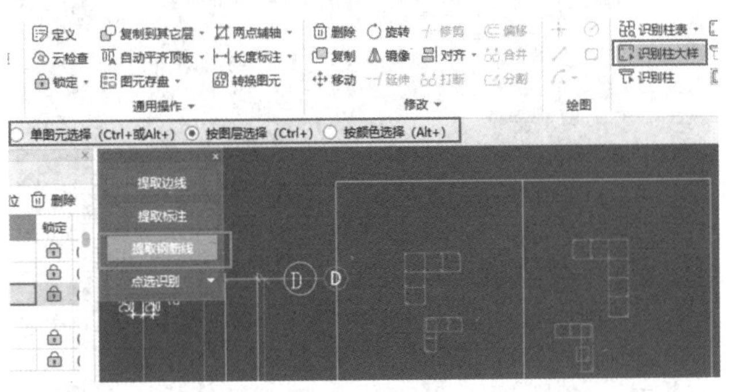

图 3.2-8

（2）单击鼠标右键确认选择，则选择的CAD图元自动消失，并存放在“已提取的CAD图层”中。

4. 自动识别柱大样

完成提取柱大样边线、提取柱大样标注、提取柱大样钢筋线操作后，执行“建

模”→“识别柱大样”→“点选识别”→“自动识别”命令，如图 3.2–9 所示则提取的柱大样边线、柱大样标注、柱大样钢筋线被识别为软件的柱构件，并弹出“识别成功”的提示。

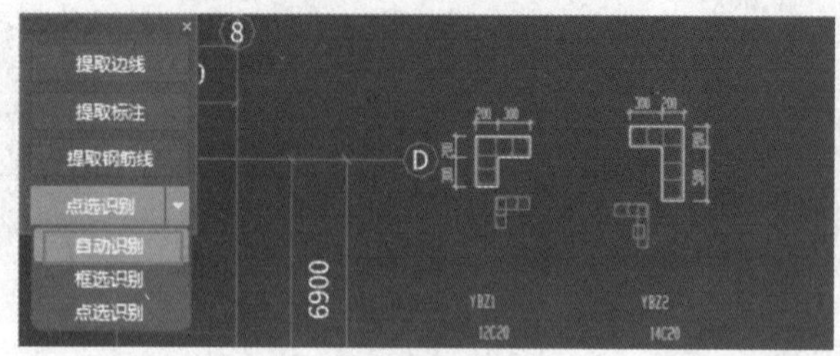

图 3.2–9

5. 校核柱大样

在“识别柱大样”后，自动进行柱大样校核，弹出“校核柱大样”对话框，或单击“建模”选项卡“识别柱”面板中的“校核柱大样”按钮，对软件识别的柱构件和原 CAD 图纸信息进行校核。

任务拓展

1. 框选识别柱大样

“框选识别柱大样”用于在绘图区域拉框确定一个范围，则此范围内提取的所有柱大样边线、柱大样标注、柱大样钢筋线将被识别。

（1）完成提取柱大样边线、提取柱大样标注、提取柱大样钢筋线操作后，执行“建模”→“识别柱大样”→“点选识别”→“框选识别”命令，然后在绘图区域拉框确定一个范围区域，图 3.2–10 中的黄色框则为此范围区域。

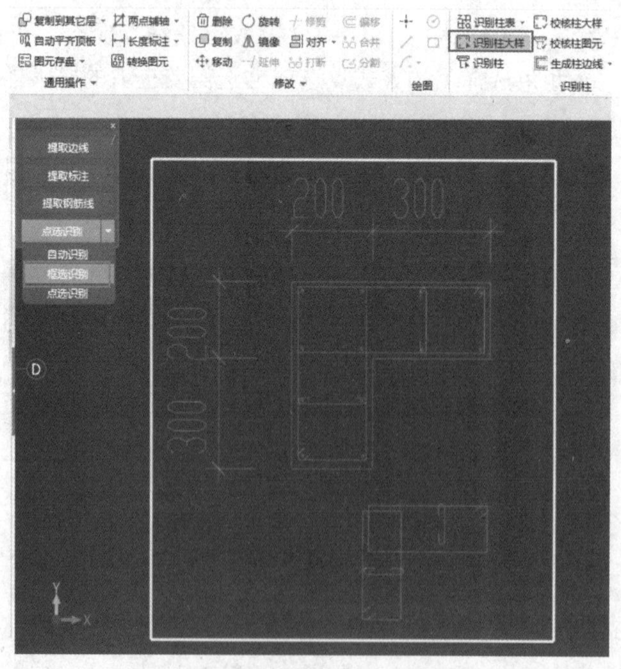

图 3.2–10

（2）单击鼠标右键确认选择，则黄色框所框住的所有柱大样边线、柱大样标注、柱大样钢筋线将被识别为柱构件。

2. 点选识别柱大样

"点选识别柱大样"用于在绘图区域通过选择柱大样边线的方法来识别单个柱构件。

完成提取柱大样边线、提取柱大样标注、提取柱大样钢筋线操作后，执行"建模"→"识别柱大样"→"点选识别"命令，在绘图区域单击鼠标左键点选需要识别的柱大样边线 CAD 图元，弹出"点选识别柱大样"信息对话框，并且在所选截面范围内显示柱大样临时图元，如图 3.2-11 所示。

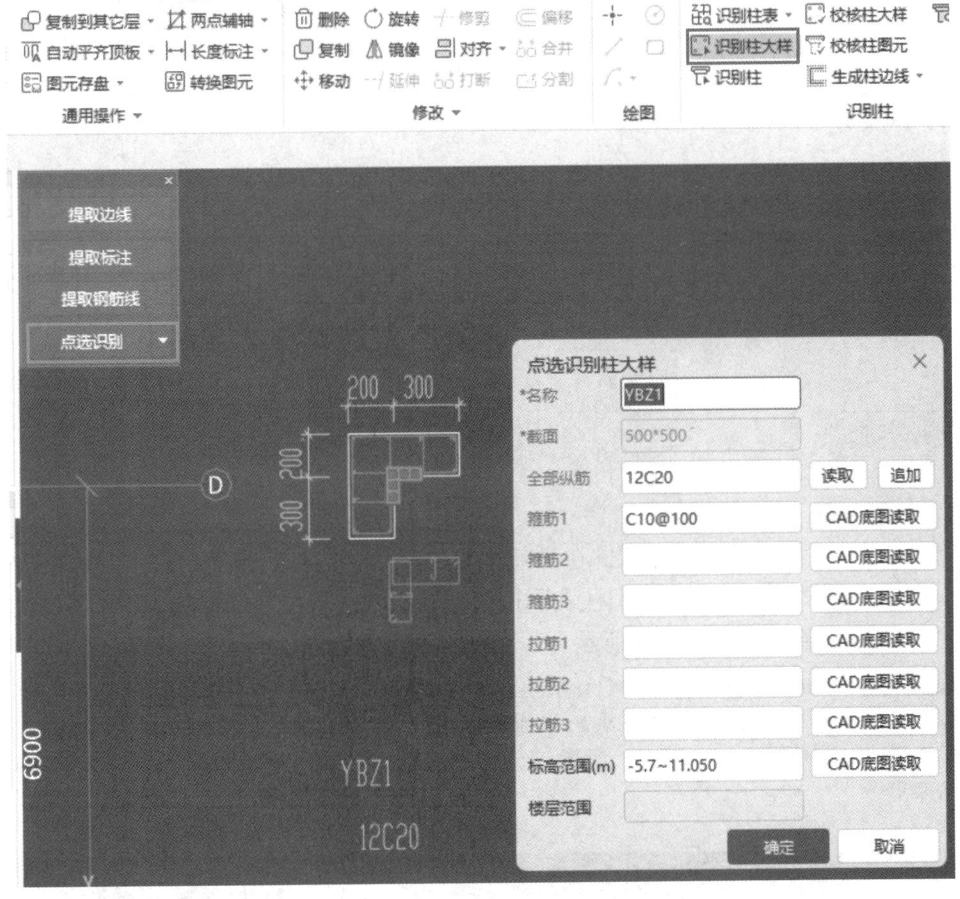

图 3.2-11

2.2 识别柱

微课：识别柱

任务说明

根据行政办公楼施工图，在软件中完成表 3.2-2 识别柱任务工单所列的任务内容。

表 3.2-2　识别柱任务工单

编号	任务名称	任务内容
1	识别柱表	将 CAD 图纸中的柱表识别成柱构件
2	提取柱边线	提取 CAD 图纸中的柱边线
3	提取柱标注	提取 CAD 图纸中的柱标注
4	识别柱	识别提取的柱边线、柱标注
5	校核柱图元	检查识别后柱图元与原 CAD 图纸信息是否匹配
6	生成柱边线	生成封闭的柱边线，识别柱

任务探究

识别柱的流程如图 3.2-12 所示。

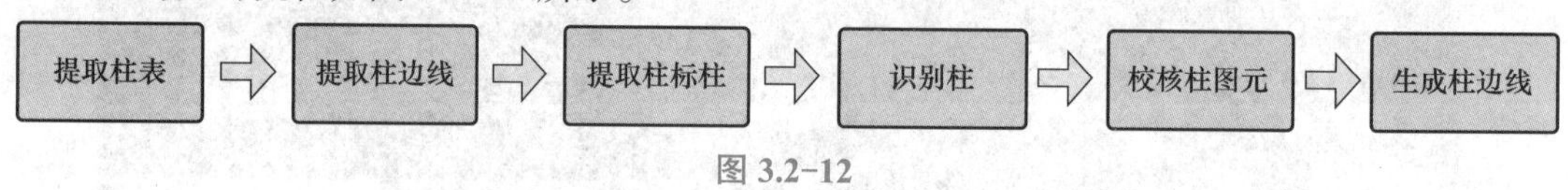

图 3.2-12

任务实施

1. 识别柱表

（1）双击“柱墙结构平面图”，在导航栏中，将目标构件定位至“柱”。单击“建模”选项卡“识别柱”面板中的“识别柱表”按钮，在绘图区域拉框选择柱表中的数据，单击鼠标右键确认选择，如图 3.2-13 所示。

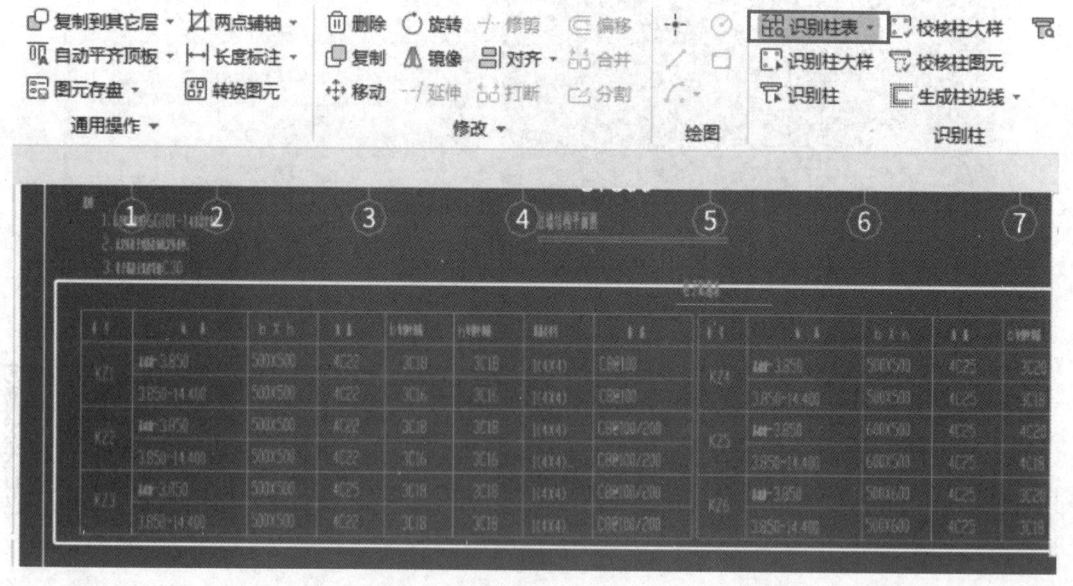

图 3.2-13

（2）弹出“识别柱表”对话框，使用“查找替换”“删除行”等功能对柱表信息进行调改，如图 3.2-14 所示。

柱号	标高	b*h(圆...	角筋	b边一...	h边一...	肢数	箍筋
KZ1	-3.950~3.850	500*500	4C22	3C18	3C18	1(4*4)	C8@100
	3.850~14.400	500*500	4C22	3C16	3C16	1(4*4)	C8@100
KZ2	-3.950~3.850	500*500	4C22	3C18	3C18	1(4*4)	C8@100/200
	3.850~14.400	500*500	4C22	3C16	3C16	1(4*4)	C8@100/200
KZ3	-3.950~3.850	500*500	4C25	3C18	3C18	1(4*4)	C8@100/200
	3.850~14.400	500*500	4C22	3C18	3C18	1(4*4)	C8@100/200
KZ4	-3.950~3.850	500*500	4C25	3C20	3C20	1(4*4)	C8@100/200
	3.850~14.400	500*500	4C25	3C18	3C18	1(4*4)	C8@100/200
KZ5	-3.950~3.850	600*500	4C25	4C20	3C20	1(5*4)	C8@100/200
	3.850~14.400	600*500	4C25	4C18	3C18	1(5*4)	C8@100/200
KZ6	-3.950~3.850	500*600	4C25	3C20	4C20	1(4*5)	C8@100/200
	3.850~14.400	500*600	4C25	3C18	4C18	1(4*5)	C8@100/200

图 3.2-14

（3）确认信息准确无误后单击“识别”按钮，软件会根据对话框中调改的柱表信息生成柱构件。

2. 提取柱边线

（1）执行“建模”→“识别柱”→“提取边线”命令，可以选择“单图元选择”“按图层选择”“按颜色选择”的方式点选或框选需要提取的柱边线 CAD 图元，如图 3.2-15 所示。

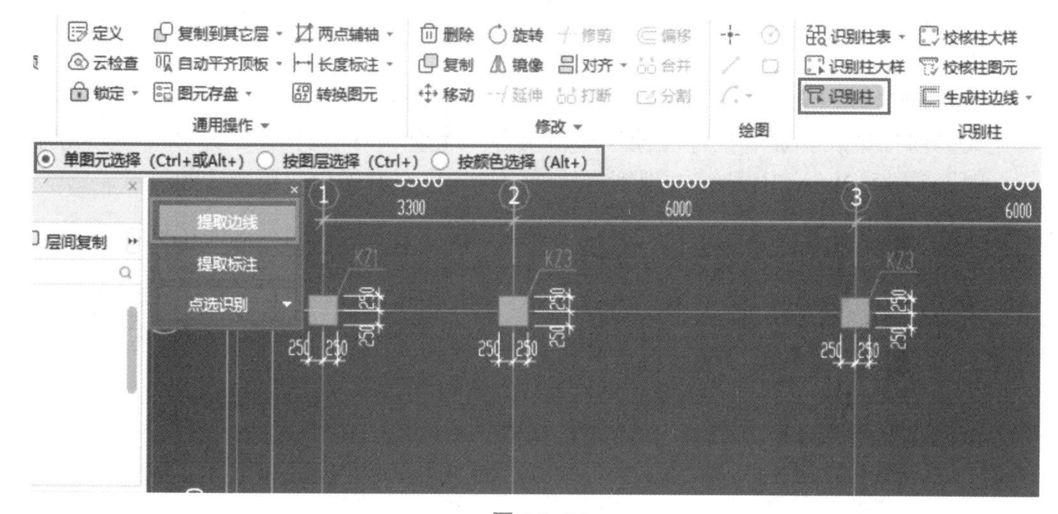

图 3.2-15

（2）单击鼠标右键确认选择，则选择的CAD图元自动消失，并存放在“已提取的CAD图层”中。

> **提示**
>
> 当使用“按图层选择”或“按颜色选择”进行识别柱边线时，可能会出现一些柱图元的边线没有识别到的情况，那么需要使用“单图元选择”对遗漏的柱边线进行点选。

3. 提取柱标注

（1）执行“建模”→“识别柱”→“提取标注”命令，可以选择“单图元选择”“按图层选择”“按颜色选择”的方式点选或框选需要提取的柱标注CAD图元，如图3.2-16所示。

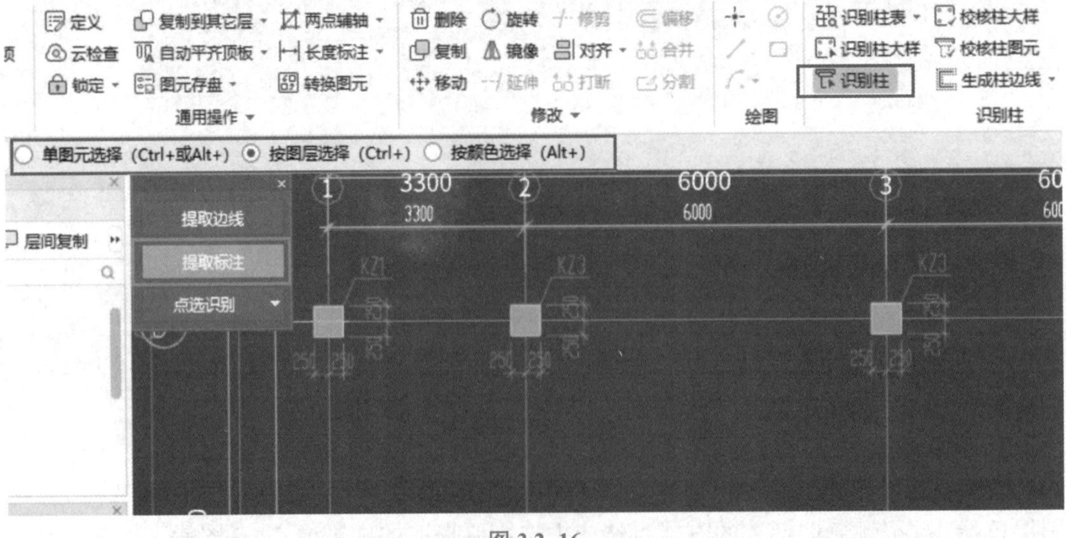

图3.2-16

（2）单击鼠标右键确认选择，则选择的CAD图元自动消失，并存放在“已提取的CAD图层”中。

4. 识别柱

完成提取柱边线和提取柱标注操作后，执行“建模”→“识别柱”→“自动识别柱”命令，则提取的柱边线和柱标注被识别为软件的柱构件，并弹出识别成功的提示。

5. 校核柱图元

（1）在“识别柱”后，自动进行柱图元校核，弹出“校核柱图元”对话框，或单击“建模”选项卡“识别柱”面板中的“校核柱图元”按钮，软件对识别的柱图元和原CAD图标识进行校核，存在无名称标识、有名称标识但尺寸匹配错误的情况，如图3.2-17所示。

（2）在“校核柱图元”对话框中双击柱构件，软件可以自动追踪定位到绘图区域中相应的柱图元，用户可以对问题柱图元进行调改，如图3.2-18所示。

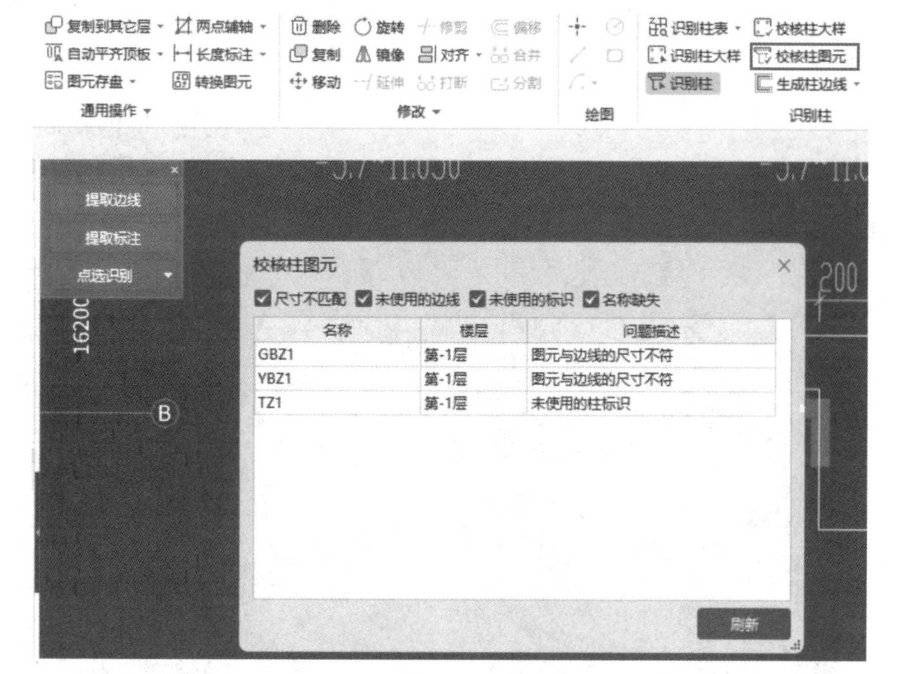

图 3.2-17

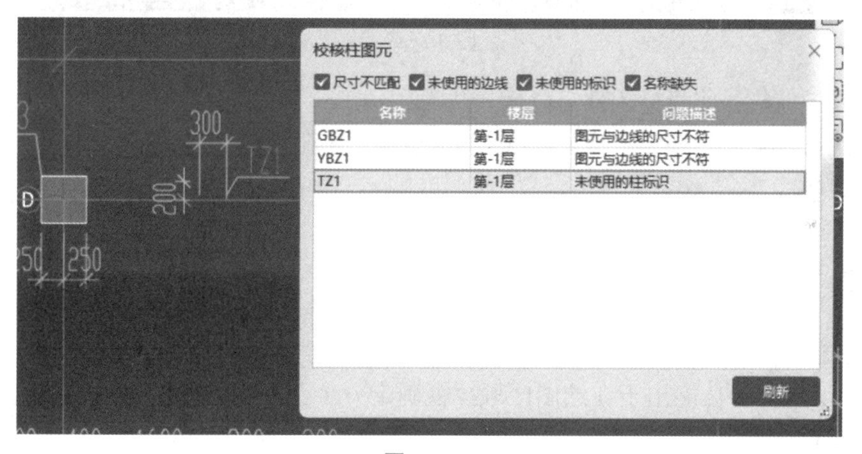

图 3.2-18

提示

1. 由于图纸比例不同，导致暗柱 GBZ1 和 GBZ2 “图元与边线的尺寸不符”，但不需要进行调整。

2. 由于梯柱 TZ1 未提取边线，导致其为“未使用的标识”，则用“识别边线”功能识别 TZ1，单击“自动识别”按钮即可完成。

6. 生成柱边线

（1）在导航栏中，将目标构件定位至“墙”。

（2）执行“建模”→“识别剪力墙”→“提取剪力墙边线”命令，可以选择“单图元

选择”“按图层选择”“按颜色选择”的方式点选或框选需要提取的墙边线 CAD 图元，如图 3.2-19 所示。

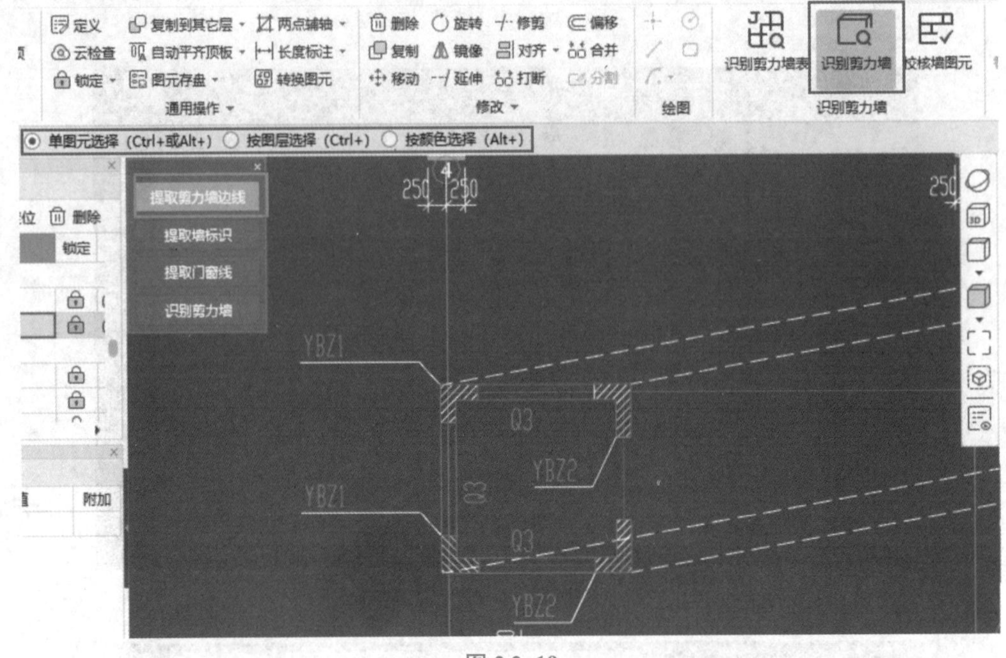

图 3.2-19

（3）在导航栏，将目标构件定位至“柱”。

（4）执行“建模”→“生成柱边线”命令，在绘图区域单击柱内部，即可为此柱生成相应的柱边线。

任务拓展

1. 框选识别柱

“框选识别柱”功能用于在绘图区域拉框确定一个范围，则此范围内提取的所有柱边线和柱标注将被识别。

（1）完成提取柱边线和提取柱标注操作后，执行“建模”→“识别柱”→“框选识别”命令，然后在绘图区域拉框确定一个范围区域，如图 3.2-20 所示。

（2）单击鼠标右键确认选择，则黄色框所框选的所有柱边线和柱标注将被识别为柱构件。

2. 点选识别柱

“点选识别柱”功能用于在绘图区域通过选择柱边线和柱标注的方法来识别单个柱构件。

（1）完成提取柱边线和提取柱标注操作后，执行“建模”→“识别柱”→“点选识别”命令，在绘图区域弹出“识别柱”对话框。

（2）在绘图区域单击鼠标左键选择需要识别的柱标识 CAD 图元，则“识别柱”对话框会自动识别柱标识信息，如图 3.2-21 所示。

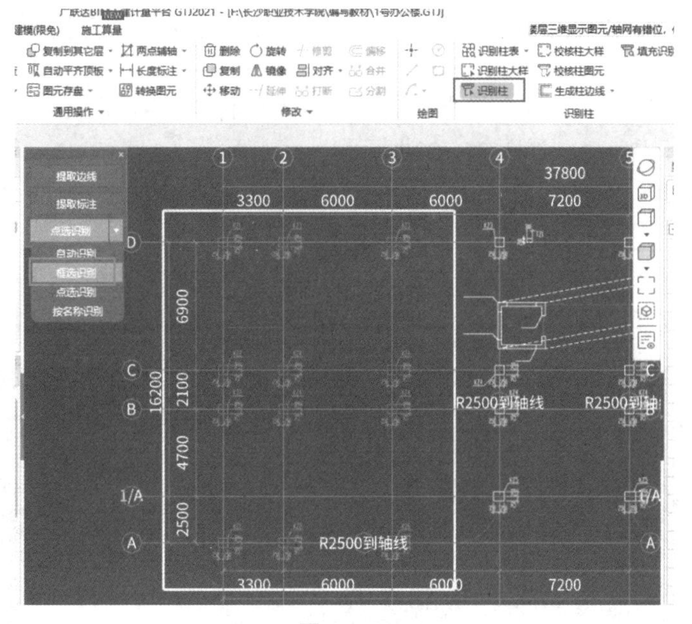

图 3.2-20

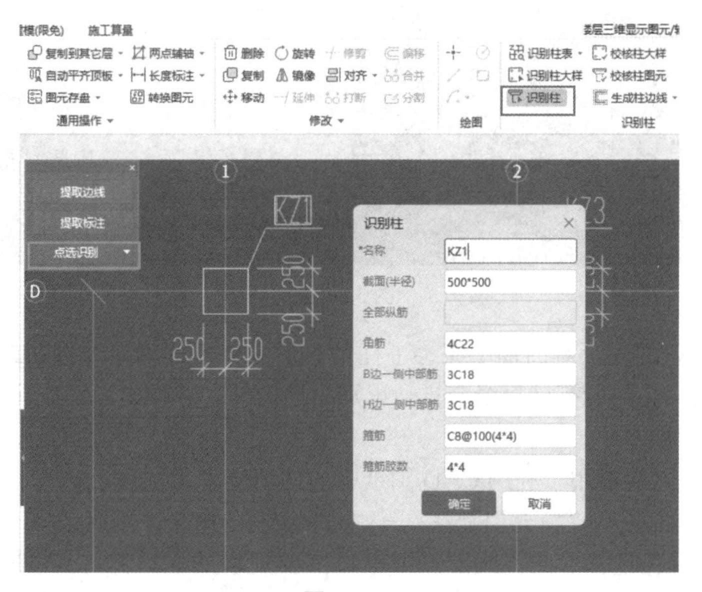

图 3.2-21

（3）当在“识别柱”对话框中完善了柱信息后，单击“确定”按钮或单击鼠标右键，在绘图区域选择所要识别的柱边线，会在所选范围内生成临时柱图元。

（4）确定无误后，单击鼠标右键确认选择，此时所选柱边线和柱标注则被识别为柱构件。

3．按名称识别柱

在图纸中如果有多个 KZ1，则可能只会对一个柱进行详细标注（如截面尺寸、钢筋信息等），而其他同类型的柱只标注柱名称，对于这种情况就可以使用 CAD 图纸中“按名称识别柱”进行柱识别的操作。

（1）完成提取柱边线和提取柱标注操作后，执行“建模”→“识别柱”→“按名称识别”命令，会在绘图区域弹出“识别柱”对话框。

（2）在绘图区域单击鼠标左键选择需要识别的柱标识 CAD 图元，则“识别柱”对话框会自动识别柱标识信息，如图 3.2-22 所示。

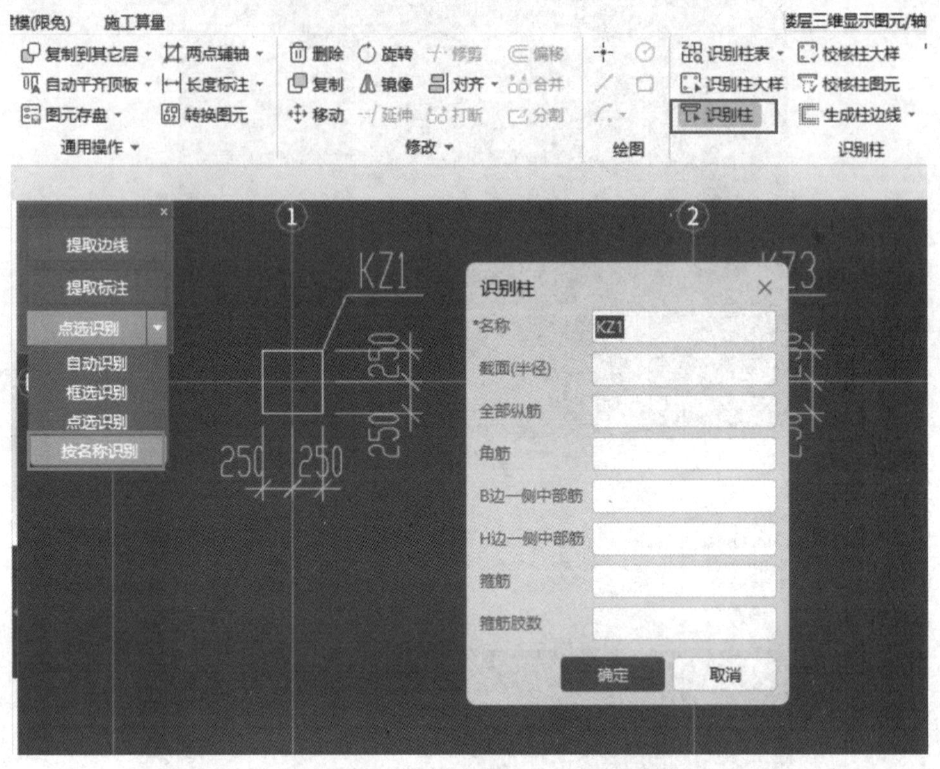

图 3.2-22

（3）当在“识别柱”对话框中完善了柱信息后，单击“确定”按钮或单击鼠标右键，此时满足所选柱标注的所有柱边线会自动识别为柱构件，并弹出识别成功的提示。

4. 填充识别柱

“填充识别柱”功能用于利用 CAD 图纸中的柱填充来识别柱。

（1）执行“建模”→“填充识别柱”→“提取填充”命令，可以选择“单图元选择”“按图层选择”“按颜色选择”的方式点选或框选需要提取的柱填充 CAD 图元，如图 3.2-23 所示。

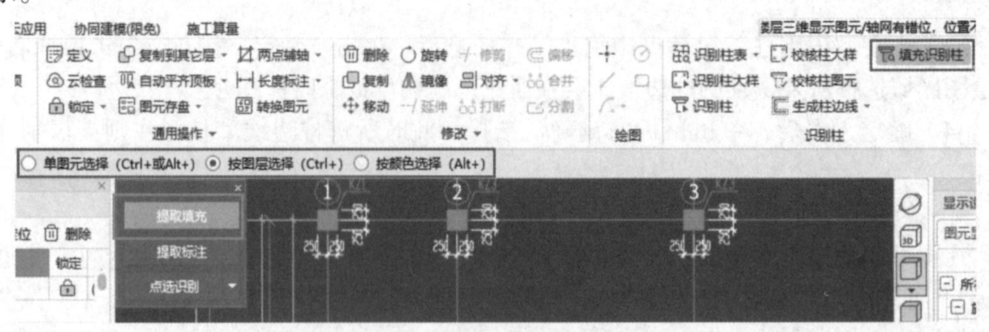

图 3.2-23

（2）执行“建模”→“填充识别柱”→“提取标注”命令，可以选择“单图元选择”“按图层选择”“按颜色选择”的方式点选或框选需要提取的柱标注 CAD 图元，如图 3.2-24 所示。

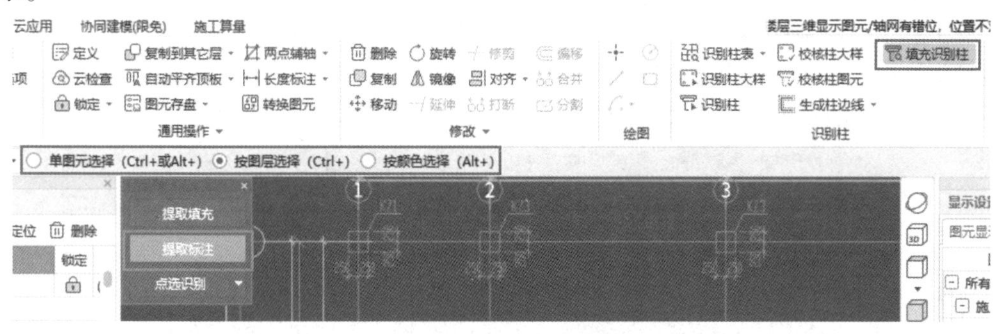

图 3.2-24

（3）完成提取柱填充和提取柱标注操作后，执行“建模”→“填充识别柱”→“点选识别”/“框选识别”/“自动识别柱”命令，则提取的柱边线和柱标注被识别为软件的柱构件。

微课：识别墙

2.3　识别墙

任务说明

根据行政办公楼施工图，在软件中完成表 3.2-3 识别墙任务工单所列的任务内容。

表 3.2-3　识别墙任务工单

编号	任务名称	任务内容
1	识别剪力墙表	将 CAD 图纸中的剪力墙表识别成剪力墙构件
2	提取墙边线	提取 CAD 图纸中的墙边线
3	提取墙标识	提取 CAD 图纸中的剪力墙集中标识
4	提取门窗线	提取 CAD 图纸中的门窗边线
5	识别墙	识别提取的墙边线、墙标识

任务探究

识别墙的流程如图 3.2-25 所示。

图 3.2-25

任务实施

1. 识别剪力墙表

（1）双击“柱墙结构平面图”，在导航栏，将目标构件定位至“墙”，单击“建模”选项卡“识别剪力墙”面板中的“识别剪力墙表”按钮，拉框选择剪力墙表中的数据，单击鼠标右键确认选择，如图 3.2-26 所示。

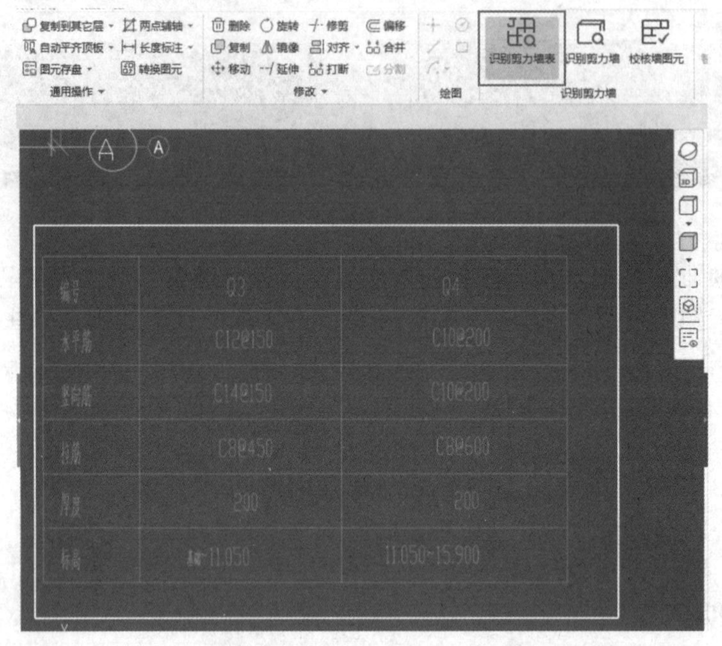

图 3.2-26

（2）在弹出的“识别剪力墙表”对话框，修改后选择列对应关系，如图 3.2-27 所示。

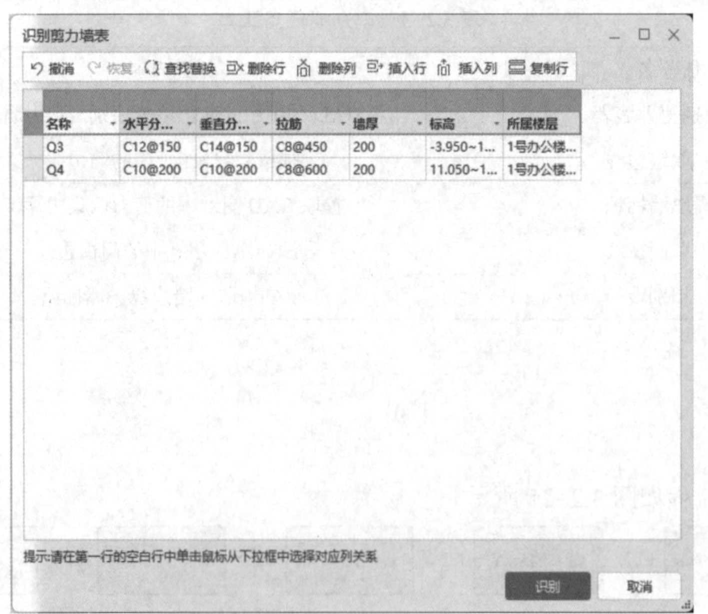

图 3.2-27

（3）单击“识别”按钮即可将“识别剪力墙表”对话框中的剪力墙信息识别到软件的剪力墙表中。

> **提示**
>
> 对于空白的行或列，不用进行删除，单击“识别”按钮时，软件会自动进行清除。

2. 提取剪力墙边线

（1）执行“建模”→“识别剪力墙”→“识别剪力墙边线”，可以选择“单图元选择”“按图层选择”“按颜色选择”的方式点选或框选需要提取的剪力墙边线CAD图元，如图3.2-28所示。

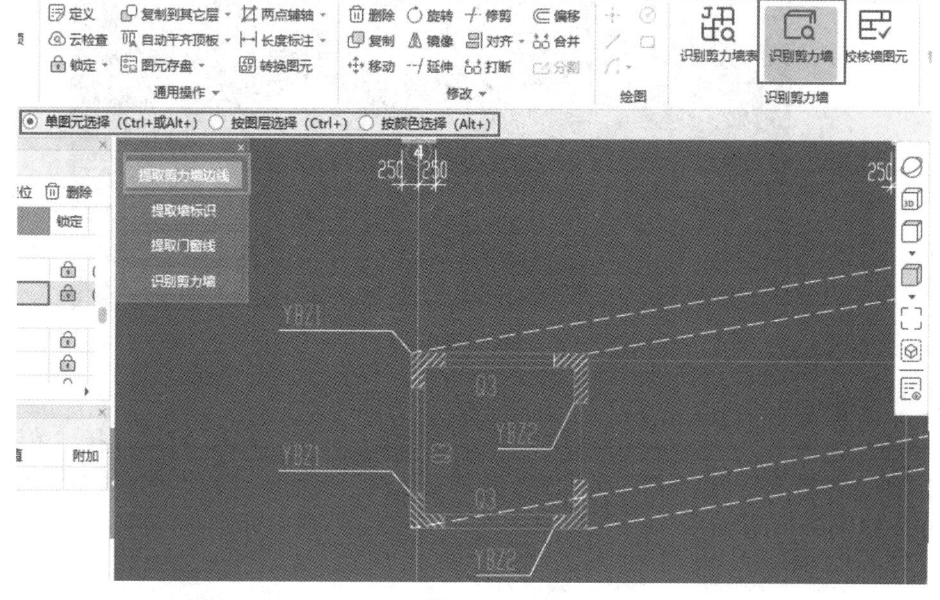

图 3.2-28

（2）单击鼠标右键确认选择，则选择的CAD图元自动消失，并存放在“已提取的CAD图层”中。

> **提示**
>
> 这里只选择混凝土墙边线，对于砌体墙，用“提取砌体墙边线”功能来提取，这样识别出来的墙才能区分材质类别。

3. 提取砌体墙边线

（1）执行“建模”→“识别砌体墙”→“提取砌体墙边线”命令，可以选择“单图元选择”“按图层选择”“按颜色选择”的方式点选或框选需要提取的砌体墙边线CAD图元，如图3.2-29所示。

（2）单击鼠标右键确认选择，则选择的CAD图元自动消失，并存放在“已提取的CAD图层”中。

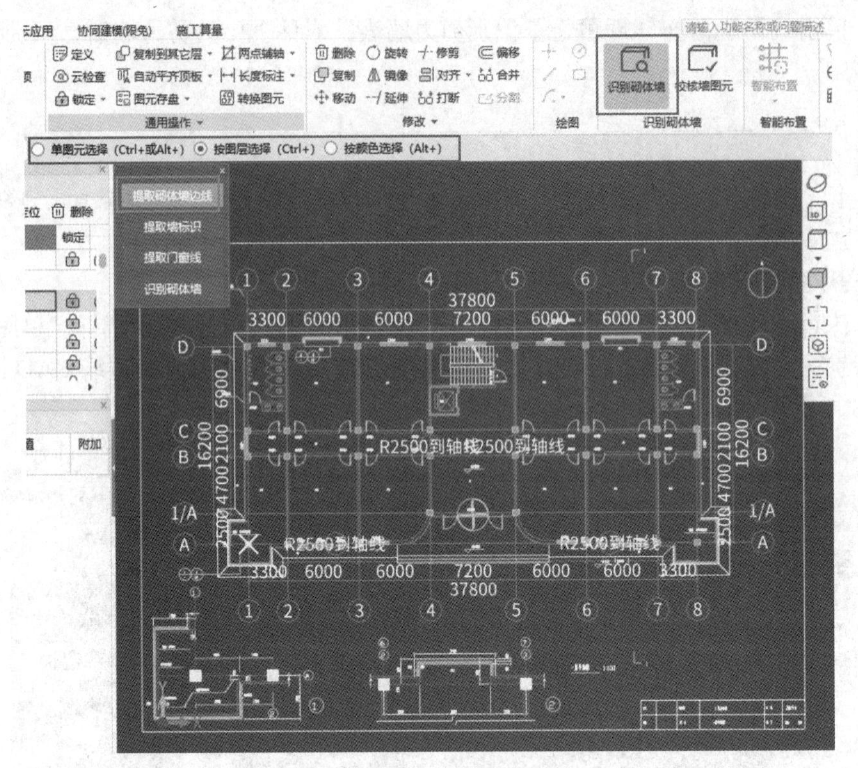

图 3.2–29

4. 提取墙标识

（1）执行“建模”→“识别剪力墙”→“提取墙标识”命令，可以选择“单图元选择”“按图层选择”“按颜色选择”的方式点选或框选需要提取的剪力墙的名称标识 CAD 图元，如图 3.2–30 所示。

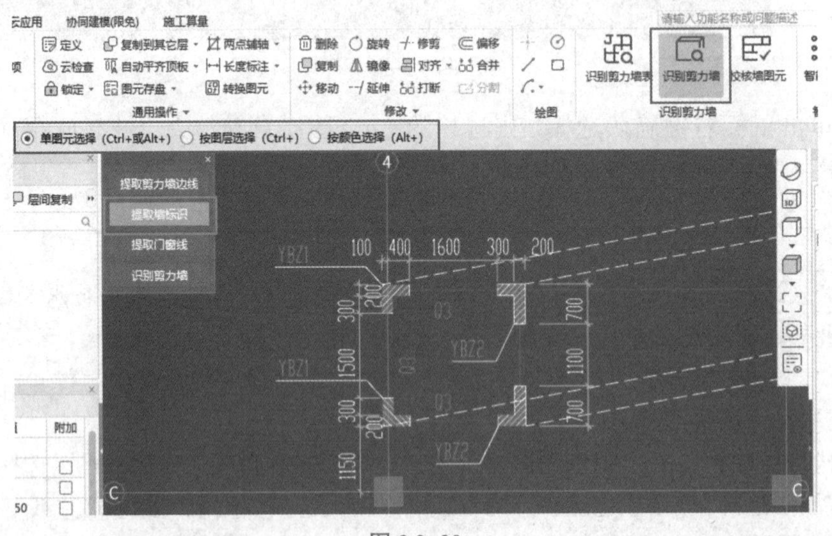

图 3.2–30

（2）单击鼠标右键确认提取，则选择的墙标识 CAD 图元自动消失，并暂时存放在“已提取的 CAD 图层”中。

> **提示**
>
> 砌体墙一般是没有标识的，不用提取墙标识了。

5. 提取门窗线

在提取墙边线完成后，执行“建模”→“识别砌体墙”→“提取门窗线”命令，可以选择“单图元选择”“按图层选择”“按颜色选择”的方式点选或框选所有的门窗线，单击鼠标右键完成提取，如图 3.2-31 所示。

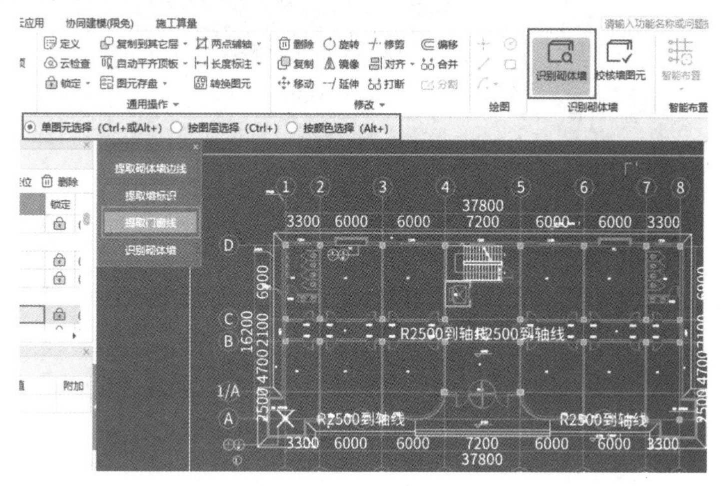

图 3.2-31

6. 识别墙

（1）完成提取墙边线和门窗线操作后，执行“识别砌体墙”命令，如图 3.2-32 所示。

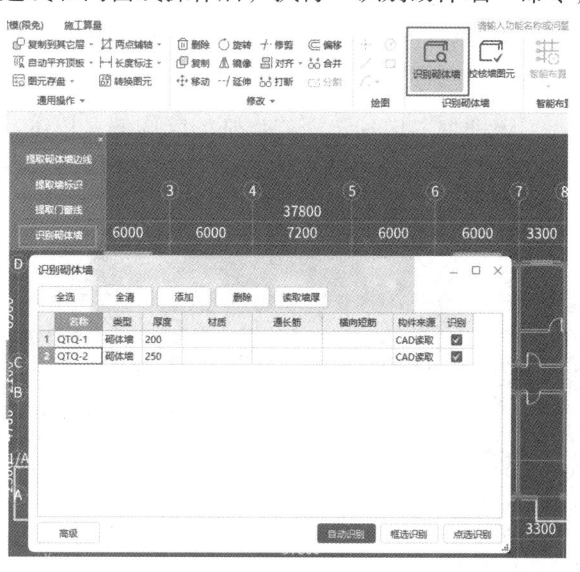

图 3.2-32

（2）自动识别：单击“自动识别”按钮，先将柱识别完成，软件会自动将墙端头延伸到柱内，墙和柱构件自动进行正确的相交扣减。

（3）点选识别：选择需要识别的墙构件，单击“点选识别”按钮，然后在绘图区域根据状态栏提示，点选需要识别的墙边线，如果墙厚匹配，则生成蓝色预览图；连续将该墙边线全部点选上之后，单击鼠标右键确定，完成识别，如图 3.2–33 所示。

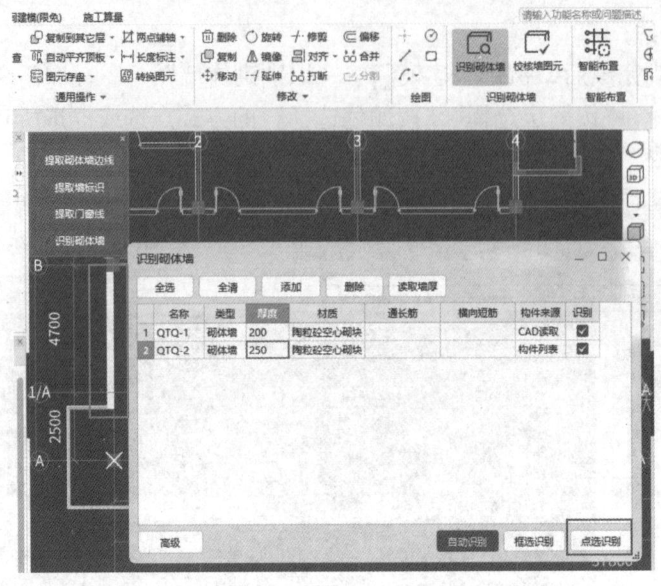

图 3.2–33

提示

1. “点选识别”可用于个别构件需要单独识别，或者自动识别未成功，有遗漏墙图元的情况。

2. 如果单击墙边线时，点选的图元厚度不等于构件属性中的厚度，软件会给出提示。

（4）框选识别：在“识别列”中勾选需要识别的墙构件，单击“框选识别”按钮，在绘图区域中拉框选择墙边线图元，单击鼠标右键确认选择，然后被选中的墙边线被识别，如图 3.2–34 所示。

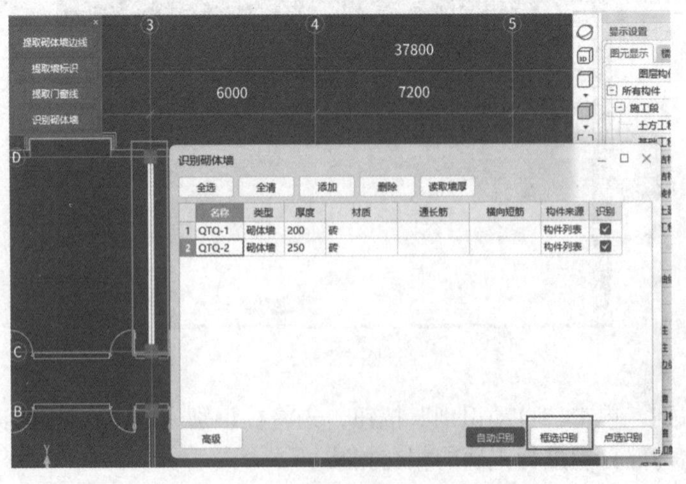

图 3.2–34

任务拓展

“识别砌体墙”高级设置

单击“高级”按钮；为了提高软件的识别效率，软件可以针对图纸设计情况进行调整，如图 3.2-35 所示。

高级　　自动识别　框选识别　点选识别

高级设置

最大洞口宽度(mm)	500
平行墙线宽度误差范围(mm)	5
墙端头相交延伸误差范围(mm)	100
墙端头与门窗相交延伸误差范围(水平)(mm)	100
墙端头与门窗相交延伸误差范围(垂直)(mm)	100

图 3.2-35

2.4　识别梁

微课：识别梁

任务说明

根据行政办公楼施工图，在软件中完成表 3.2-4 识别梁任务工单所列的任务内容。

表 3.2-4　识别梁任务工单

编号	任务名称	任务内容
1	识别梁构件	将 CAD 图纸中的梁集中标注识别为梁构件
2	提取梁边线	提取 CAD 图纸中的梁边线
3	提取梁标注	提取 CAD 图纸中的梁集中标注和原位标注
4	校核梁图元	智能检查识别的梁构件、边线、标注是否正确
5	识别原位标注	识别提取的梁边线、梁标注
6	识别吊筋	识别提取的吊筋、次梁加筋线和标注

任务探究

识别梁的流程如图 3.2-36 所示。

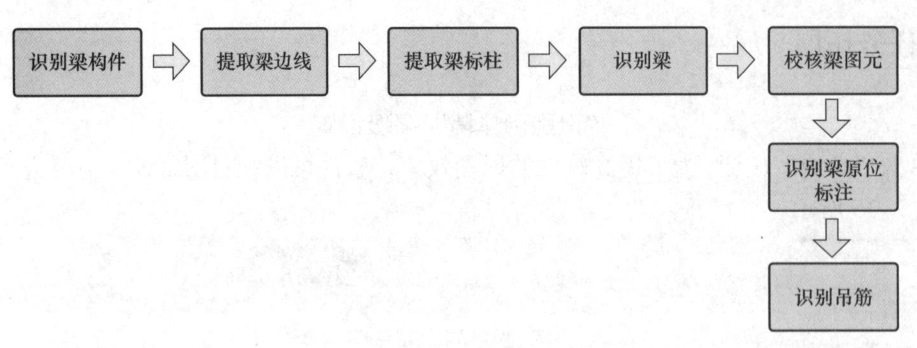

图 3.2-36

任务实施

1. 识别梁构件

（1）双击一～三层顶梁配筋图，执行“建模”→“识别梁”→“识别梁构件”命令，弹出“识别梁构件”对话框，如图 3.2-37 所示。

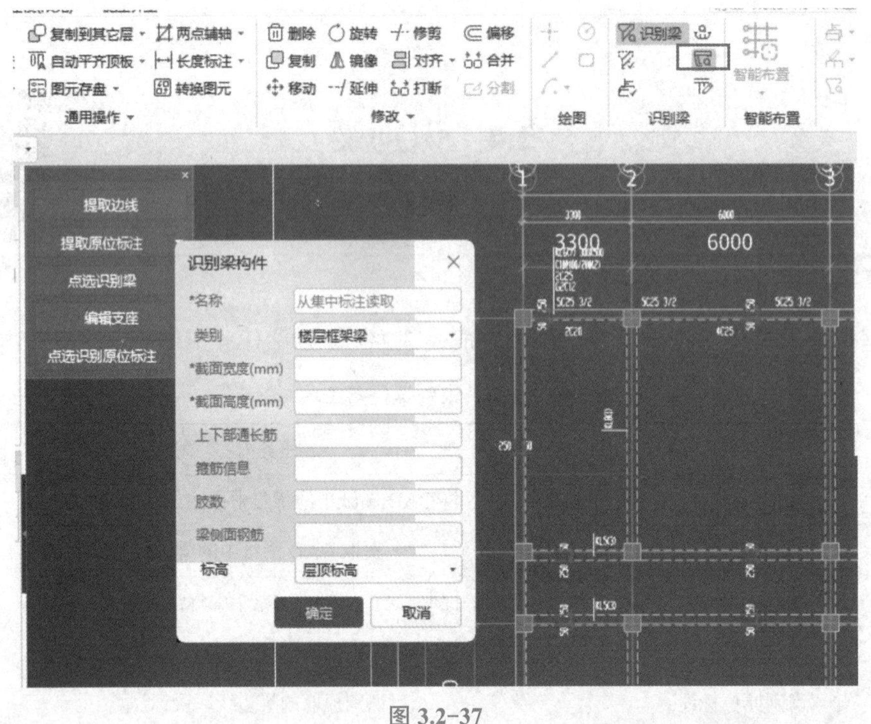

图 3.2-37

（2）单击 CAD 图上的梁集中标注，此时梁集中标注信息被识别进“识别梁构件”对话框。

（3）核对梁集中标注信息准确无误后单击“确定”按钮，则软件会按集中标注信息建立梁构件，并在对话框右侧梁构件列表中显示。

（4）重复（2）～（3）步，识别其他的梁原位标注，已识别的梁集中标注颜色会变化，易于区分。

2. 提取梁边线

（1）执行“建模”→“识别梁”→“提取边线”命令，可以选择“单图元选择”“按图层选择”“按颜色选择”的方式点选或框选需要提取的梁边线 CAD 图元，如图 3.2-38 所示。

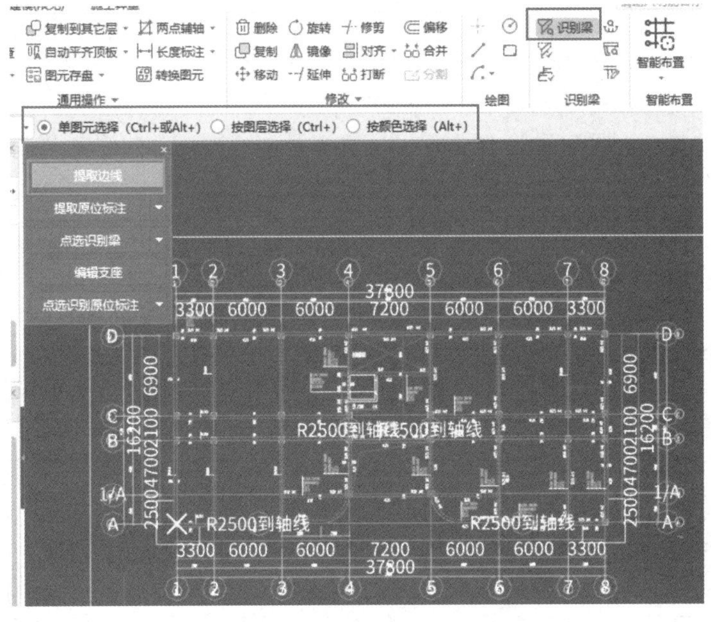

图 3.2-38

（2）单击鼠标右键确认提取，则选择的 CAD 图元自动消失，并存放在“已提取的 CAD 图层”中。

3. 提取梁标注

（1）执行“自动提取标注”命令，可以选择“单图元选择”“按图层选择”“按颜色选择”的方式点选或框选需要提取的梁标注 CAD 图元，如图 3.2-39 所示。

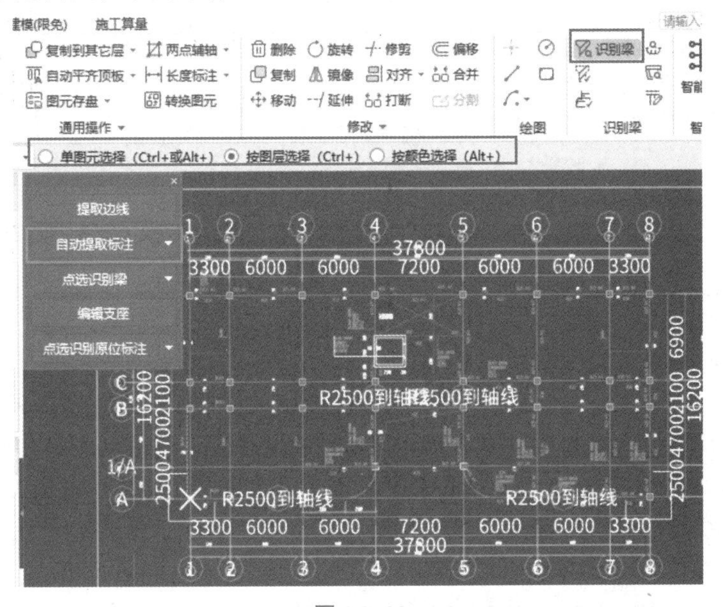

图 3.2-39

（2）单击鼠标右键确认提取，则选择的 CAD 梁标注图元自动消失，并存放在“已提取的 CAD 图层”中。

> **提示**
>
> 1. “自动提取标注”多用于 CAD 图中梁集中标注和原位标注在一个图层上的情况。
>
> 2. 提取完成后，提取成功的集中标注变为黄色，原位标注变为粉色。

4. 识别梁

（1）完成提取梁边线和提取梁集中标注操作后，单击“点选识别梁”的下三角按钮，在下拉列表中单击“自动识别梁”按钮，弹出“识别梁选项”对话框，如图 3.2-40 所示。

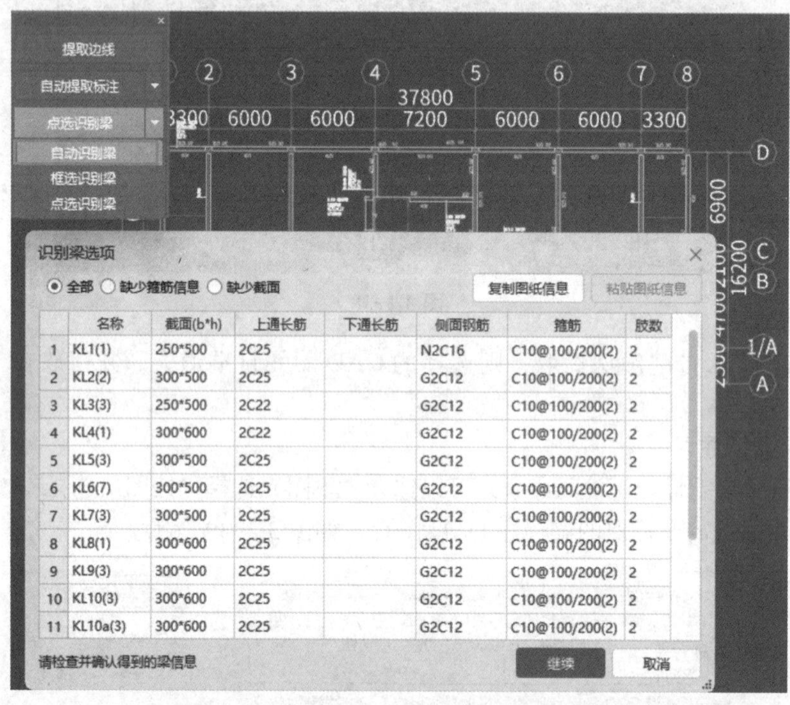

	名称	截面(b*h)	上通长筋	下通长筋	侧面钢筋	箍筋	肢数
1	KL1(1)	250*500	2C25		N2C16	C10@100/200(2)	2
2	KL2(2)	300*500	2C25		G2C12	C10@100/200(2)	2
3	KL3(3)	250*500	2C22		G2C12	C10@100/200(2)	2
4	KL4(1)	300*600	2C22		G2C12	C10@100/200(2)	2
5	KL5(3)	300*500	2C25		G2C12	C10@100/200(2)	2
6	KL6(7)	300*500	2C25		G2C12	C10@100/200(2)	2
7	KL7(3)	300*500	2C25		G2C12	C10@100/200(2)	2
8	KL8(1)	300*600	2C25		G2C12	C10@100/200(2)	2
9	KL9(3)	300*600	2C25		G2C12	C10@100/200(2)	2
10	KL10(3)	300*600	2C25		G2C12	C10@100/200(2)	2
11	KL10a(3)	300*600	2C25		G2C12	C10@100/200(2)	2

图 3.2-40

（2）单击“继续”按钮，则按照提取的梁边线和梁集中标注信息自动生成梁图元。

> **提示**
>
> 1. 在“识别梁选项”对话框中可以查看、修改、补充梁集中标注信息，以提高梁识别的准确性。
>
> 2. 识别梁之前，应先完成柱、墙等图元的模型创建，这样识别出来的梁会自动延伸到现有的柱、墙、梁中，计算结果更准确。
>
> 3. 识别梁完成后，软件自动启用“校核梁图元”功能，如识别的梁跨与标注的梁跨数量不符，则弹出提示，并且梁会以红色显示。

5. 校核梁图元

（1）当软件框选 / 自动识别梁之后，会自动进行梁跨校核，或执行“校核梁图元”命令，软件自动对梁图元进行梁跨校核，如图 3.2-41 所示。

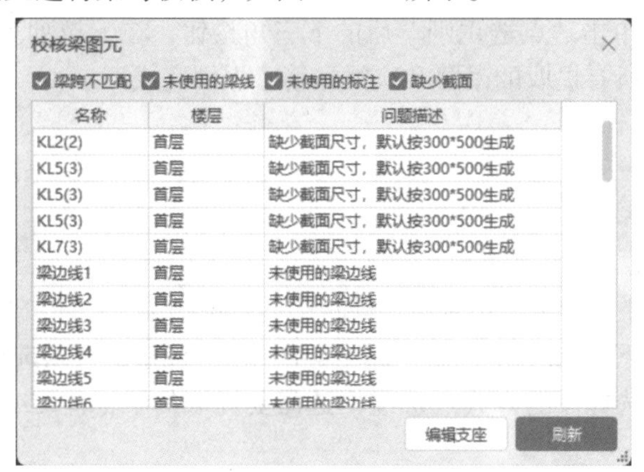

图 3.2-41

> **提示**
> 梁跨校核只针对有跨信息的梁，手动绘制的没有跨信息的粉色梁不会进行校核。

（2）如有梁跨数与标注不符的梁，则可以通过“编辑支座”进行修改。

6. 识别梁原位标注

完成识别梁操作后，单击“点选识别原位标注”的下三角按钮，在下拉列表中选择“自动识别原位标注”，软件自动对已经提取的全部原位标注进行识别，如图 3.2-42 所示。

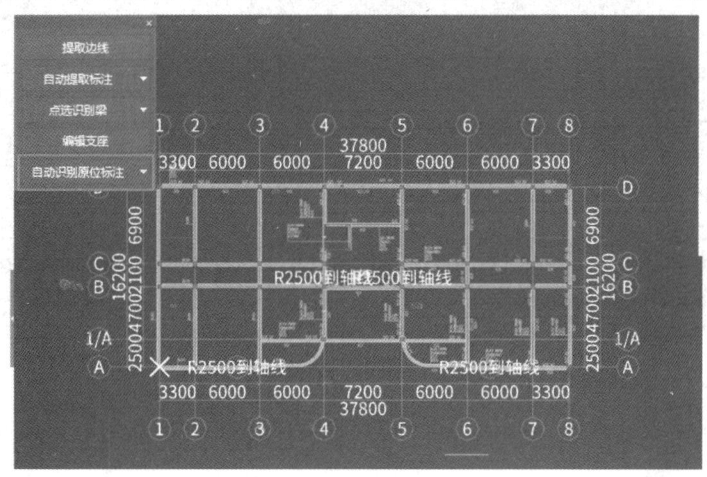

图 3.2-42

> **提示**
> 识别原位标注之后，识别成功的原位标注变色显示，未识别的保持粉色。

7. 识别吊筋

（1）提取吊筋的钢筋和标注。执行“识别吊筋”→“提取钢筋和标注”命令，选中吊筋和次梁加筋的钢筋线及标注（如无标注则不选），单击鼠标右键确定，完成提取。

（2）识别吊筋。单击“点选识别”后的下三角按钮，在下拉列表中选择“自动识别”选项，软件自动识别所有提取的吊筋和次梁加筋，识别完成。

任务拓展

1. 提取集中标注

（1）单击“建模”选项卡“识别梁”面板中的“识别梁”按钮，单击“自动提取标注”后的下三角按钮，在下拉列表中单击“提取集中标注”按钮，可以选择“单图元选择”“按图层选择”“按颜色选择”的方式点选或框选需要提取的梁标注 CAD 图元，如图 3.2-43 所示。

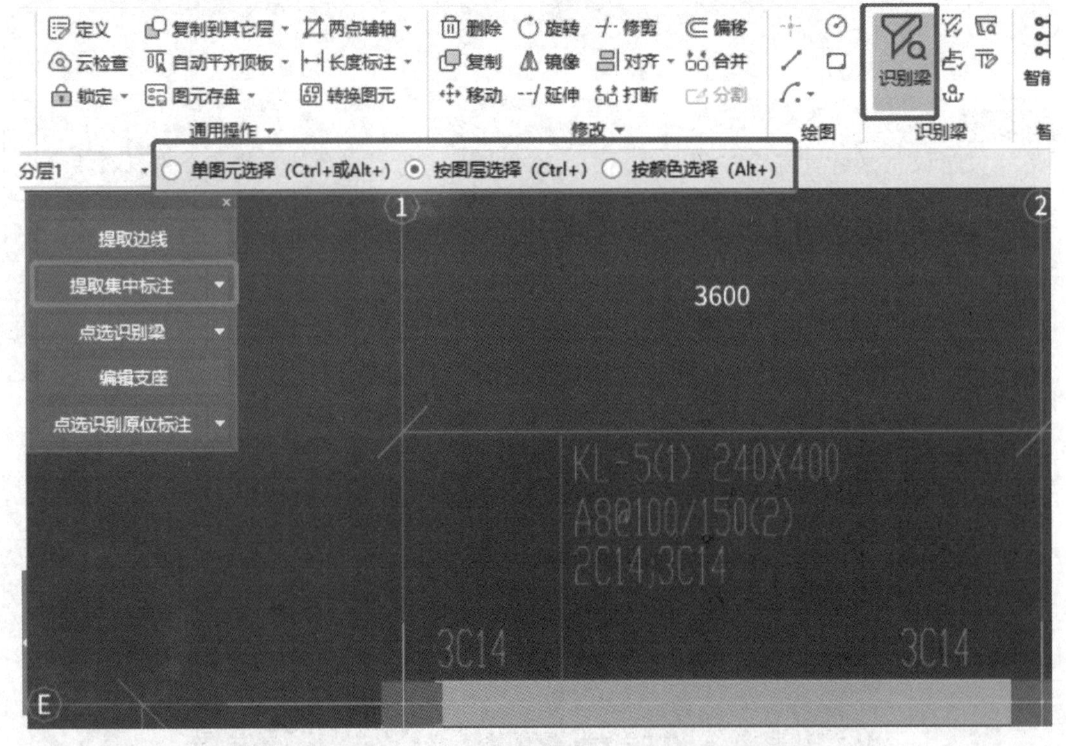

图 3.2-43

（2）单击鼠标右键确认提取，则选择的 CAD 梁标注图元自动消失，并存放在“已提取的 CAD 图层”中。

2. 提取原位标注

（1）单击“建模”选项卡“识别梁”面板中的“识别梁”按钮，单击“自动提取标注”后的下三角按钮，在下拉列表中单击“提取原位标注”按钮，可以选择“单图元选择”“按图层选择”“按颜色选择”的方式点选或框选需要提取的梁标注 CAD 图元，如图 3.2-44 所示。

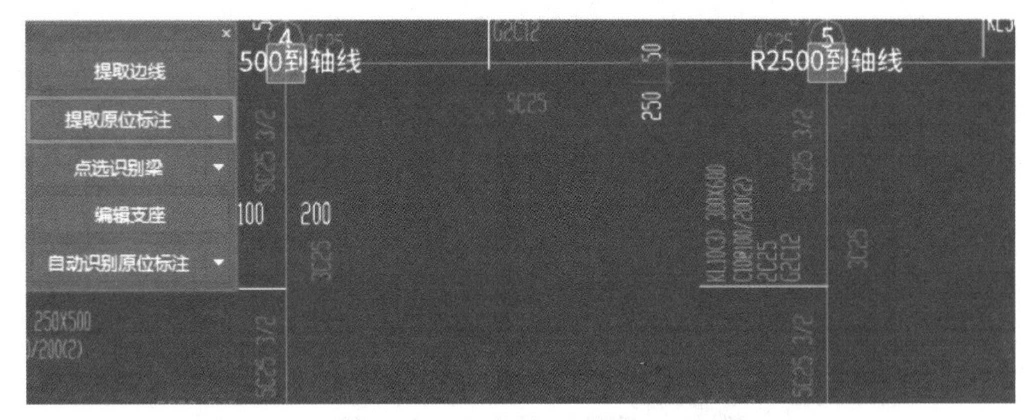

图 3.2-44

（2）单击鼠标右键确认提取，则选择的 CAD 梁标注图元自动消失，并存放在“已提取的 CAD 图层”中。

3. 点选识别梁

（1）完成提取梁边线和提取梁集中标注操作后，单击“点选识别梁”按钮。

（2）单击需要识别的梁集中标注，则“点选识别梁”对话框自动识别梁集中标注信息，如图 3.2-45 所示。

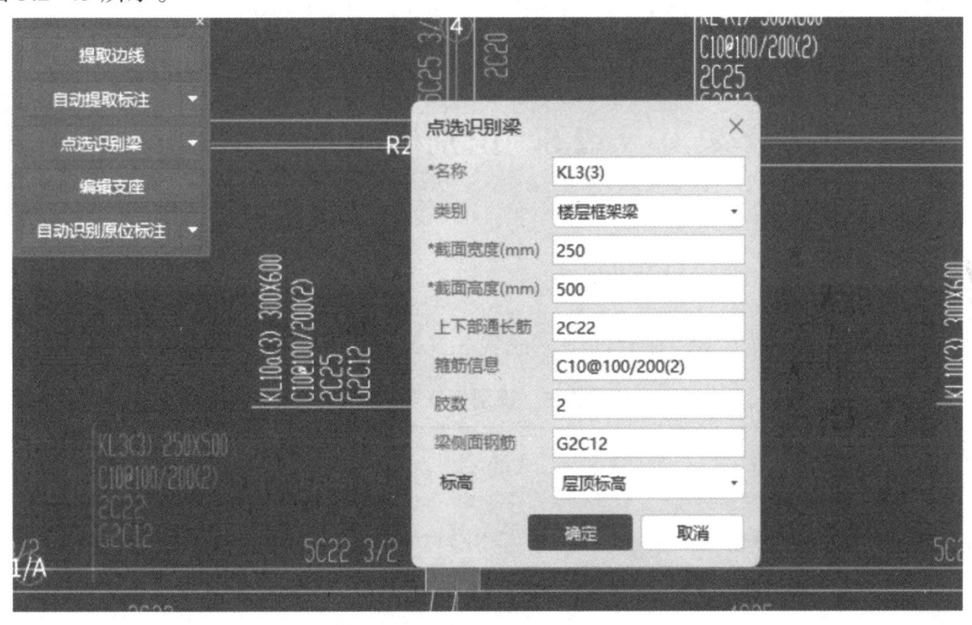

图 3.2-45

（3）单击“确定”按钮，在图形中选择符合该梁集中标注的梁边线，被选择的梁边线以高亮显示，单击鼠标右键确认选择，此时所选梁边线则被识别为梁图元。

4. 框选识别梁

完成提取梁边线和提取梁集中标注操作后，单击“点选识别梁”的下三角按钮，在下拉列表中选择“框选识别梁”选项，拉框选择需要识别的梁集中标注，单击鼠标右键确定选择，单击“继续”按钮，即可完成识别，如图 3.2-46 所示。

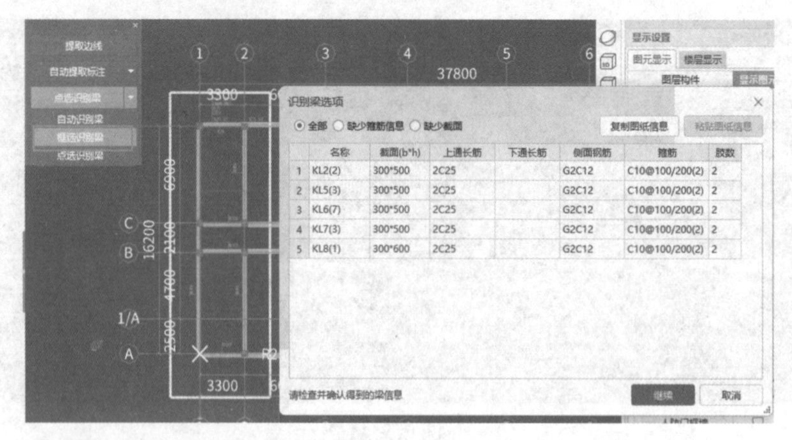

图 3.2-46

5. 编辑支座

当“校核梁图元”后，如果存在梁跨数与集中标注中不符的情况，则可使用此功能进行支座的增加、删除以调整梁跨。

选择一根需要调整跨数的梁，单击“编辑支座”按钮：

（1）删除支座，直接点取图中支座点标志；

（2）增加支座，点取作为支座的图元，单击鼠标右键确定。

2.5 识别板

微课：识别板

任务说明

根据行政办公楼施工图，在软件中完成表 3.2-5 识别板任务工单所列的任务内容。

表 3.2-5 识别板任务工单

编号	任务名称	任务内容
1	识别板	识别生成板图元
2	识别板受力筋	识别提取的板受力筋的钢筋线和板筋标注
3	识别板负筋	识别提取的板负筋的钢筋线和板筋标注

任务探究

识别板的流程如图 3.2-47 所示。

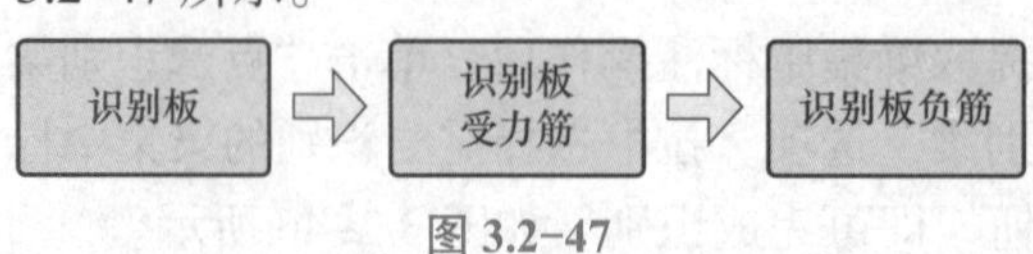

图 3.2-47

任务实施

1. 识别板

识别板的流程："提取板标识"→"提取板洞线"→"自动识别板"。

（1）提取板标识。双击"一～三层顶板配筋图"，执行"建模"→"识别板"→"提取板标识"命令，可以选择"单图元选择""按图层选择""按颜色选择"的方式点选或框选需要提取的板标识 CAD 图元，再单击鼠标右键确认选择，则选择的标识自动消失，并存放在"已提取的 CAD 图层"中，如图 3.2-48 所示。

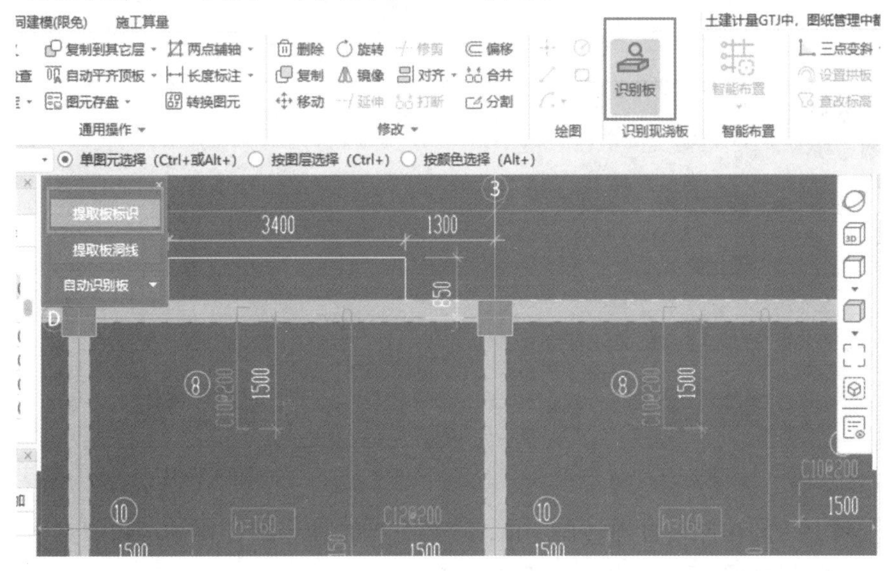

图 3.2-48

（2）提取板洞线。执行"建模"→"识别板"→"提取板洞线"命令，可以选择"单图元选择""按图层选择""按颜色选择"的方式点选或框选需要提取的板洞线 CAD 图元，再单击鼠标右键确认选择，则选择的标识自动消失，并存放在"已提取的 CAD 图层"中，如图 3.2-49 所示。

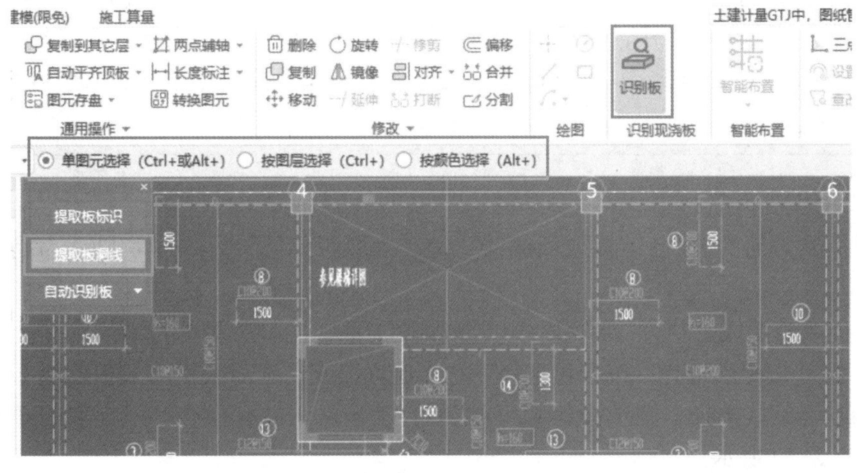

图 3.2-49

（3）自动识别板。

1）执行“建模”→“识别板”→“自动识别板”命令，弹出“识别板选项”对话框，单击“确认”按钮，弹出“识别板选项—构件信息”对话框，如图 3.2–50、图 3.2–51 所示。

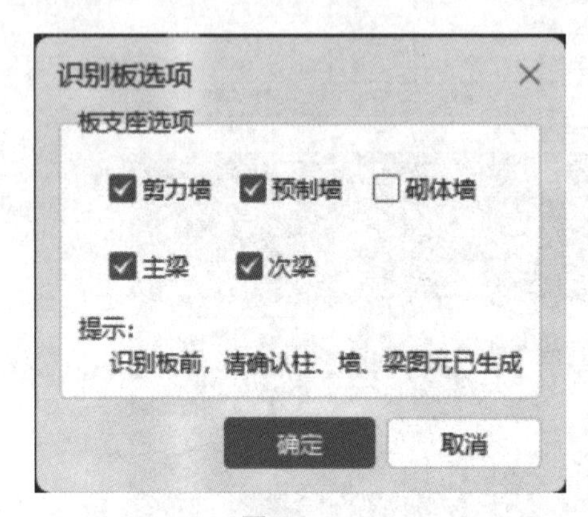

图 3.2–50

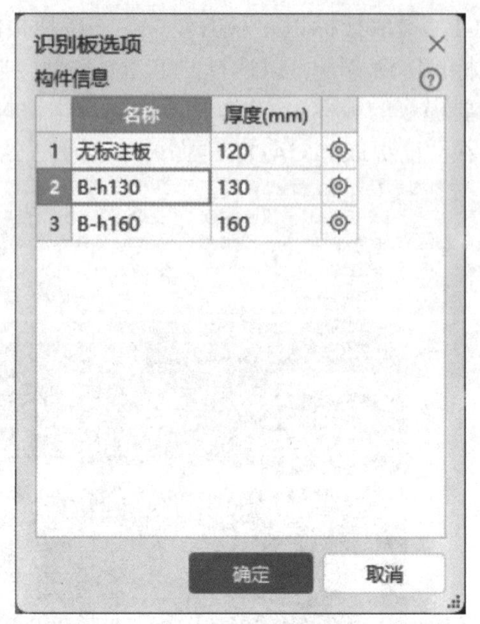

图 3.2–51

2）编辑名称和板厚信息完成后，单击“确认”按钮，软件自动按相应厚度生成板图元；生成板图元和板洞后，默认显示板图元名称。

> **提示**
>
> 1. 识别板前，请确认柱、墙梁等图元已绘制完成。
>
> 2. 通过复选框可以选择板支座的图元范围，从而调整板图元生成的大小。
>
> 3. 在“识别板选项—构件信息”对话框中，软件自动查找板标识（名称），会按照板厚标识创建相应构件，对于未找到板标识（名称）的最小封闭区域，自动对应到无标注板构件下，默认板厚 120 mm；通过触发“定位图标”可以查看板厚构件对应的预生成位置。

2. 识别板受力筋

识别板受力筋的流程：“提取板筋线”→“提取板筋标注”→“识别受力筋”→“校核板筋图元”。

（1）提取板筋线。执行“建模”→“识别受力筋”→“提取板筋线”命令，可以选择“单图元选择”“按图层选择”“按颜色选择”的方式点选或框选需要提取的板筋线 CAD 图元，单击鼠标右键确认选择，则选择的 CAD 图元自动消失，并存放在“已提取的 CAD 图层”中，如图 3.2–52 所示。

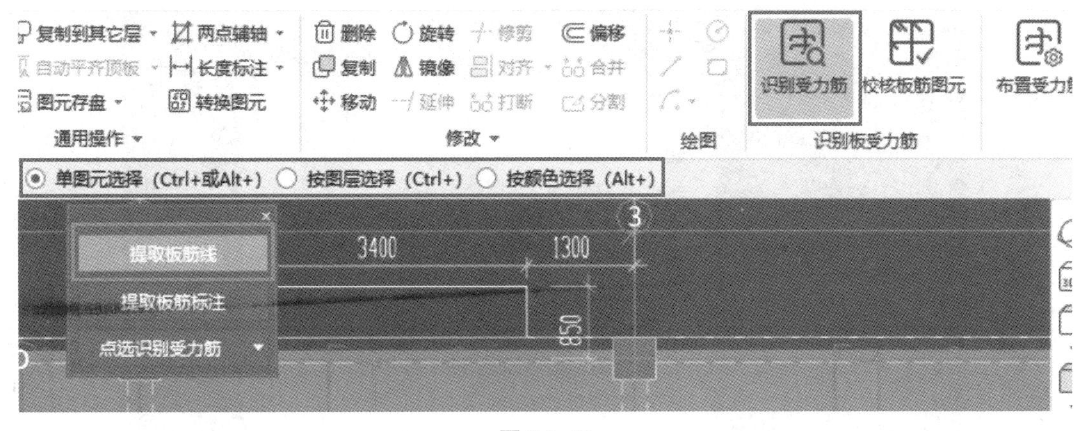

图 3.2-52

（2）提取板筋标注。执行“建模”→“识别受力筋”→“提取板筋标注”命令，可以选择“单图元选择”“按图层选择”“按颜色选择”的方式点选或框选需要提取的板筋标注CAD图元，单击鼠标右键确认选择，则选择的CAD图元自动消失，并存放在“已提取的CAD图层”中，如图3.2-53所示。

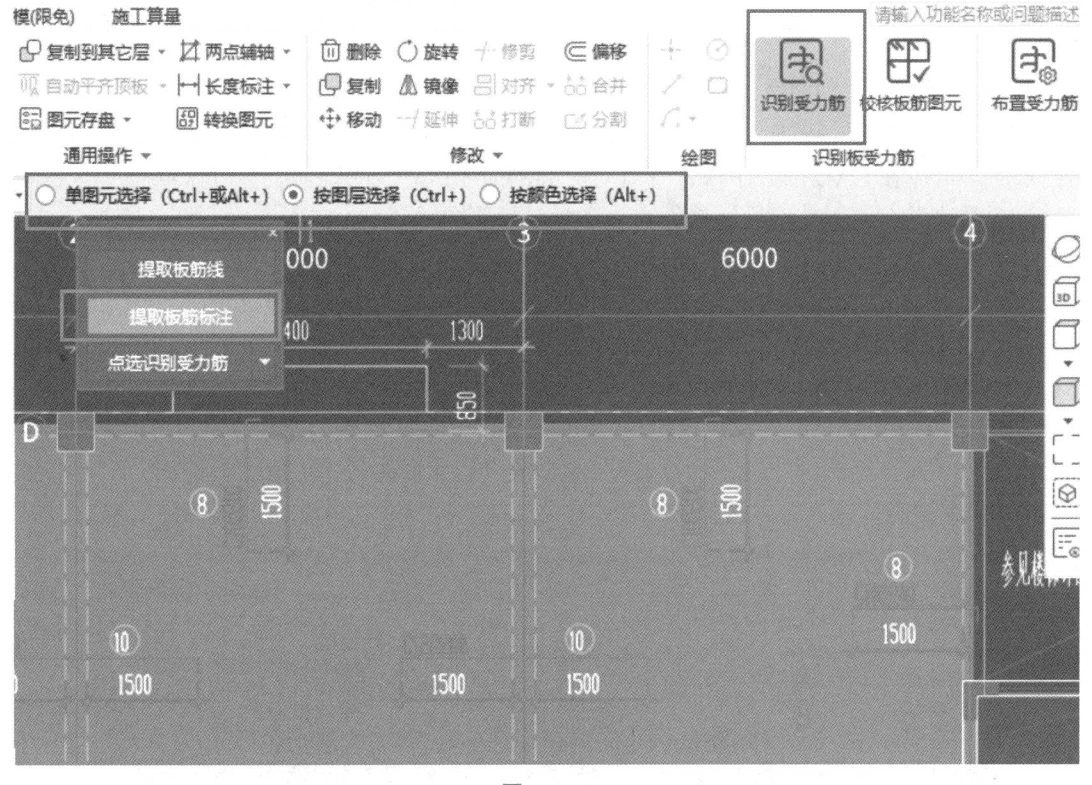

图 3.2-53

（3）识别受力筋。

1）完成“提取板筋线”和“提取板筋标注”操作后，在弹出的识别面板中，选择“自动识别板筋”，弹出“识别板筋选项”对话框，如图3.2-54所示。

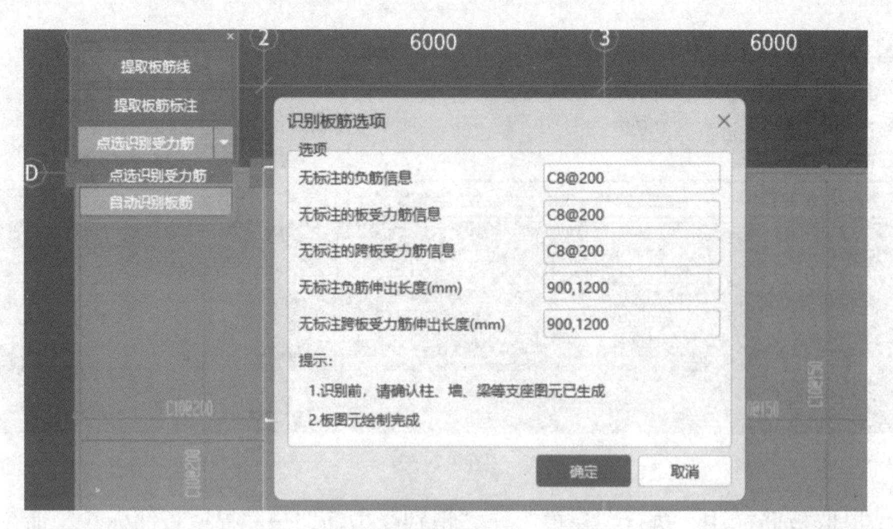

图 3.2-54

> **提示**
>
> 无标注负筋、受力筋、跨板受力筋钢筋信息也可以直接在“CAD识别选项”中设置。

2）单击“确定”按钮，弹出“自动识别板筋”对话框；在当前对话框中，单击“定位”按钮，可以在CAD图纸中快速查看对应的钢筋线；对应的钢筋线会以蓝色显示。

3）单击“确定”按钮后，软件会自动生成板筋图元。

（4）校核板筋图元。通过板筋校核功能，可以将识别出的板筋布筋范围重叠，未标注钢筋信息、未标注伸出长度的钢筋线等问题检查出来。

3. 识别板负筋

识别板负筋的流程：“提取板筋线”→“提取板筋标注”→“自动识别板负筋”。

（1）提取板筋线。执行“建模”→“识别负筋”→“提取板筋线”命令，可以选择“单图元选择”“按图层选择”“按颜色选择”的方式点选或框选需要提取的板筋线CAD图元，单击鼠标右键确认选择，则选择的CAD图元自动消失，并存放在“已提取的CAD图层”中，如图3.2-55所示。

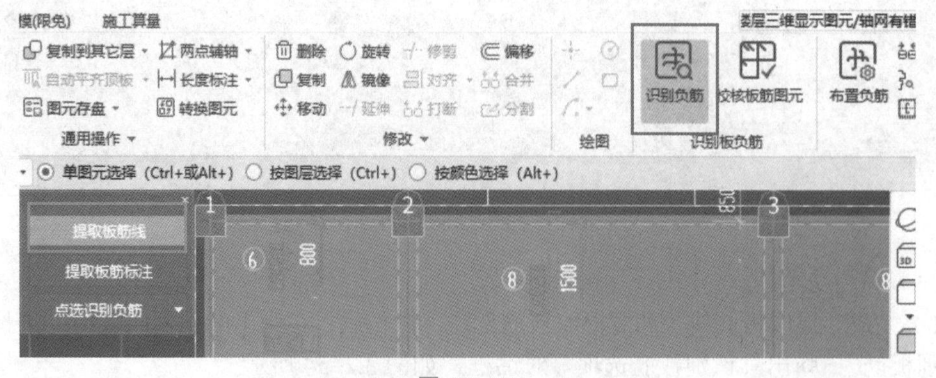

图 3.2-55

（2）提取板筋标注。执行“建模”→“识别负筋”→“提取板筋标注”命令，可以选择“单图元选择”“按图层选择”“按颜色选择”的方式点选或框选需要提取的板筋标注 CAD 图元，单击鼠标右键确认选择，则选择的 CAD 图元自动消失，并存放在“已提取的 CAD 图层”中，如图 3.2-56 所示。

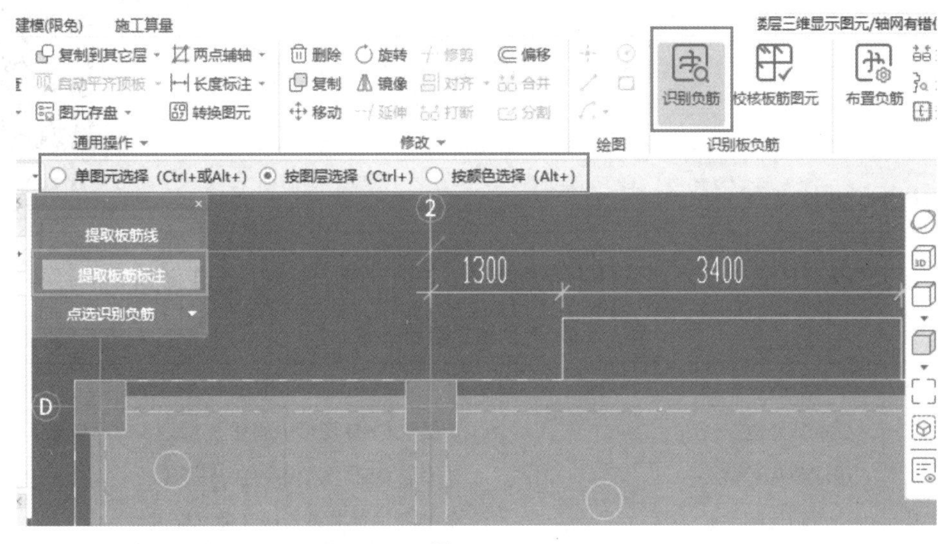

图 3.2-56

（3）自动识别板负筋。同板受力筋的“识别受力筋”。

任务拓展

点选识别板受力筋

（1）完成提取板筋线、提取板筋标注和绘制板操作后，执行“建模”→“识别受力筋”→“点选识别受力筋”命令，弹出“点选识别板受力筋”对话框。

（2）在已提取的 CAD 图元中单击受力筋钢筋线，软件会根据钢筋线与板的关系判断构件类型，同时，软件会自动寻找与其最近的钢筋标注作为该钢筋线钢筋信息，并识别到“点选识别板受力筋”对话框中，如图 3.2-57 所示。

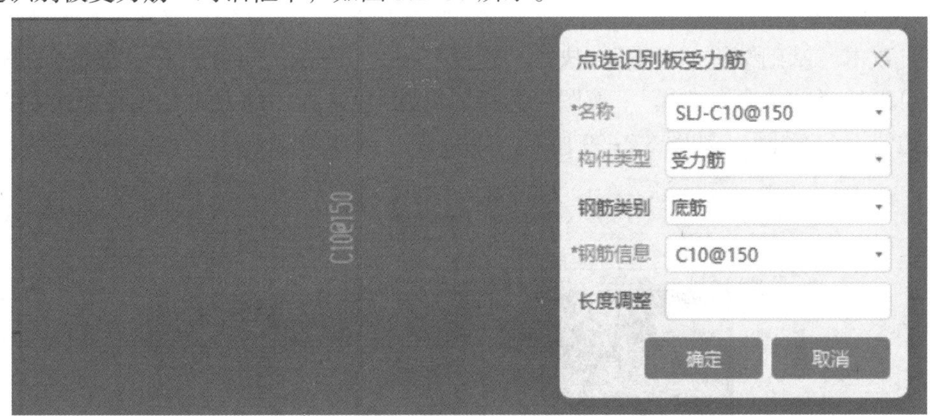

图 3.2-57

（3）确认“点选识别板受力筋”对话框中信息准确无误后单击“确定”按钮，然后将鼠标光标移动到该受力筋所属的板内，板边线加亮显示，此亮色区域即受力筋的布筋范围。

（4）单击鼠标左键，则提取的板钢筋线和板筋标注被识别为软件的板受力筋构件。

2.6 识别独立基础

微课：识别独立基础

任务说明

根据行政办公楼施工图，在软件中完成表 3.2-6 识别独立基础任务工单所列的任务内容。

表 3.2-6 识别独立基础任务工单

编号	任务名称	任务内容
1	提取独基边线	提取 CAD 图形中的独基边线
2	提取独基标识	提取 CAD 图形中的独基标识
3	识别独基	识别提取的独基边线和独基标识

任务探究

识别独立基础的流程如图 3.2-58 所示。

图 3.2-58

任务实施

1. 提取独基边线

（1）双击“基础结构平面图”，执行“建模”→“识别独立基础”→“提取独基边线”命令，可以选择“单图元选择”“按图层选择”“按颜色选择”的方式点选或框选需要提取的独基边线 CAD 图元，如图 3.2-59 所示。

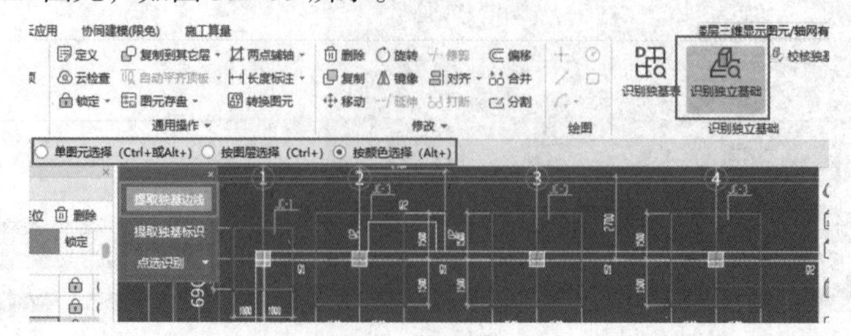

图 3.2-59

（2）单击鼠标右键确认选择，则选择的标识自动消失，并存放在“已提取的 CAD 图层”中。

2．提取独基标识

（1）执行“建模”→“识别独立基础”→“提取独基标识”命令，可以选择“单图元选择”“按图层选择”“按颜色选择”的方式点选或框选需要提取的独基标识 CAD 图元，如图 3.2-60 所示。

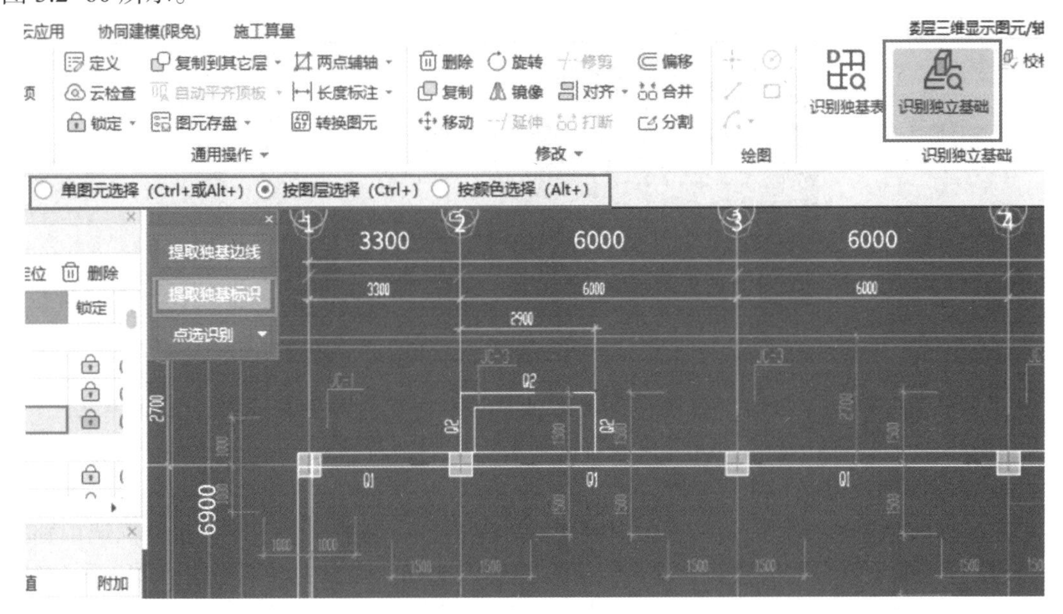

图 3.2-60

（2）单击鼠标右键确认选择，则选择的 CAD 图元自动消失，并存放在“已提取的 CAD 图层”中。

3．自动识别独基

完成提取独基边线和提取独基标识操作后，在弹出的“识别独立基础”面板中，单击“点选识别”后的下三角按钮，在下拉列表中选择“自动识别”选项；则提取的独基边线和独基标识被识别为软件的独立基础构件和图元，如图 3.2-61 所示。

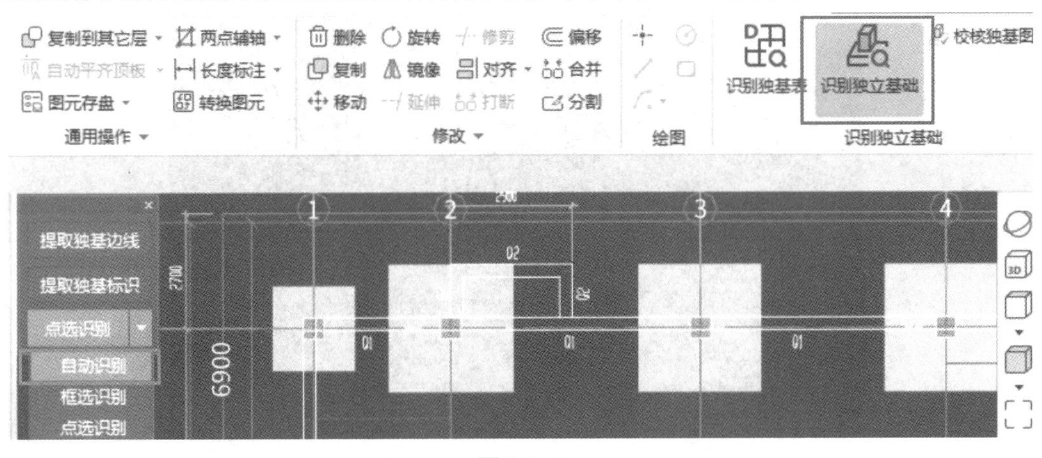

图 3.2-61

任务拓展

1. 点选识别独基

（1）完成提取独基边线和提取独基标识操作后，单击“识别独立基础”面板中的“点选识别独基”按钮，在弹出的“点选识别独基”对话框中单击需要识别的独基标识或直接输入独基名称等信息，如图 3.2-62 所示。

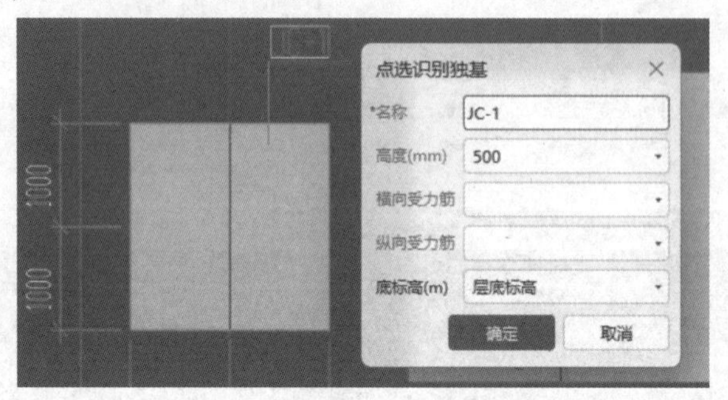

图 3.2-62

（2）单击“确定”按钮，再选择合适的独基边线，被选择的封闭独基边线填充显示，最后单击鼠标右键确认选择，所选独基边线则被识别为独基图元。

2. 框选识别独基

完成提取独基边线和提取独基标识操作后，单击“识别独立基础”面板“框选识别独基”，拉框选择需要识别的独基，单击鼠标右键确定选择，弹出的对话框同自动识别独基，单击“继续”按钮，即可完成识别。

3. 识别独基表

（1）单击“建模”选项卡“识别独立基础”面板中的“识别独基表”按钮，拉框选择独基表中的数据，如图 3.2-63 所示。

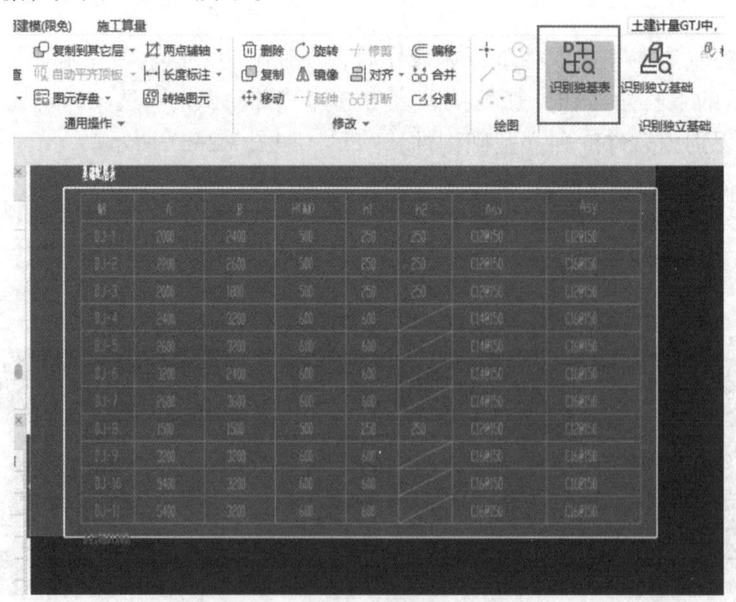

[illegible]	A	B	H(mm)	H1	H2	Asx	Asy
DJ-1	2000	2400	500	250	250	C12@150	C12@150
DJ-2	2800	2600	500	250	250	C12@150	C16@150
DJ-3	2000	1800	500	250	250	C12@150	C12@150
DJ-4	2400	3200	600	600		C14@150	C16@150
DJ-5	2600	3200	600	600		C14@150	C16@150
DJ-6	3200	2400	600	600		C14@150	C16@150
DJ-7	2600	3600	600	600		C14@150	C16@150
DJ-8	1500	1500	500	250	250	C12@150	C12@150
DJ-9	3200	3200	600	600		C16@150	C16@150
DJ-10	5400	3200	600	600		C16@150	C16@150
DJ-11	5400	3200	600	600		C16@150	C16@150

图 3.2-63

（2）弹出“识别独基表”对话框，并根据工程实际进行调整，如图 3.2-64 所示。

基础编号	A	B	h1	h2	横(X)向...	纵(Y)向...	类型	所属
DJ-1	2000	2400	250	250	C12@150	C12@150	对称阶形	1号
DJ-2	2200	2600	250	250	C12@150	C16@150	对称阶形	1号
DJ-3	2000	1800	250	250	C12@150	C12@150	对称阶形	1号
DJ-4	2400	3200	600		C14@150	C16@150	对称阶形	1号
DJ-5	2600	3200	600		C14@150	C16@150	对称阶形	1号
DJ-6	3200	2400	600		C14@150	C16@150	对称阶形	1号
DJ-7	2600	3600	600		C14@150	C16@150	对称阶形	1号
DJ-8	1500	1500	250	250	C12@150	C12@150	对称阶形	1号
DJ-9	3200	3200	600		C16@150	C16@150	对称阶形	1号
DJ-10	5400	3200	600		C16@150	C16@150	对称阶形	1号
DJ-11	5400	3200	600		C16@150	C16@150	对称阶形	1号

图 3.2-64

（3）单击“识别”按钮，则可完成识别独基表。

任务 3　CAD 识别后期完善

3.1　识别门窗表

微课：识别门窗表

任务说明

根据行政办公楼施工图，在软件中完成表 3.3-1 识别门窗表任务工单所列的任务内容。

表 3.3-1　识别门窗表任务工单

编号	任务名称	任务内容
1	识别门窗表	识别门窗名称及尺寸
2	提取门窗线	提取 CAD 图纸中的门窗边线
3	提取门窗洞标识	提取 CAD 图形中的门窗洞标识
4	识别门窗	识别提取的门窗边线、门窗洞标识

任务探究

识别主体构件墙柱后，可进行门窗构件的识别，通过前期图纸管理所学内容找到导入的“建筑设计说明”建施 –01（含门窗表），通过完成门窗表的识别即完成了门窗构件的定义编号及属性定义。再根据导入的各层建筑平面图，通过识别该层的门窗及洞口构件完成模型建立。

任务实施

1. 识别门窗表

（1）双击导入的建筑设计总说明图纸，单击“建模”选项卡“识别门窗表”面板中的“识别门窗表”按钮。

（2）拉框选择门窗表中的数据，黄色线框为框选范围，如图 3.3–1 所示。

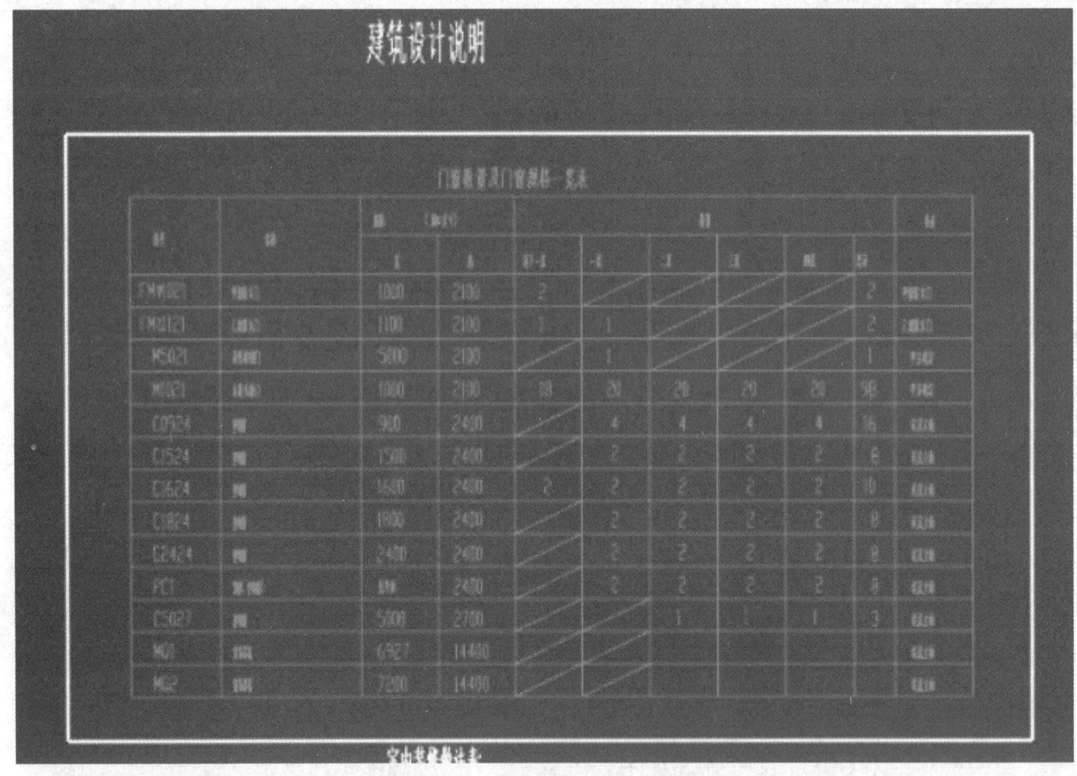

建筑设计说明

门窗数量及门窗规格一览表

[illegible]	[illegible]	[illegible]		[illegible]						[illegible]
		[illegible]	[illegible]	[illegible]	[illegible]	[illegible]	[illegible]	[illegible]	[illegible]	
FM甲1021	[illegible]	1000	2100	2					2	[illegible]
FM乙1121	[illegible]	1100	2100	1	1				2	[illegible]
M5021	[illegible]	5000	2100		1				1	[illegible]
M1021	[illegible]	1000	2100	18	20	20	20	20	98	[illegible]
C0924	[illegible]	900	2400		4	4	4	4	16	[illegible]
C1524	[illegible]	1500	2400		2	2	2	2	8	[illegible]
C1624	[illegible]	1600	2400	2	2	2	2	2	10	[illegible]
C1824	[illegible]	1800	2400		2	2	2	2	8	[illegible]
C2424	[illegible]	2400	2400		2	2	2	2	8	[illegible]
PC1	[illegible]	[illegible]	2400		2	2	2	2	8	[illegible]
C5027	[illegible]	5000	2700			1	1	1	3	[illegible]
MQ1	[illegible]	6927	14400							[illegible]
MQ2	[illegible]	7200	14400							[illegible]

图 3.3–1

（3）在“识别门窗表”对话框中，调整参数，如图 3.3–2 所示。

2. 提取门窗线

同“识别墙”的“提取门窗线”功能。

3. 提取门窗洞标识

（1）打开图纸，在“建模”选项卡状态下将导航栏的目标构件定位至门（窗），单击“建模”选项卡“识别门”面板中的“识别门窗洞”按钮，如图 3.3–3 所示。

识别门窗表

撤消 恢复 查找替换 删除行 删除列 插入行 插入列 复制行

名称	备注	宽度	高度	类型	所属楼层
				门	(1号办公楼) [1]
		宽	高	门	(1号办公楼) [1]
FM甲1021	甲级防火门	1000	2100	门	(1号办公楼) [1]
FM乙1121	乙级防火门	1100	2100	门	(1号办公楼) [1]
M5021	旋转玻璃门	5000	2100	门	(1号办公楼) [1]
M1021	木质夹板门	1000	2100	门	(1号办公楼) [1]
C0924	塑钢窗	900	2400	窗	(1号办公楼) [1]
C1524	塑钢窗	1500	2400	窗	(1号办公楼) [1]
C1624	塑钢窗	1600	2400	窗	(1号办公楼) [1]
C1824	塑钢窗	1800	2400	窗	(1号办公楼) [1]
C2424	塑钢窗	2400	2400	窗	(1号办公楼) [1]
PC1	飘窗(塑钢窗)	见平面	2400	窗	(1号办公楼) [1]
C5027	塑钢窗	5000	2700	窗	(1号办公楼) [1]
MQ1	装饰幕墙	6927	14400	门	(1号办公楼) [1]
MQ2	装饰幕墙	7200	14400	门	(1号办公楼) [1]

提示:请在第一行的空白行中单击鼠标从下拉框中选择对应列关系

识别 取消

图 3.3-2

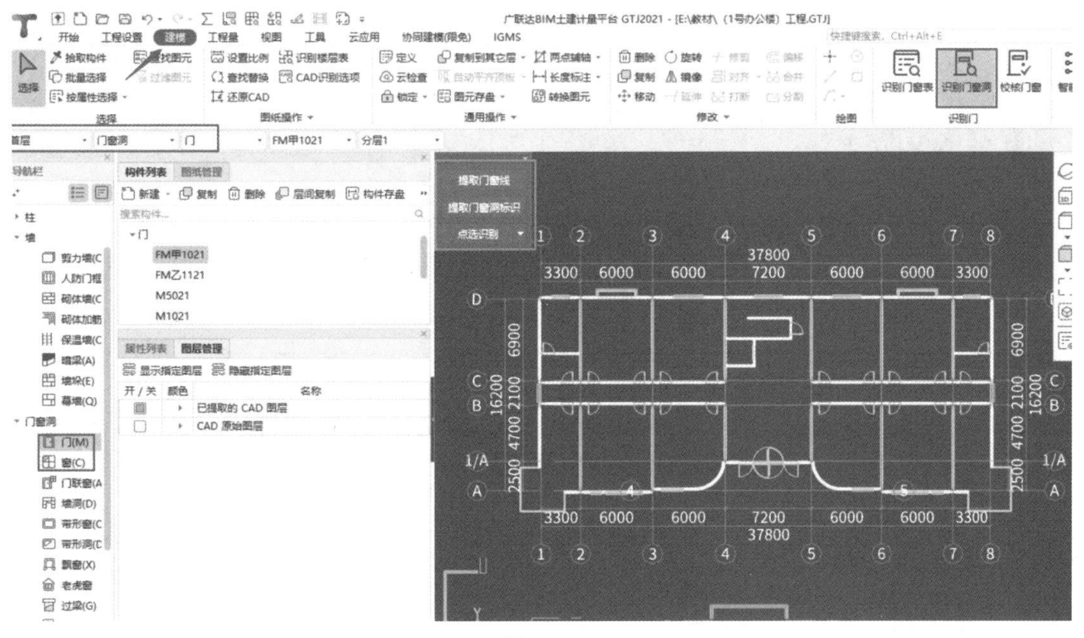

图 3.3-3

（2）选择“单图元选择”“按图层选择”或“按颜色选择”的方式，选中需要提取的门窗洞标识 CAD 图元。

4. 识别门窗

选择“建模”选项卡下的“识别门窗洞”→“自动识别”方式，完成识别。

提示

1. 识别门窗之前一定要绘制完成墙体并已经建立好门窗构件定义编号（识别门窗表仅只是创建门窗构件编号，识别门窗洞口才能建立门窗实体）。

2. 若未创建门窗构件即进行识别，软件也可对CAD图中固定格式进行门窗尺寸解析，如M1021，可自动反建1 000 mm×2 100 mm的门构件，但仍需校核。

任务拓展

1. 点选识别门窗洞

执行“建模”→“识别门窗洞”→“点选识别”命令，单击鼠标左键选择需要识别的门窗标识，则所选择的门窗标识查找与它平行且最近的墙边线进行门窗洞自动识别。

2. 框选识别门窗洞

执行“建模”→“识别门窗洞”→“框选识别”命令，在绘图区域拉框确定一个范围，则所框住的所有门窗标识将被识别为门窗洞图元。

3.2 识别装修表

微课：识别装修表

任务说明

根据行政办公楼施工图，在软件中完成表3.3-2识别装修表任务工单所列的任务内容。

表3.3-2 识别装修表任务工单

编号	任务名称	任务内容
1	按房间识别装修表	提取CAD图纸中的柱边线
2	按构件识别装修表	提取CAD图纸中的柱大样标注

任务探究

识别完主体构件后，可进行装修构件的识别，通过前期图纸管理所学内容找到导入的“建筑设计说明”建施-01（含装修表），通过完成装修表的识别即完成了装修构件（房间、墙面、地面、天棚等）的定义编号及属性定义。再根据各层建筑平面图的装修布置，通过点绘制完成房间模型建立。

任务实施

1. 按房间识别装修表

（1）双击打开建筑设计总说明图纸，在“建模”选项卡状态下将导航栏中的目标构件定位至装修房间，单击“按房间识别装修表”按钮，拉框选择室内装修做法表中所有数据，黄色线框为框选范围，如图 3.3-4 所示。

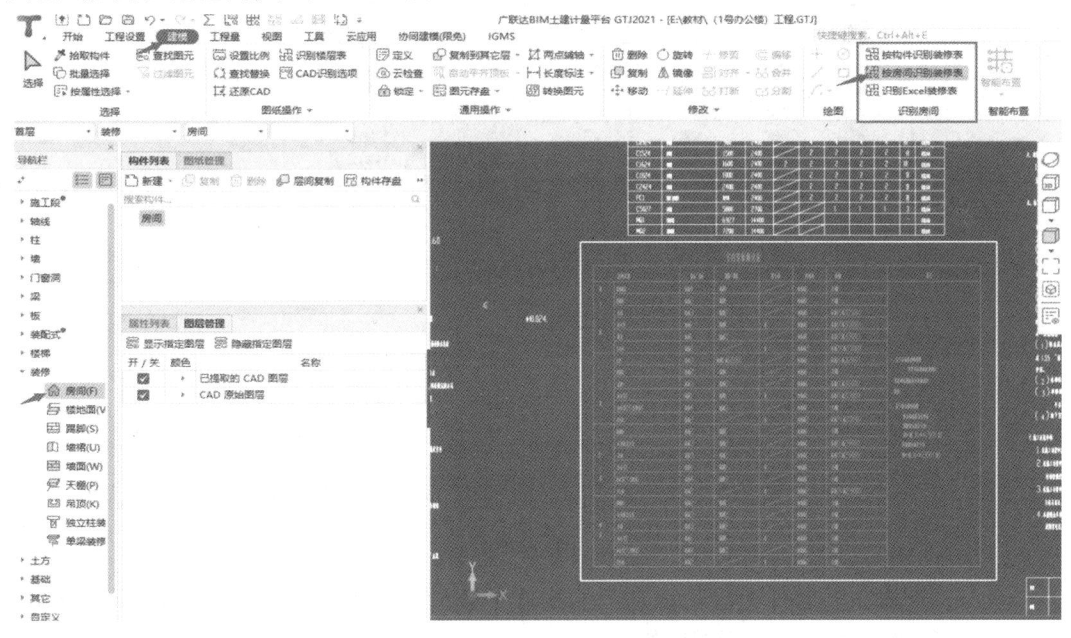

图 3.3-4

（2）单击鼠标右键确认，弹出“按房间识别装修表”对话框，在第一行的空白行单击鼠标左键，从下拉列表中选择对应列关系，单击“识别”按钮，如图 3.3-5 所示。

按房间识别装修表

撤消　恢复　查找替换　删除行　删除列　插入行　插入列　复制行

下拉选择	房间	楼地面	踢脚	下拉选择	内墙面	天棚	备注	所属楼层
							室内装修...	(1号办公...
	房间名称	楼面/地面	踢脚/墙裙	窗台板	内墙面	顶棚	备注	(1号办公...
地下一层	排烟机房	地面4	踢脚1		内墙面1	天棚1	一、关于...	(1号办公...
	楼梯间	地面2	踢脚1		内墙面1	天棚1		(1号办公...
	走廊	地面3	踢脚2		内墙面1	吊顶1(高3...		(1号办公...
	办公室	地面1	踢脚1	有	内墙面1	吊顶1(高3...		(1号办公...
	餐厅	地面1	踢脚3		内墙面1	吊顶1(高3...		(1号办公...
	卫生间	地面2		有	内墙面2	吊顶2(高3...		(1号办公...
一层	大堂	楼面3	墙裙1高1...		内墙面1	吊顶1(高3...		(1号办公...
	楼梯间	楼面2	踢脚1		内墙面1	天棚1		(1号办公...
	走廊	楼面3	踢脚2		内墙面1	吊顶1(高3...		(1号办公...
	办公室1	楼面1	踢脚1	有	内墙面1	吊顶1(高3...		(1号办公...
	办公室2(...	楼面4	踢脚3		内墙面1	天棚1		(1号办公...
	卫生间	楼面2		有	内墙面2	吊顶2(高3...		(1号办公...
二至三层	楼梯间	楼面2	踢脚1		内墙面1	天棚1		(1号办公...
	公共休息...	楼面3	踢脚2		内墙面1	吊顶1(高2...		(1号办公...
	走廊	楼面3	踢脚2		内墙面1	吊顶1(高2...		(1号办公...
	办公室1	楼面1	踢脚1	有	内墙面1	天棚1		(1号办公...
	办公室2(...	楼面4	踢脚3		内墙面1	天棚1		(1号办公...
	卫生间	楼面2		有	内墙面2	吊顶2(高2...		(1号办公...
四层	楼梯间	楼面2	踢脚1		内墙面1	天棚1		(1号办公...
	公共休息...	楼面3	踢脚2		内墙面1	天棚1		(1号办公...
	走廊	楼面3	踢脚2		内墙面1	天棚1		(1号办公...

提示:请在第一行的空白行中单击鼠标从下拉框中选择对应列关系

识别　取消

图 3.3-5

（3）利用表格的一些功能对表格内容进行核对和调整，调整后的表格如图 3.3-6 所示。

按房间识别装修表

撤消 恢复 查找替换 删除行 删除列 插入行 插入列 复制行

房间	楼地面	踢脚	内墙面	吊顶	天棚	所属楼层
排烟机房	地面4	踢脚1	内墙面1		天棚1	(1号办公...
楼梯间	地面2	踢脚1	内墙面1		天棚1	(1号办公...
走廊	地面3	踢脚2	内墙面1	吊顶1(高3200)		(1号办公...
办公室	地面1	踢脚1	内墙面1	吊顶1(高3300)		(1号办公...
餐厅	地面1	踢脚3	内墙面1	吊顶1(高3300)		(1号办公...
卫生间	地面2		内墙面2	吊顶2(高3300)		(1号办公...
大堂	楼面3	墙裙1高1...	内墙面1	吊顶1(高3200)		(1号办公...
楼梯间	楼面2	踢脚1	内墙面1		天棚1	(1号办公...
走廊	楼面3	踢脚2	内墙面1	吊顶1(高3200)		(1号办公...
办公室1	楼面1	踢脚1	内墙面1	吊顶1(高3300)		(1号办公...
办公室2(...	楼面4	踢脚3	内墙面1		天棚1	(1号办公...
卫生间	楼面2		内墙面2	吊顶2(高3300)		(1号办公...
楼梯间	楼面2	踢脚1	内墙面1		天棚1	(1号办公...
公共休息...	楼面3	踢脚2	内墙面1	吊顶1(高2900)		(1号办公...
走廊	楼面3	踢脚2	内墙面1	吊顶1(高2900)		(1号办公...
办公室1	楼面1	踢脚1	内墙面1		天棚1	(1号办公...
办公室2(...	楼面4	踢脚3	内墙面1		天棚1	(1号办公...
卫生间	楼面2		内墙面2	吊顶2(高2900)		(1号办公...
楼梯间	楼面2	踢脚1	内墙面1		天棚1	(1号办公...
公共休息...	楼面3	踢脚2	内墙面1		天棚1	(1号办公...
走廊	楼面3	踢脚2	内墙面1		天棚1	(1号办公...
办公室1	楼面1	踢脚1	内墙面1		天棚1	(1号办公...
办公室2(...	楼面4	踢脚3	内墙面1		天棚1	(1号办公...

提示:请在第一行的空白行中单击鼠标从下拉框中选择对应列关系

识别 取消

图 3.3-6

（4）识别成功后软件会提示识别到的构件个数，如图 3.3-7 所示，此时“构件列表”中会自动建立房间及自动依附房间构件。

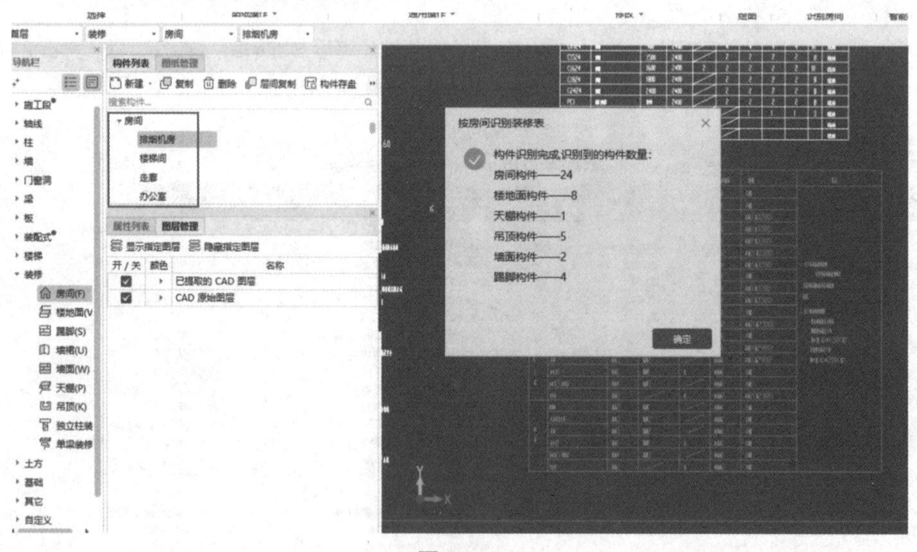

图 3.3-7

2. 按构件识别装修表

（1）添加图纸并打开，拉框选择装修表同前述操作。

（2）单击鼠标右键确认，弹出“按构件识别装修表”对话框，在第一行的空白行单击

鼠标左键，从下拉列表中选择对应名称、高度等，单击“识别”按钮，如图 3.3-8 所示。

图 3.3-8

（3）识别成功后软件会提示识别到的构件个数，如图 3.3-9 所示，此时“构件列表”中会出现识别好的构件编号，如图 3.3-10 所示。

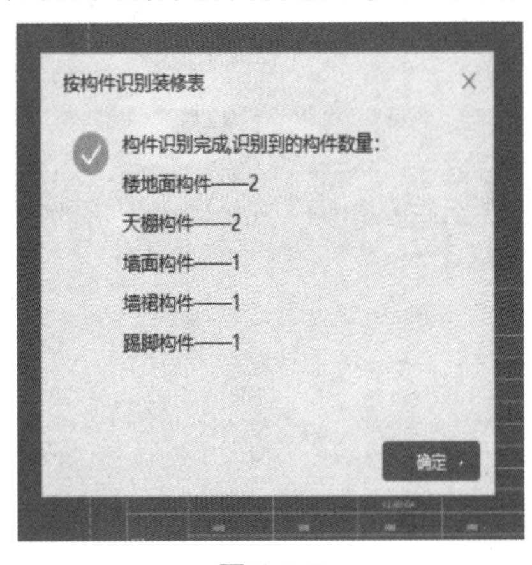

图 3.3-9

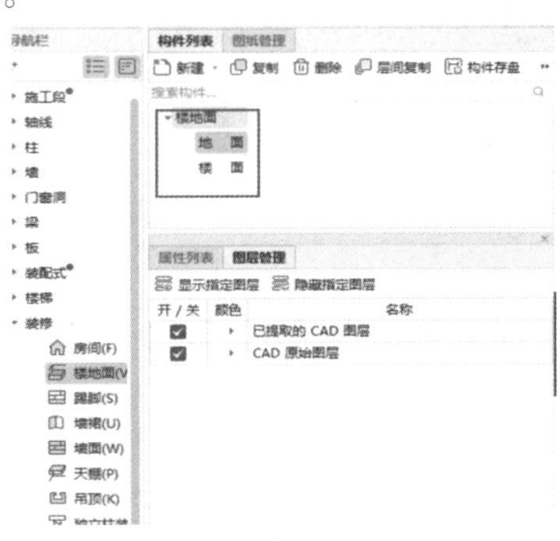

图 3.3-10

提示

1. 根据 CAD 图中不同类型的装修表，正确选用按房间识别装修表和按构件识别装修表命令，一定要对表格内容进行核对和调整，符合后再点识。

2. 识别装修表仅完成构件的新建，最后都需要通过软件的绘图功能布置到模型中。

任务拓展

按表格识别装修表

（1）新建 Excel 表格，在单元格中输入表头信息，如图 3.3-11 所示。

	A	B	C	D	E	F	G	H	I
1			FJ-	DM-	TJ-	QM-	TP-		
2	序号	图纸中的房间	房间	地面	踢脚	墙面	天棚		
3	1								
4	2								
5	3								
6	4								
7	5								

图 3.3-11

（2）在 C3 单元格中输入公式“= C$1&$B3”，“C$1”表示 C 列 1 行单元格的内容（$ 表示锁定第一行，即复制单元格时，只会在第一行依次移动），“&”表示字符连接，然后往右往下拉填充，并输入房间名称，如图 3.3-12 所示。

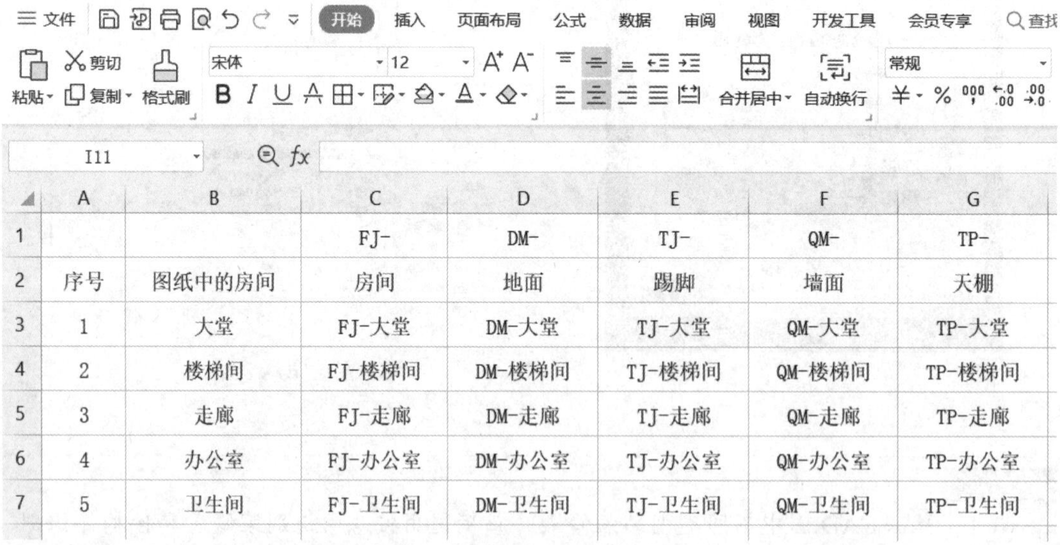

	A	B	C	D	E	F	G
1			FJ-	DM-	TJ-	QM-	TP-
2	序号	图纸中的房间	房间	地面	踢脚	墙面	天棚
3	1	大堂	FJ-大堂	DM-大堂	TJ-大堂	QM-大堂	TP-大堂
4	2	楼梯间	FJ-楼梯间	DM-楼梯间	TJ-楼梯间	QM-楼梯间	TP-楼梯间
5	3	走廊	FJ-走廊	DM-走廊	TJ-走廊	QM-走廊	TP-走廊
6	4	办公室	FJ-办公室	DM-办公室	TJ-办公室	QM-办公室	TP-办公室
7	5	卫生间	FJ-卫生间	DM-卫生间	TJ-卫生间	QM-卫生间	TP-卫生间

图 3.3-12

（3）单击“识别 Excel 装修表”，选择导入的 Excel 文件，单击“识别”按钮即可，如图 3.3-13 所示。

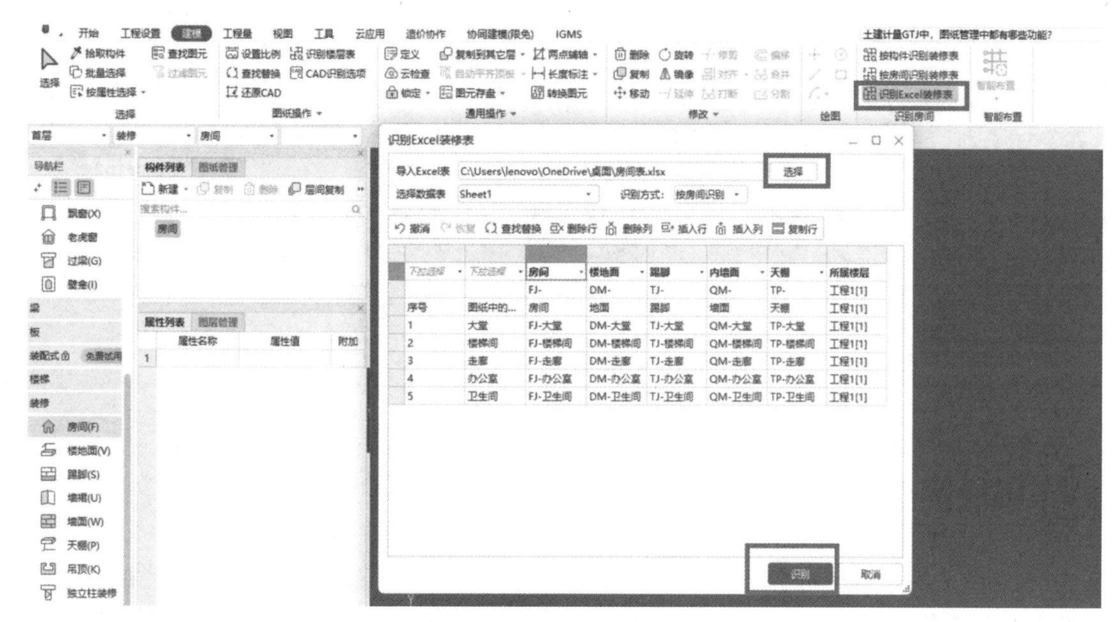
识别Excel装修表
导入Excel表
C:\Users\lenovo\OneDrive\桌面\房间表.xlsx
选择
选择数据表
Sheet1
识别方式:
按房间识别
识别
取消

图 3.3-13

模块 4　建筑工程计价

模块简介

本模块主要介绍运用广联达云计价 GCCP6.0 软件进行计价的操作流程与方法，包含 6 个典型工作任务。通过本模块学习，你将学会运用广联达云计价平台完成工程量清单招（投）标文件的编制。

本工程实例位于湖南省长沙市，招标文件规定执行 2020 年《湖南省建设工程计价办法》及《湖南省建设工程消耗量标准》，钢筋、混凝土、水泥、砂浆为甲供材料，材料价格采用 2022 年 8 月长沙市材料信息价，信息价没有的，按照市场价，机械费按《湖南省建设工程造价管理总站关于机械费调整及有关问题的通知》（湘建价市〔2020〕46 号）进行调整。

教学目标

任务点	知识目标	能力目标	素质目标
任务 1 新建工程与文件导入	•掌握新建工程与文件导入的流程与操作方法	•能够根据项目图纸进行工程新建与文件导入	•具备标准意识与法律意识； •具备探究学习、实事求是的精神； •具备严谨仔细、细心踏实、思维缜密的职业素养
任务 2 分部分项清单组价	•掌握分部分项清单编制、组价的流程与操作方法	•能够使用工程造价计价软件进行分部分项工程清单编制与组价	
任务 3 措施项目清单组价	•掌握措施项目清单编制、组价的流程与操作方法	•能够使用工程造价计价软件进行措施项目清单编制与组价	
任务 4 其他项目清单组价	•掌握其他项目清单编制、组价的流程与操作方法	•能够使用工程造价计价软件进行其他项目清单编制与组价	
任务 5 调整人材机	•掌握人材机费用调整的流程与操作方法	•能够使用工程造价计价软件进行人、材、机调整	
任务 6 费用汇总及报表导出	•掌握费用汇总及报表导出的流程与操作方法	•能够使用工程造价计价软件进行费用汇总及生成电子招（投）标书	

任务 1　新建工程与文件导入

微课：新建工程和文件导入

任务说明

根据行政办公楼 GTJ 算量文件及设计图纸，在计价软件中完成表 4.1-1 新建工程与文件导入任务工单所列的任务内容。

表 4.1-1　新建工程与文件导入任务工单

编号	任务名称	任务内容
1	新建工程	创建招标项目、单项工程和单位工程
2	文件导入	导入 GTJ 算量文件，完成清单整理

任务探究

1. 分析图纸

查阅行政办公楼图纸建筑设计总说明，确定项目名称、建筑面积等项目信息。

2. 计价文件学习

根据《湖南省住房和城乡建设厅关于印发 2020〈湖南省建设工程计价办法〉及〈湖南省建设工程消耗量标准〉的通知》(湘建价〔2020〕56 号)，本工程适用于《湖南省建设工程计价办法》(2020) 和《湖南省建设工程消耗量标准》(2020)。

任务实施

1. 新建工程

(1) 在主界面选择“新建预算”选项，如图 4.1-1 所示。

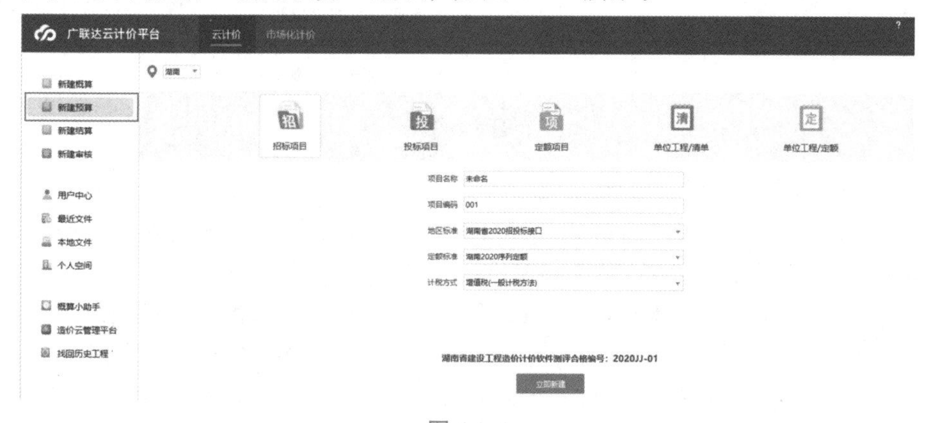

图 4.1-1

（2）单击“招标项目”按钮，根据设计图纸，结合工程实际，输入“项目名称”“项目编码”，选择“地区标准”“定额标准”“计税方式”，最后单击“立即新建”按钮，如图 4.1-2 所示。

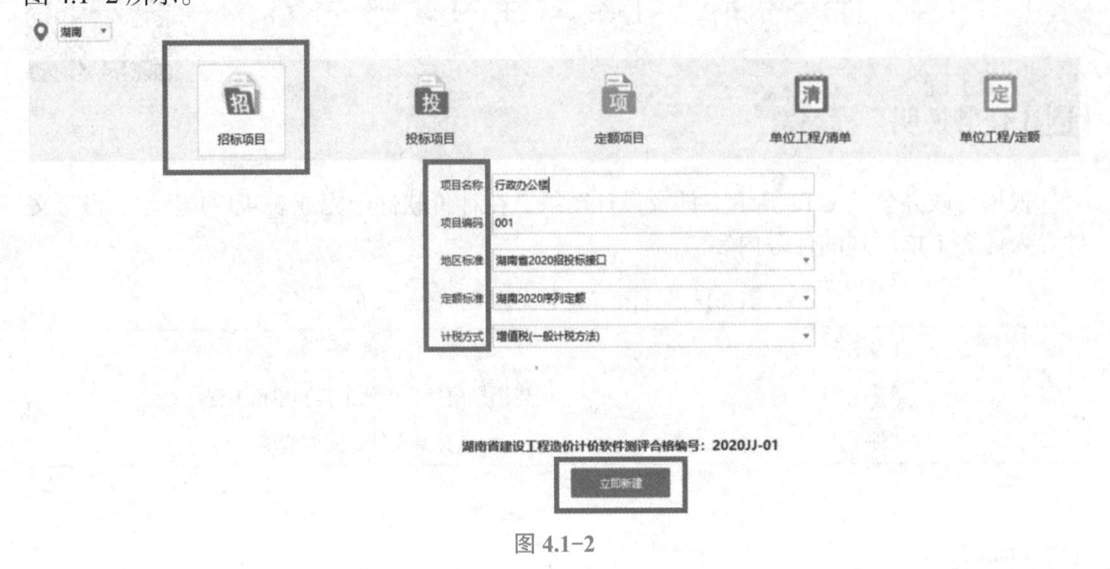

图 4.1-2

（3）新建单位工程。在“单位工程”节点处，单击鼠标右键，在快捷菜单中选择“快速新建单位工程”选项，找到对应“建筑工程”完成新建，如图 4.1-3 所示。

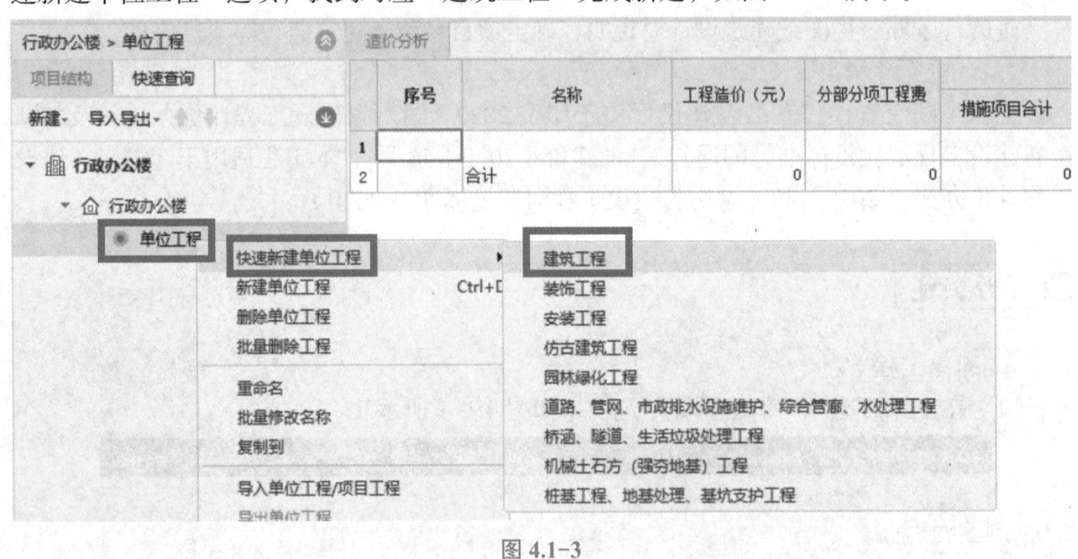

图 4.1-3

2. 导入 GTJ 算量文件

（1）导入算量文件。单击“量价一体化”按钮，在下拉列表中选择“导入算量文件”选项，从而导入“行政办公楼 GTJ 算量文件”，如图 4.1-4 所示。

（2）整理清单。单击“整理清单”按钮，在下拉列表中选择“分部整理”选项，如图 4.1-5 所示，在弹出的“分部整理”对话框中，勾选“需要章分部标题”和“需要节分部标题”，单击“确定”按钮，即可完成整理清单，如图 4.1-6 所示。

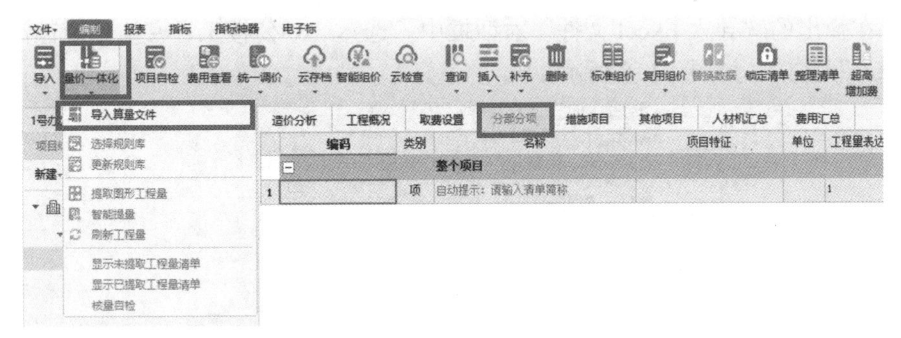

图 4.1-4

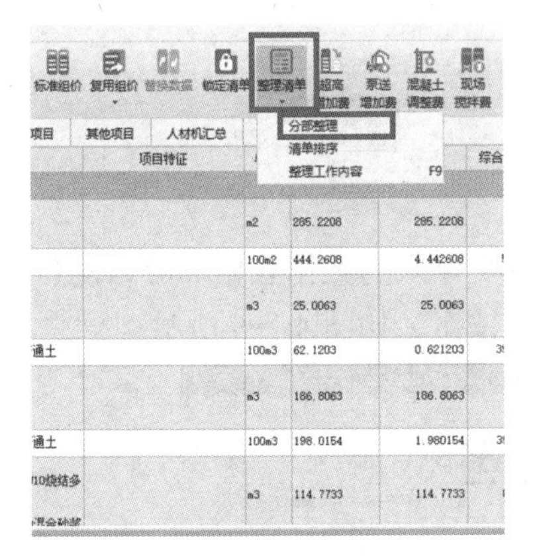

图 4.1-5

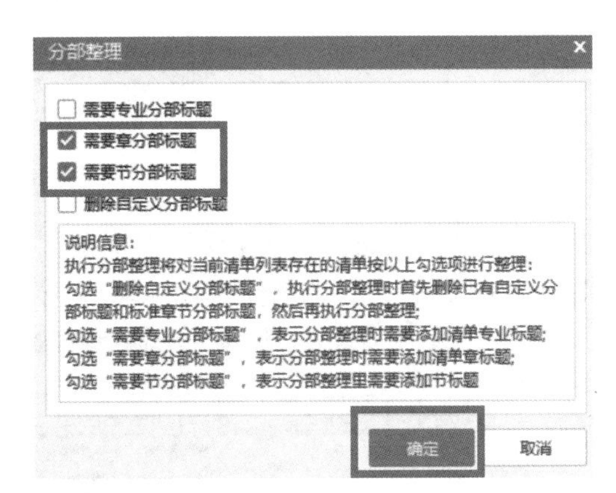

图 4.1-6

提示

1. 在导入算量文件后，软件默认清单处于被锁定状态，若需要对清单进行调整，则需要解锁操作，单击“解除清单锁定”，即可完成解锁操作。

2. 对于单位工程自己手动编辑的一些分部，如不需要，可在“分部整理”对话框中勾选“删除自定义分部标题”，进行整体删除。

任务拓展

导入 Excel 文件

（1）单击“导入”按钮，在下拉列表中选择“导入 Excel 文件”选项，如图 4.1-7 所示。

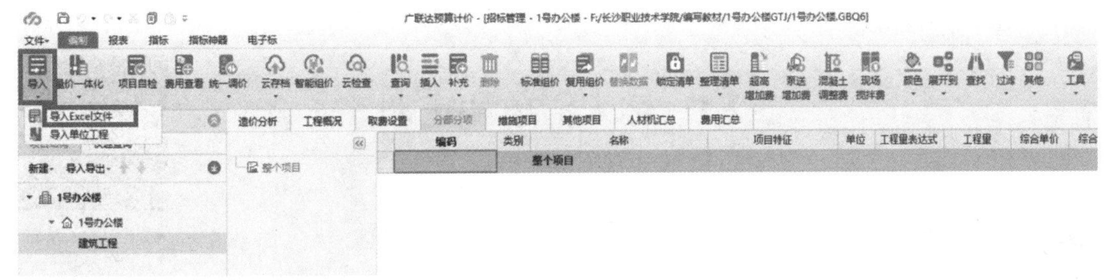

图 4.1-7

（2）在弹出的“导入 Excel 文件”对话框中，选择“办公楼工程－清单定额汇总表”，单击“导入”按钮，如图 4.1–8 所示。

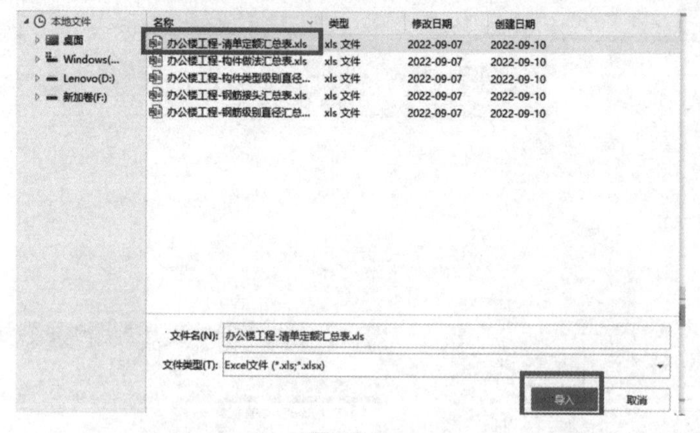

图 4.1–8

（3）弹出“导入 Excel 招标文件”对话框，选择要导入的数据表格和导入的位置，单击“识别行”按钮，自动识别行内容，单击“导入”按钮，如图 4.1–9 所示。

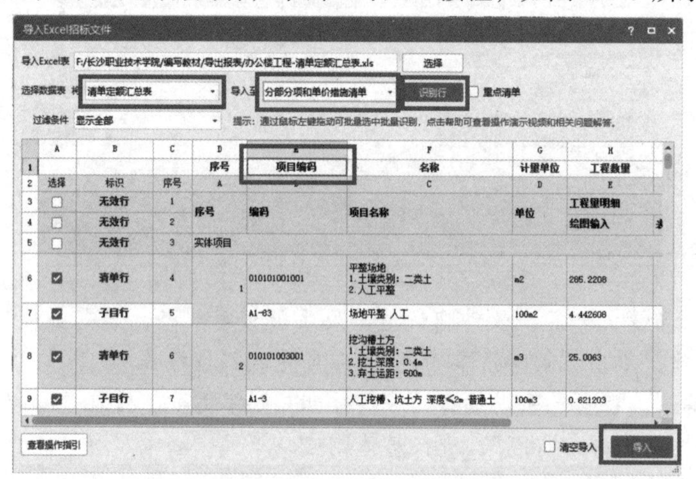

图 4.1–9

任务 2　分部分项清单组价

2.1　输入清单和定额

微课：输入清单和定额

任务说明

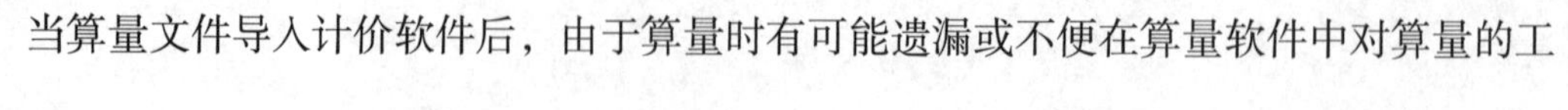
当算量文件导入计价软件后，由于算量时有可能遗漏或不便在算量软件中对算量的工

程量套取做法，在计价软件中还需要进一步补充完善清单项和定额子目，即完成表 4.2-1 输入清单和定额任务工单所列的任务内容。

表 4.2-1　输入清单和定额任务工单

编号	任务名称	任务内容
1	直接输入清单与定额	通过直接输入清单或定额的编码完成输入
2	查询输入清单与定额	通过在软件中查询清单或定额完成输入
3	补充清单和定额	通过在软件中补充清单或定额完成输入

任务探究

输入清单和定额的方式主要包括直接输入清单和定额编码、查询清单和定额、补充清单和定额三种方法。

（1）熟练情况下可通过完整输入清单或定额的编码，直接显示出清单或定额的内容。

（2）在对清单或定额不熟悉时，可以直接通过查询窗口查看清单或定额，选取对应清单项或定额子目完成输入。

（3）如果工程中采用了新工艺或使用了新材料，现有清单或定额中没有匹配的，需要自行补充清单或定额。

任务实施

1. 直接输入

选择“分部分项”，然后选中“编码”列，直接输入完整的清单编码（如现浇构件钢筋 010515001），按 Enter 键确定，软件自动显示出清单名称、单位，如图 4.2-1 所示。

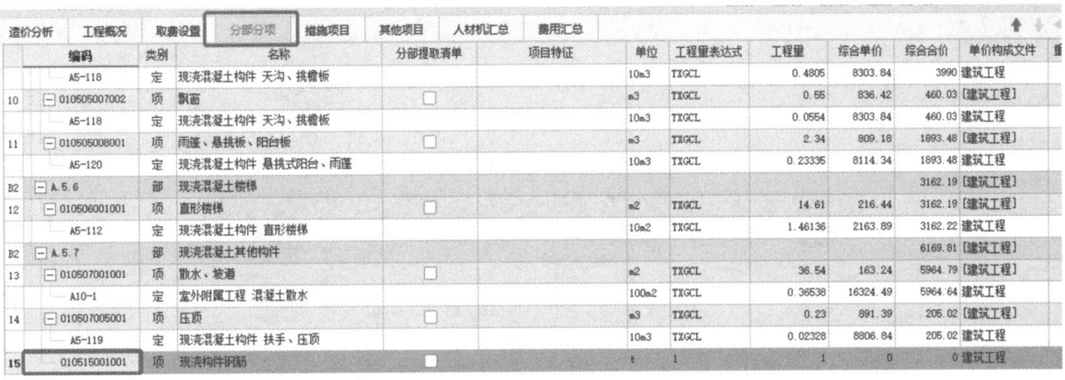

造价分析　工程概况　取费设置　分部分项　措施项目　其他项目　人材机汇总　费用汇总

	编码	类别	名称	分部提取清单	项目特征	单位	工程量表达式	工程量	综合单价	综合合价	单价构成文件
	A5-118	定	现浇混凝土构件 天沟、挑檐板			10m3	TXGCL	0.4805	8303.84	3990	建筑工程
10	010505007002	项	飘窗	□		m3	TXGCL	0.55	836.42	460.03	[建筑工程]
	A5-118	定	现浇混凝土构件 天沟、挑檐板			10m3	TXGCL	0.0554	8303.84	460.03	建筑工程
11	010505008001	项	雨篷、悬挑板、阳台板	□		m3	TXGCL	2.34	809.18	1893.48	[建筑工程]
	A5-120	定	现浇混凝土构件 悬挑式阳台、雨篷			10m3	TXGCL	0.23335	8114.34	1893.48	建筑工程
B2	A.5.6	部	现浇混凝土楼梯							3162.19	[建筑工程]
12	010506001001	项	直形楼梯	□		m2	TXGCL	14.61	216.44	3162.19	[建筑工程]
	A5-112	定	现浇混凝土构件 直形楼梯			10m2	TXGCL	1.46136	2163.89	3162.22	建筑工程
B2	A.5.7	部	现浇混凝土其他构件							6169.81	[建筑工程]
13	010507001001	项	散水、坡道	□		m2	TXGCL	36.54	163.24	5964.79	[建筑工程]
	A10-1	定	室外附属工程 混凝土散水			100m2	TXGCL	0.36538	16324.49	5964.64	建筑工程
14	010507005001	项	压顶	□		m3	TXGCL	0.23	891.39	205.02	[建筑工程]
	A5-119	定	现浇混凝土构件 扶手、压顶			10m3	TXGCL	0.02328	8806.84	205.02	建筑工程
15	010515001001	项	现浇构件钢筋	□		t	1	1	0	0	建筑工程

图 4.2-1

2. 查询输入

（1）选择“分部分项”，单击功能区中的“查询”按钮，在下拉列表中选择“查询清单”选项，如图 4.2-2 所示。

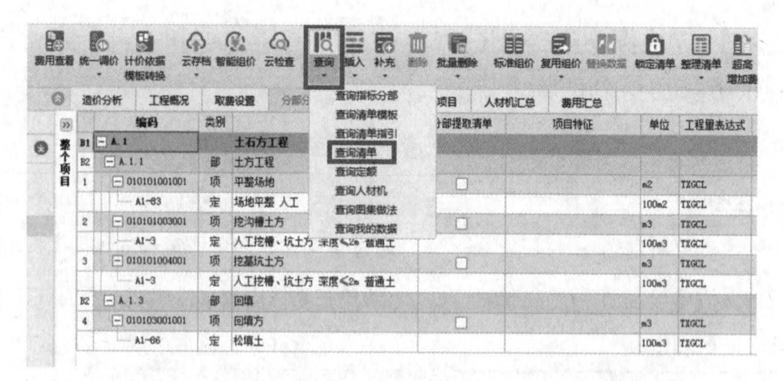

图 4.2-2

（2）在“查询”对话框中，按照章节查询清单，找到目标清单项后，选中，然后单击“插入”或“替换”按钮，完成输入，如图 4.2-3 所示。

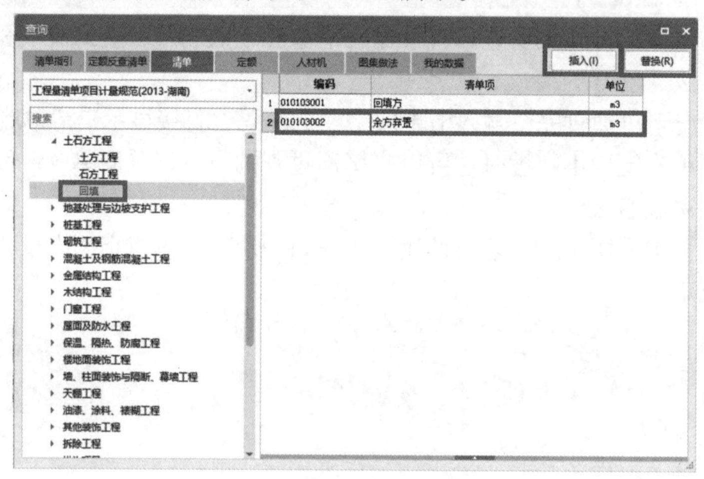

图 4.2-3

提示

1. 在直接输入和查询输入中，清单和定额的输入方法相同。

2. 在“查询清单”中，可以通过查询“清单指引”，快速将清单及定额子目一起完成输入，如图 4.2-4 所示。

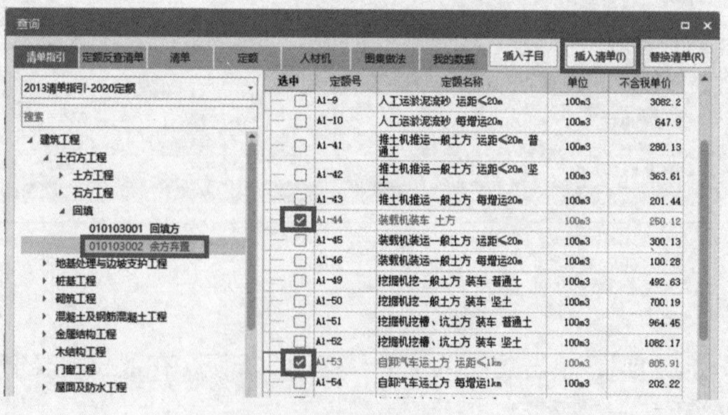

图 4.2-4

3. 补充清单

（1）选择“分部分项”，单击功能区中的“补充”按钮，在下拉列表中选择“清单”选项，如图 4.2–5 所示。

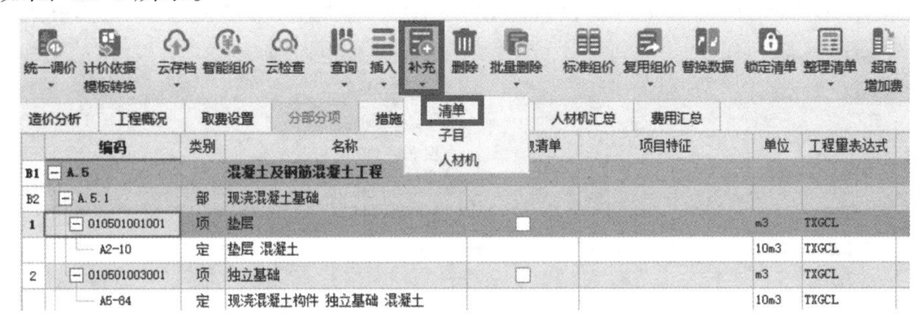

图 4.2–5

（2）在“补充清单”对话框，根据实际情况，填写补充清单项目“编码”“名称”“单位”“项目特征”“工作内容”及“计算规则”，然后单击“确定”按钮，即完成清单补充，补充的清单默认自动存档，如图 4.2–6 所示。

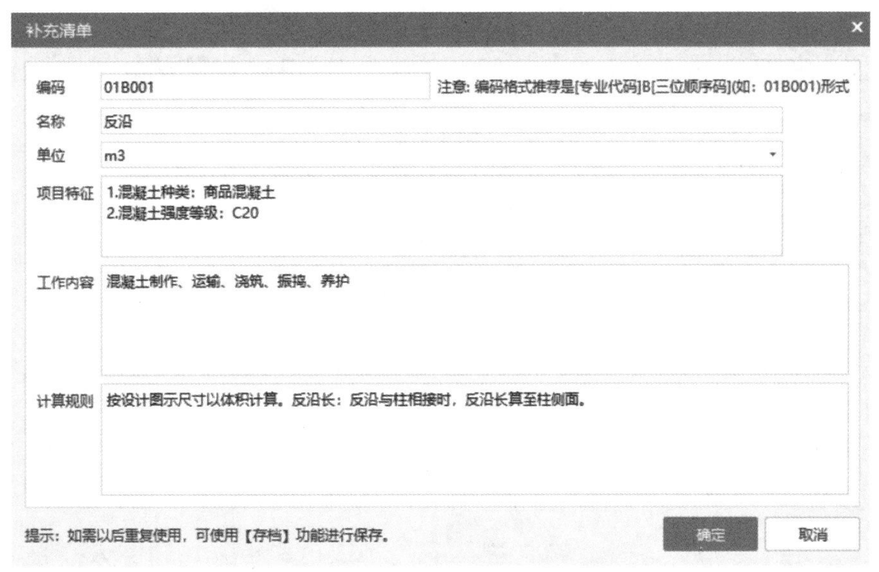

图 4.2–6

4. 补充定额

（1）选择“分部分项”，单击功能区中的“补充”按钮，在项目列表中选择“子目”选项，如图 4.2–7 所示。

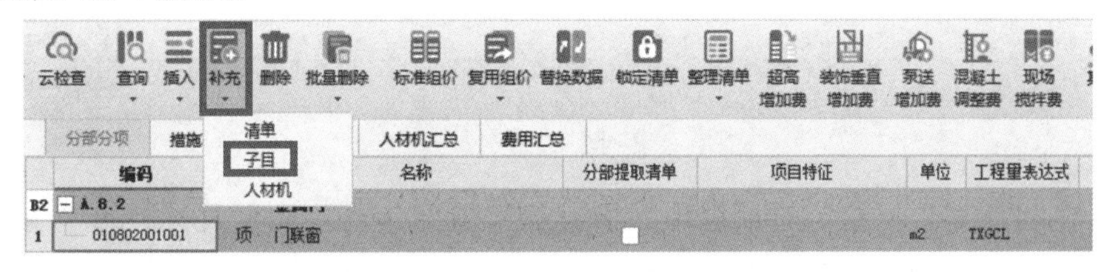

图 4.2–7

（2）在“补充子目”对话框中，根据实际情况，填写“编码”“专业章节”“名称”“单位”及“单价”，并输入“子目工程量表达式”，然后单击“确定”按钮，如图 4.2-8 所示。

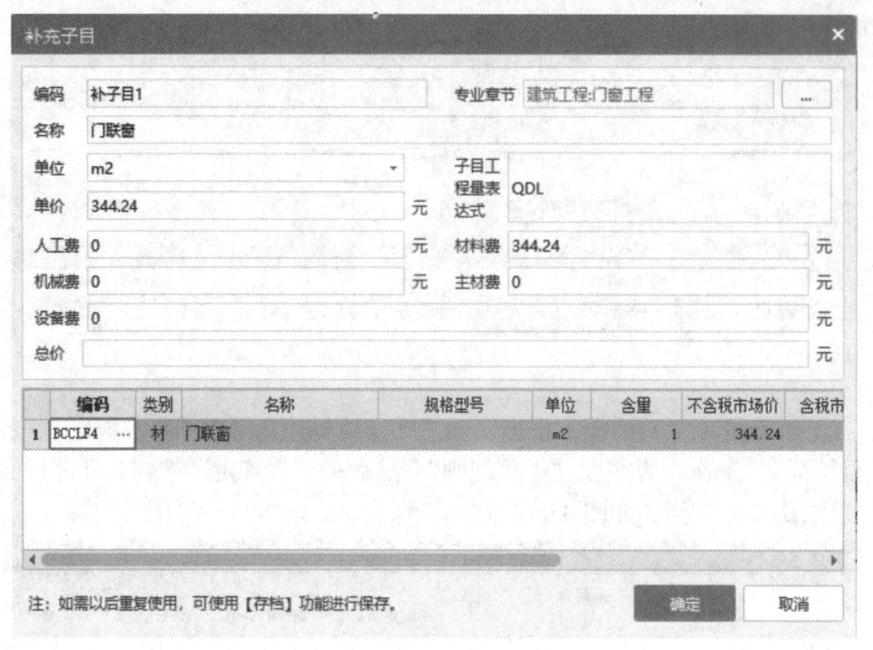

图 4.2-8

任务拓展

补充人材机

在编制招标控制价过程中，可能会遇到一些定额库中没有的人工、材料、机械等项目，这时就需要补充人材机。

（1）选择“分部分项”，单击功能区中的“补充”按钮，在下拉列表中选择“人材机”选项，如图 4.2-9 所示。

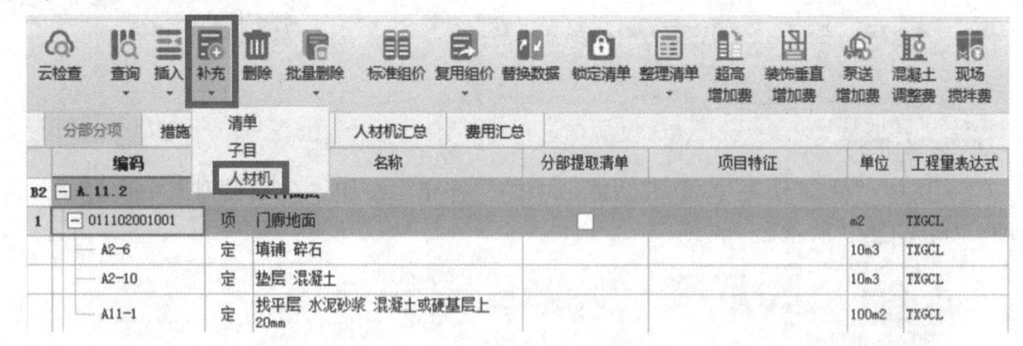

图 4.2-9

（2）在“补充人材机”对话框中，根据工程情况，输入补充人材机的“编码”“类别”“名称”“规格”“单位”“不含税市场价”“含量”，然后单击“插入”按钮，即可完成补充，如图 4.2-10 所示。

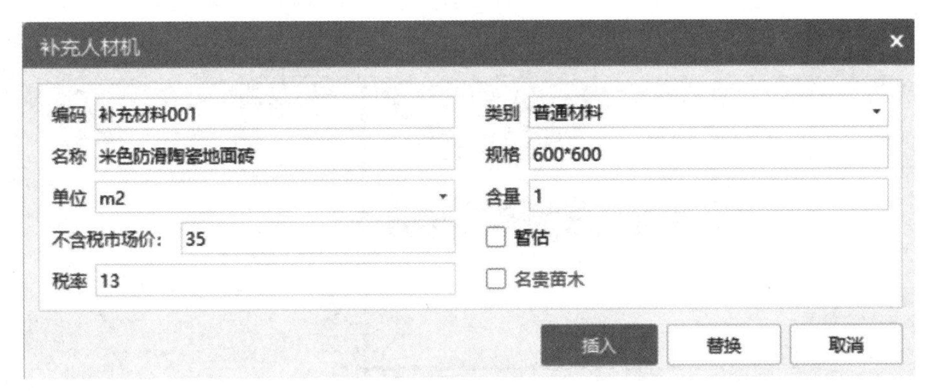

图 4.2-10

2.2　输入清单和定额工程量

微课：输入清单和定额工程量

任务说明

完成表 4.2-2 输入清单和定额工程量任务工单所列的任务内容。

表 4.2-2　输入清单和定额工程量任务工单

编号	任务名称	任务内容
1	输入清单和定额工程量	在软件中尝试用三种方法输入清单和定额工程量： （1）在工程量表达式中直接输入工程量； （2）在工程量表达式中列式计算工程量； （3）选择对应图元公式，输入参数，生成工程量

任务探究

在实际工程中，清单工程量可以通过算量软件或手工算量计算得出，但在计价软件中提量时需要将多个部位的工程量加在一起，并将计算过程作为底稿保留在清单项中，便于检查和核对数据。

任务实施

1. 直接输入

选中一清单整行，单击“工程量表达式”一列中的“浏览”按钮，输入工程量表达式，进行算术计算，按 Enter 键，工程量自动计算完成，如图 4.2-11 所示。

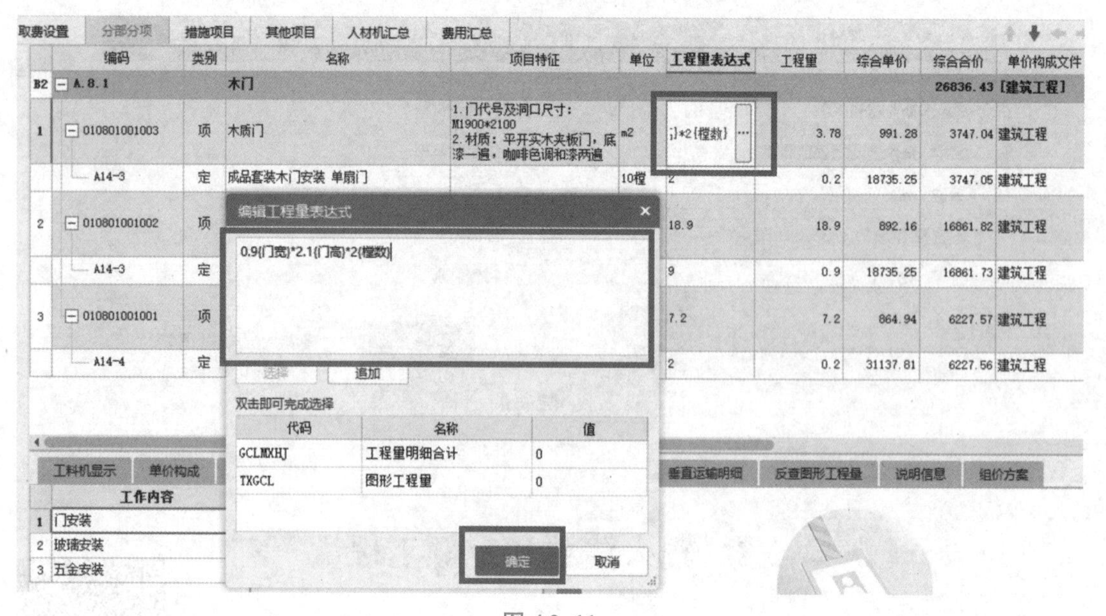

图 4.2-11

提示

在输入工程量表达式时，可以用大括号对各部分工程量进行备注，方便后期查看。

2. 工程量明细

（1）选中一清单项，单击属性中的“工程量明细”按钮，如图 4.2-12 所示。

取费设置 | 分部分项 | 措施项目 | 其他项目 | 人材机汇总 | 费用汇总

	编码	类别	名称	项目特征	单位	工程量表达式	工程量	综合单价	综合合价	单价构成文件
B2	A.8.1		木门						26836.43	[建筑工程]
1	010801001003	项	木质门	1.门代号及洞口尺寸：M1900*2100 2.材质：平开实木夹板门，底漆一遍，咖啡色调和漆两遍	m2	0.9{门宽}*2.1{门高}*2{樘数}	3.78	991.28	3747.04	建筑工程
	A14-3	定	成品套装木门安装 单扇门		10樘	2	0.2	18735.25	3747.05	建筑工程
2	010801001002	项	木质门	1.门代号及洞口尺寸：M2 1000*2100 2.材质：平开实木夹板门，底漆一遍，咖啡色调和漆两遍	m2	18.9	18.9	892.16	16861.82	建筑工程
	A14-3	定	成品套装木门安装 单扇门		10樘	9	0.9	18735.25	16861.73	建筑工程
3	010801001001	项	木质门	1.门代号及洞口尺寸：M3 1500*2400 2.材质：平开实木夹板门，底漆一遍，咖啡色调和漆两遍	m2	7.2	7.2	864.94	6227.57	建筑工程
	A14-4	定	成品套装木门安装 双扇门		10樘	2	0.2	31137.81	6227.56	建筑工程

工料机显示 | 单价构成 | 标准换算 | 换算信息 | 安装费用 | 特征及内容 | 工程量明细 | 垂直运输明细 | 反查图形工程量 | 说明信息 | 组价方案

	内容说明	计算式	结果	累加标识	引用代码
0	计算结果		0		
1		0	0	☑	
2		0	0	☑	

	变量名	变量说
1	JSGM	建设规模

图 4.2-12

（2）在“工程量明细”列表中，列式计算工程量，如图 4.2-13 所示。

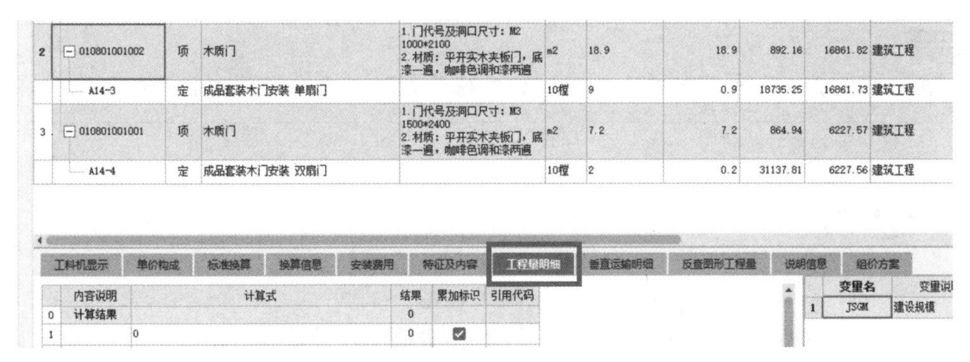

图 4.2-13

3. 图元公式

（1）选中一清单项，单击“工程量表达式”按钮，然后在功能区“工具”下拉列表中选择“图元公式”选项，如图 4.2-14 所示。

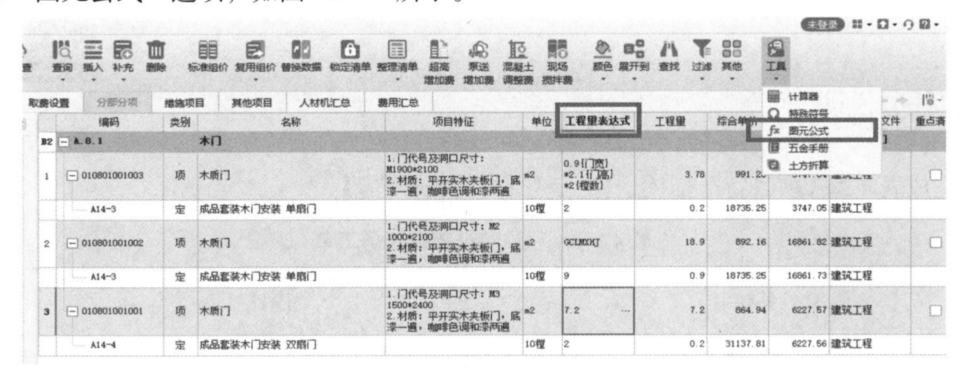

图 4.2-14

（2）根据设计图纸、工程量计算规则，选择相应公式，输入参数，单击“生成表达式”按钮，再单击“确定”按钮，即可生成工程量，如图 4.2-15 所示。

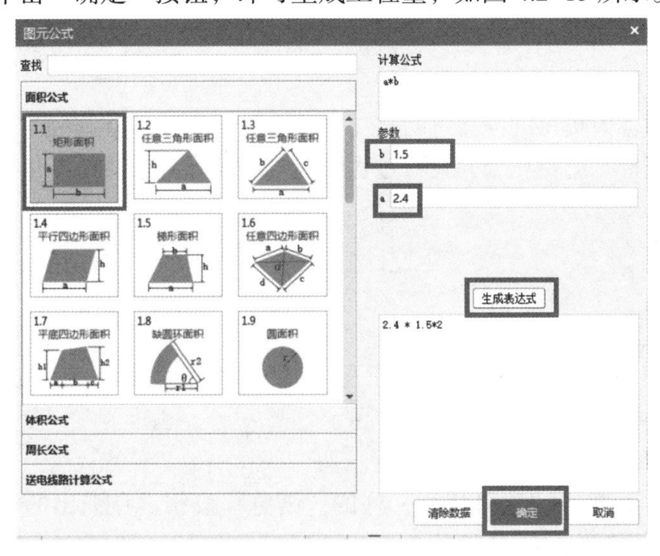

图 4.2-15

提示

在“图元公式”中，可对表达式进行编辑，以便于准确计算工程量。

任务拓展

定额工程量

（1）当定额工程量与清单不一致时，可借鉴清单工程量输入方法。

（2）当定额工程量与清单一致时，可直接继承清单工程量。

2.3 项目特征描述

微课：项目特征描述和修改技巧

任务说明

完成表 4.2-3 项目特征描述任务工单所列的任务内容。

表 4.2-3 项目特征描述任务工单

编号	任务名称	任务内容
1	软件输入项目特征	在“特征及内容”选项下，逐项输入对应特征值
2	手动输入项目特征	在“项目特征”单元格内直接输入项目特征

任务探究

投标人根据招标人提供的清单进行自主报价，清单项目描述得越准确、越全面，越有利于投标人准确报价，避免在合同履行过程中因理解分歧导致纠纷产生。

任务实施

1. 软件输入

选中一清单项，单击属性中的“特征及内容”按钮，根据设计图纸，结合工程实际，逐项录入该清单的特征值，如图 4.2-16 所示。

2. 手动输入

选中一清单项，单击“项目特征”列的“浏览”按钮，在弹出的“查询项目特征方案”对话框中，直接录入项目特征，单击“确定”按钮，即可完成输入，如图 4.2-17 所示。

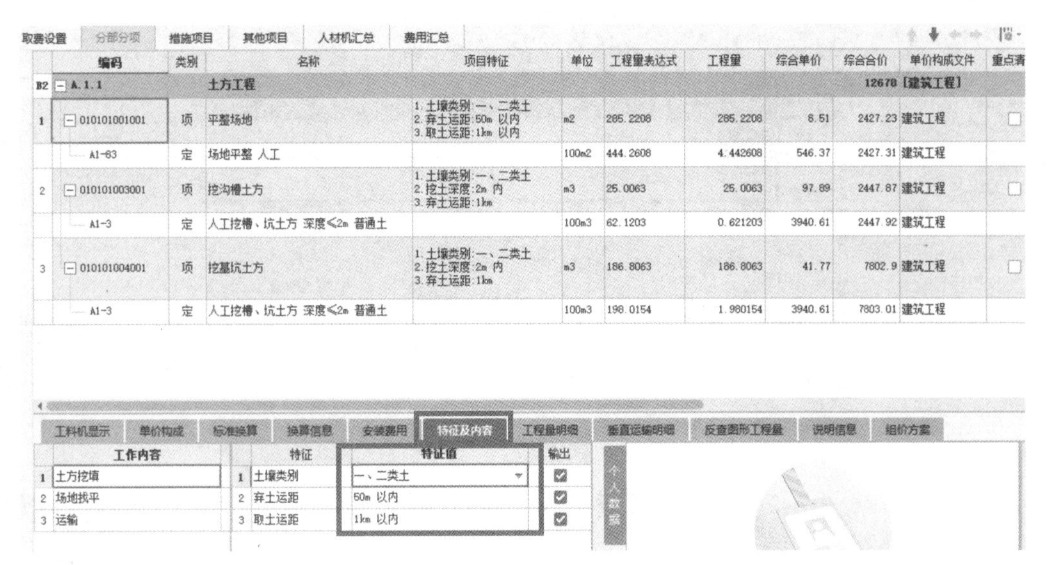

图 4.2-16

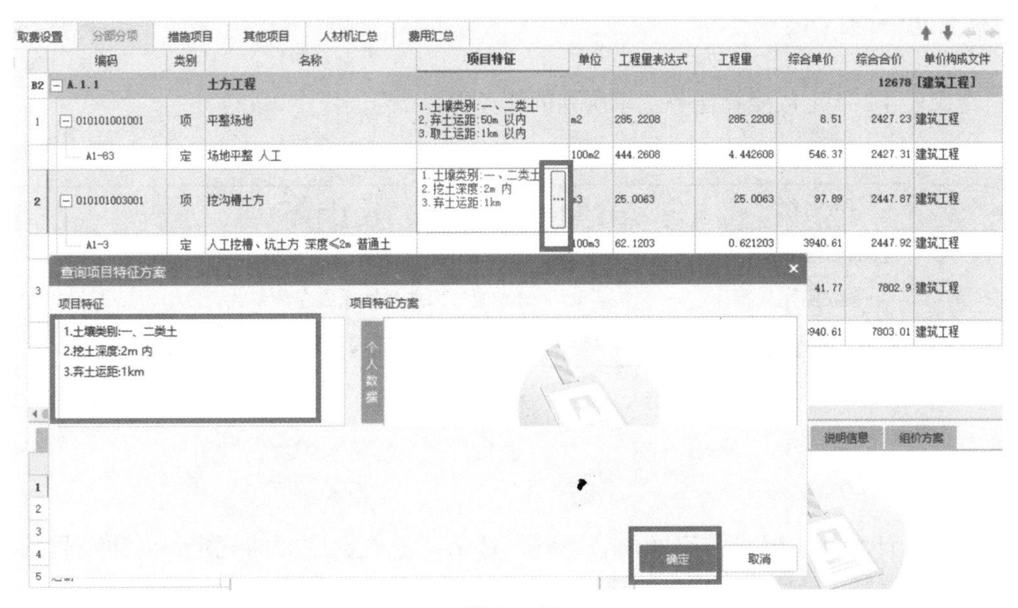

图 4.2-17

任务拓展

批量修改项目特征

当需要修改调整多条清单、不同清单中的项目特征时，逐条修改费时费力，那么可以采用“批量修改项目特征”功能提高效率。

执行“其他”→“查找”命令，在弹出的“查找 / 替换”对话框中单击“替换”按钮，输入需要查找和替换的内容，单击“批量替换”按钮，即可完成批量修改项目特征，如图 4.2-18 所示。

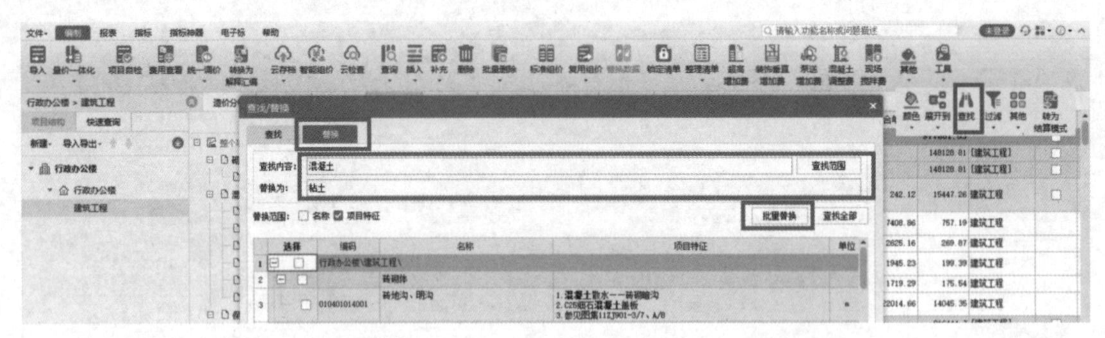

图 4.2-18

2.4 定额换算

微课：定额换算

任务说明

完成表 4.2-4 定额换算任务工单所列的任务内容。

表 4.2-4 定额换算任务工单

编号	任务名称	任务内容
1	材料换算	通过标准换算或人材机显示完成定额材料的换算
2	系数换算	通过标准换算完成定额系数调整
3	厚度 / 遍数换算	通过标准换算完成定额厚度或遍数调整

任务探究

如果设计和施工要求与定额内容不符，那么需要根据定额的规定，对原项目的工、料、机进行调整，从而改变项目的预算价格，使它符合工程实际。

任务实施

1．材料换算

如果“标准换算”中有换算材料，则可以通过“标准换算”完成定额材料的换算；如果“标准换算”中没有换算材料，则可以通过“人材机显示”完成定额材料的换算。

（1）以圈梁为例，根据设计图纸，圈梁的混凝土强度等级为 C30，而定额子目中的圈梁的混凝土强度等级为 C20，需要进行定额材料的换算，如图 4.2-19 所示。

（2）选中“现浇混凝土构件 圈梁”定额子目，单击属性中的“标准换算”，打开“商品混凝土（砾石）C20”的“换算内容”，选择“商品混凝土（砾石）C30”，如图 4.2-20 所示。

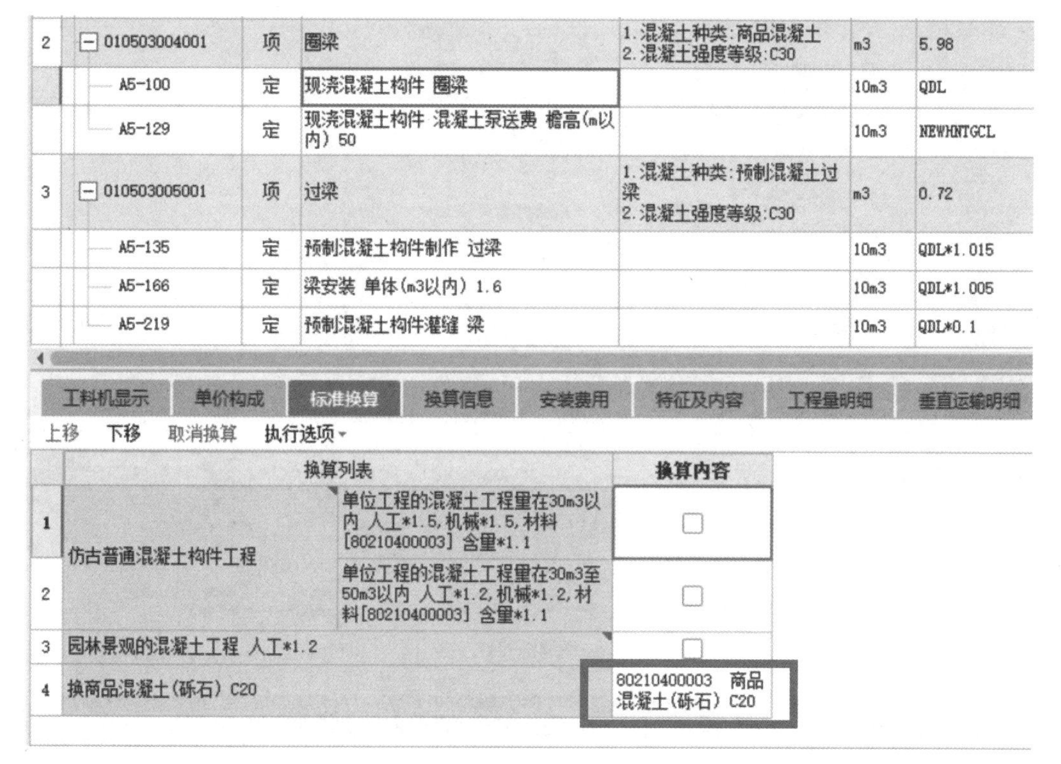

图 4.2-19

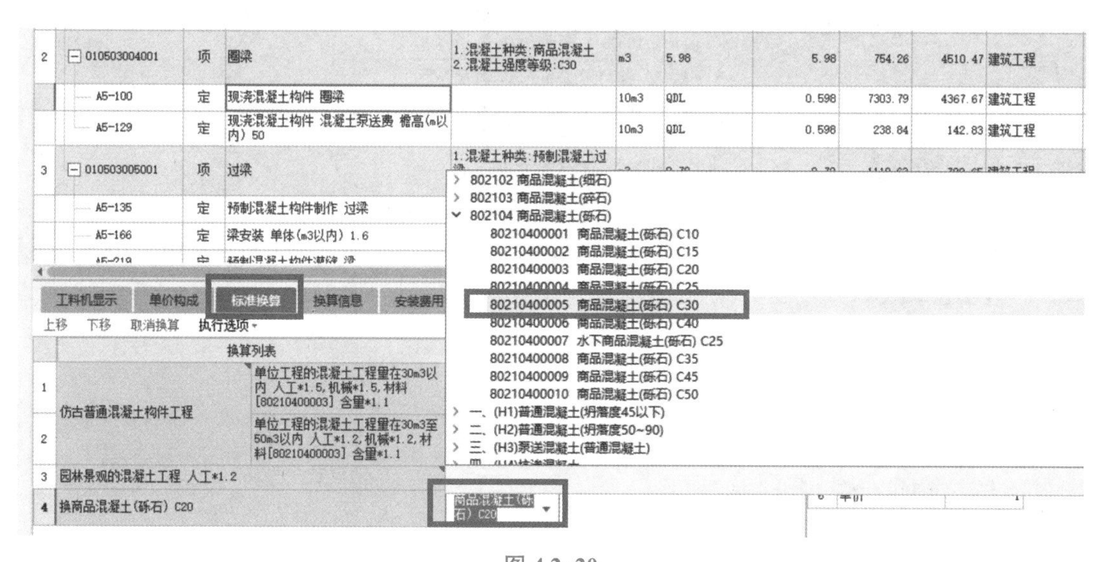

图 4.2-20

（3）以窗为例，根据设计图纸，窗的材质为“铝合金平开窗，中空玻璃 6 + 6A + 6”，而定额子目中的“铝合金门窗（成品）安装　平开窗”的玻璃为“平板玻璃”，需要进行定额换算，而“标准换算”中并无换算项，可以采用“工料机显示”功能进行换算。

选中“铝合金门窗（成品）安装　平开窗”定额子目，单击属性中的“工料机显示”，选中“平板玻璃　5 mm”，在弹出的“查询”“人材机”对话框，将材料“平板玻璃　5 mm”改为“普通中空玻璃　5 + 6A + 5”，单击“替换”按钮，如图 4.2-21、图 4.2-22 所示。

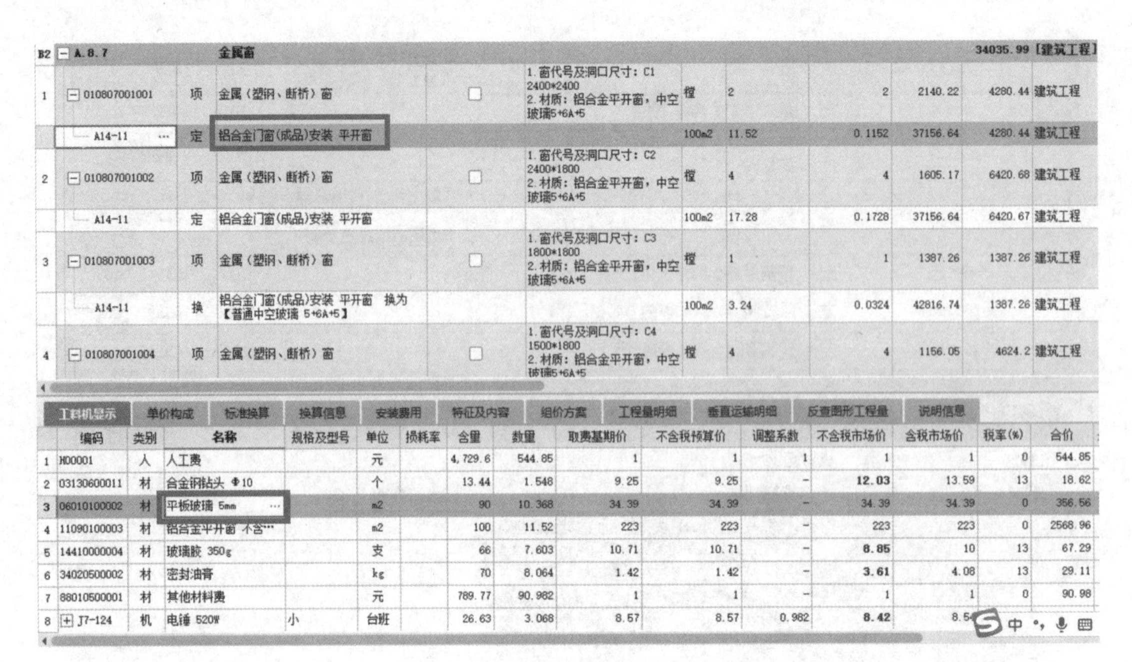

图 4.2-21

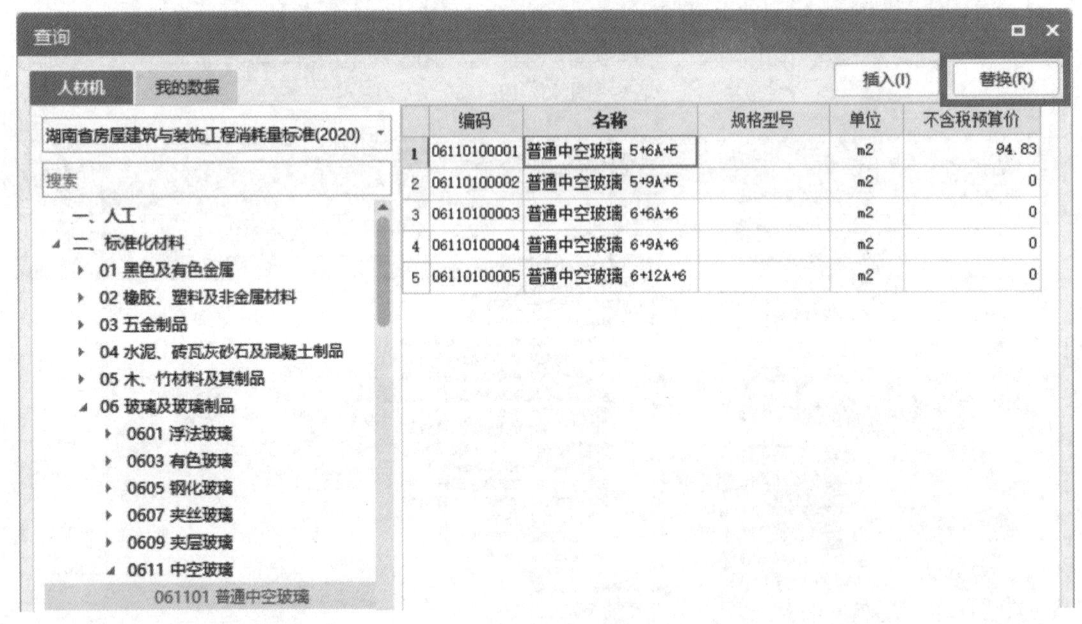

图 4.2-22

2. 系数换算

根据相关的定额说明，有些定额子目需要乘以系数，这就需要在计价软件中进行定额换算。

以垫层为例，根据定额的相关规定，垫层用于独立基础、条形基础、房心回填时人工、机械乘以系数 1.20，而根据设计图纸，本工程的垫层是用于独立基础和条形基础，需要进行定额换算，如图 4.2-23 所示。

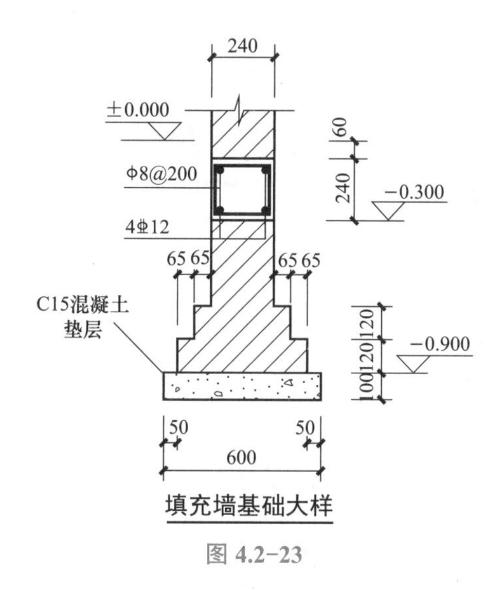

图 4.2-23

选中“垫层混凝土”定额子目，单击属性中的“标准换算”，在“换算列表”中“用于独立基础、条形基础、房心回填　人工 *1.2，机械 *1.2”勾选“换算内容”，即可完成系数换算，如图 4.2-24 所示。

取费设置　分部分项　措施项目　其他项目　人材机汇总　费用汇总

	编码	类别	名称	项目特征	单位	工程量表达式	工程量	综合单价	综合合价	单价构成文件
B2	A.5.1		现浇混凝土基础						16487.03	[建筑工程]
1	010501001001	项	垫层	1.混凝土种类:商品砼 2.混凝土强度等级:C15	m3	9.54	9.54	783.9	7478.41	建筑工程
	A2-10	换	垫层 混凝土　用于独立基础、条形基础、房心回填 人工*1.2,机械*1.2		10m3	QDL	0.954	7600.14	7250.53	建筑工程
	A5-129	定	现浇混凝土构件 混凝土泵送费 檐高(m以内) 50		10m3	NEWHNTGCL	0.954	238.84	227.85	建筑工程
2	010501003001	项	独立基础	1.混凝土种类:商品砼 2.混凝土强度等级:C30	m3	11.97	11.97	752.6	9008.62	建筑工程
	A5-84	定	现浇混凝土构件 独立基础 混凝土		10m3	QDL	1.197	7349.7	8797.59	建筑工程
	A5-133	定	现浇混凝土构件 浇筑增加费(垂直运输机械相比泵送)		10m3	NEWHNTGCL	1.197	176.34	211.08	建筑工程

工料机显示　单价构成　标准换算　换算信息　安装费用　特征及内容　工程量明细　垂直运输明细　反查图形工程量　说明信息　组价方案

上移　下移　取消换算　执行选项

	换算列表	换算内容
1	垫层厚度≥0.3m 人工*0.8,机械*0.8	☐
2	用于独立基础、条形基础、房心回填 人工*1.2,机械*1.2	☑
3	仿古未编入与房屋建筑工程相同特征、单体建筑面积在300m2以内的土石方、基础 人工*1.2,机械*1.2	☐
4	换商品混凝土(砾石) C15	80210400002 商品混凝土(砾石) C15

	工料机类别	系数
1	人工	1
2	材料	1
3	机械	1
4	设备	1
5	主材	1
6	单价	1

图 4.2-24

3. 厚度 / 遍数换算

根据清单的项目特征描述，有些定额子目对厚度或遍数进行调整，这就需要在计价软件中进行定额换算。

以屋面防水为例，根据清单项“屋面卷材防水”的项目特征，卷材的防水层数为 2 层，而软件默认的层数为 1 层，需要进行定额换算。

选中“改性沥青防水卷材单层　热熔法施工　大面满铺”定额子目，单击属性中的“标准换算”按钮，将“换算列表”中“实际层数”改为“2”，即可完成换算，如图 4.2-25 所示。

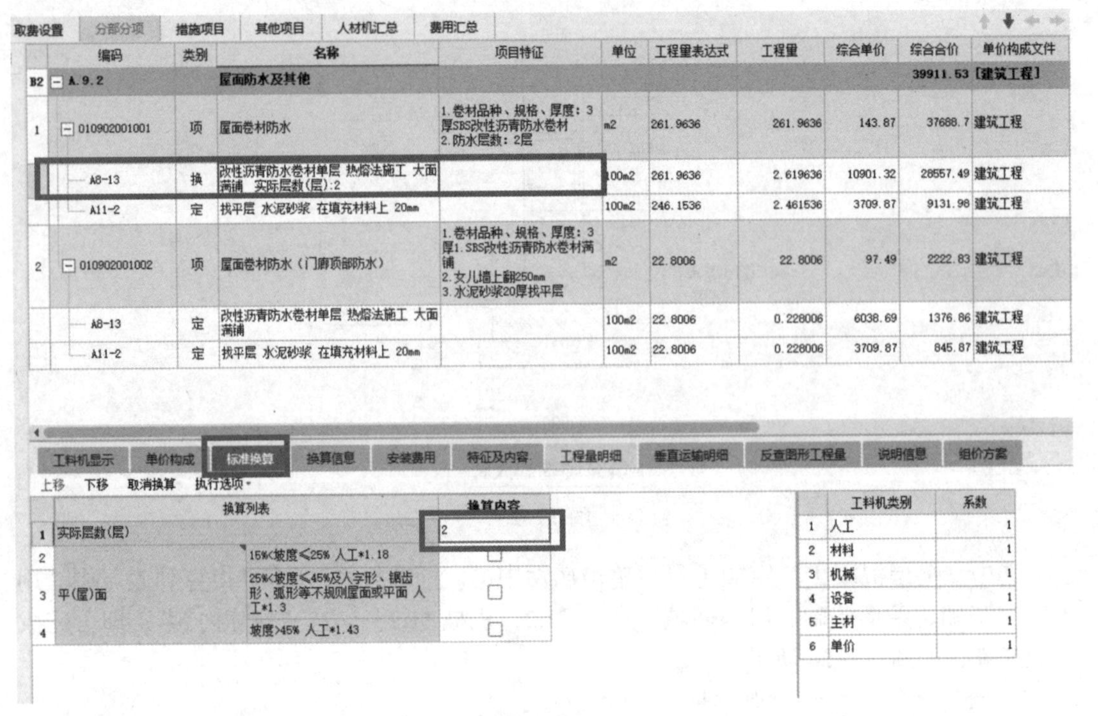

图 4.2–25

提示

厚度换算：以找平层为例，选中“找平层 水泥砂浆 在填充材料上　20 mm”定额子目，单击属性中的“标准换算”，根据工程实际，可对“换算列表”中的“实际厚度”进行调整，如图 4.2–26 所示。

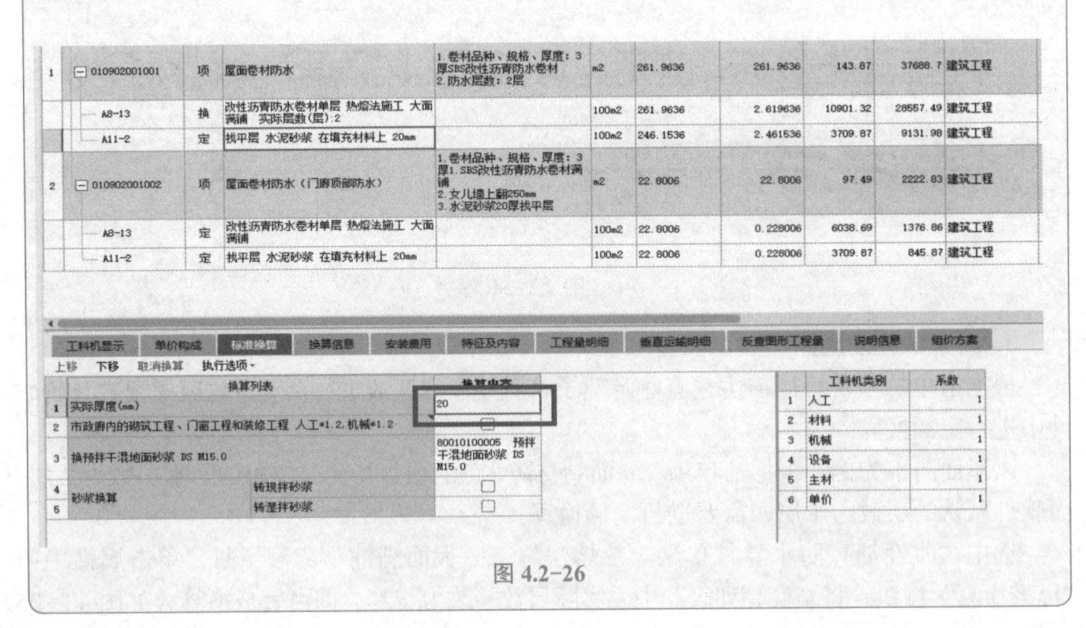

图 4.2–26

任务拓展

工程量分解换算

根据定额的相关规定，清单项需要套取不同的定额子目，并赋予一定比例的工程量。以土石方工程为例，独立基础、条形基础、管沟土方工程量在 300 m³ 以上的，70% 工程量按挖掘机挖槽坑土方子目执行，30% 工程量按人工挖槽坑土方子目执行。独立基础、条形基础、管沟挖基坑（或沟槽）土方超过 300 m³，在套取定额子目过程中，就需要进行工程量分解换算。

分别选中定额子目“人工挖槽、坑土方　深度≤ 2 m　普通土”和“挖掘机挖槽、坑土方装车　普通土”，在“工程量表达式”中分别输入“ QDL*0.3”和“ QDL*0.7”，即可完成工程量分解换算，如图 4.2–27 所示。

取费设置　分部分项　措施项目　其他项目　人材机汇总　费用汇总

	编码	类别	名称	项目特征	单位	工程量表达式	工程量	综合单价	综合合价	单价构成文件
			整个项目						9695	
B1	A.1	部	土石方工程						9695	[建筑工程]
B2	A.1.1	部	土方工程						9695	[建筑工程]
1	010101004001	项	挖基坑土方	1. 土壤类别：一、二类土 2. 挖土深度：2m 内 3. 弃土运距：500m	m3	500	500	19.39	9695	建筑工程
	A1-3	定	人工挖槽、坑土方 深度≤2m 普通土		100m3	QDL*0.3	1.5	3940.61	5910.92	建筑工程
	A1-51	定	挖掘机挖槽、坑土方 装车 普通土		100m3	QDL*0.7	3.5	1080.75	3782.63	建筑工程

图 4.2–27

任务 3　措施项目清单组价

微课：措施项目清单组价及人材机汇总

任务说明

作为发生于该工程施工准备和施工过程中的技术、生活、安全、绿色施工（节能、节地、节水、节材、环境保护）等方面的费用，计算措施项目费一直是软件计价的重要工作，即完成表 4.3–1 措施项目清单组价任务工单所列的任务内容。

表 4.3–1　措施项目清单组价任务工单

编号	任务名称	任务内容
1	确定总价措施项目费	设置计算基数和费率调整总价措施项目费
2	确定单价措施项目费	输入清单项和子目，设置工程量，生成单价措施项目费

任务探究

根据《湖南省建设工程计价办法》（2020）的相关规定，措施项目费可分为总价措施

项目费、单价措施项目费及绿色施工安全防护措施项目费。在计价软件中，单击“措施项目”，在“总价措施项目费”中，根据工程实际和定额规定进行调整；在“单价措施项目费”中，参照分部分项工程的要求完成清单和定额的输入；绿色施工安全防护措施项目费按照固定费率计算，无须调整。

任务实施

1. 总价措施项目费

总价措施项目费包括夜间施工增加费、压缩工期措施增加费（招投标）、冬雨期施工增加费、已完工程及保护费、工程定位复测费、专业工程中的有关措施项目费等费用。其中，夜间施工增加费、已完工程及保护费、工程定位复测费、专业工程中的有关措施项目费是按招标文件或合同约定来确定计算基础和费率。压缩工期措施增加费（招投标）的计费标准可按分部分项工程费与单价措施项目费中的人工费和机械费分别乘以系数确定。冬雨期施工增加费按照固定费率计算，无须调整。

（1）夜间施工增加费。按照招标文件的有关规定，夜间施工增加费的计费标准为分部分项工程费，费率为 0.1%。

选择“措施项目”，选中“夜间施工增加费”，在“计算基数”列中选择分部分项工程费对应的费用代码“FBFXHJ”，然后在“费率”列中输入“0.1”，即可完成，如图 4.3-1 所示。

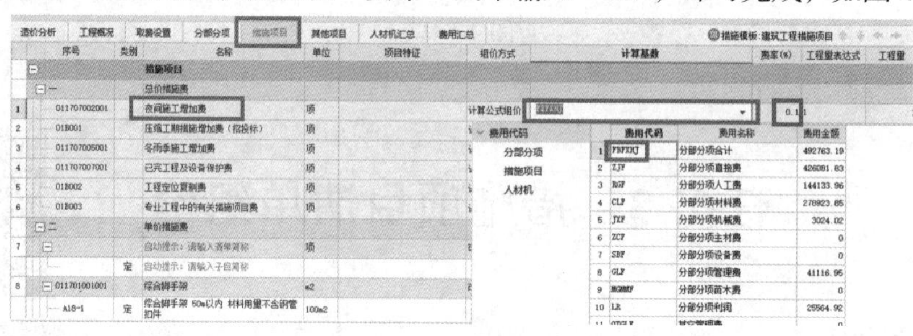

图 4.3-1

（2）压缩工期措施增加费（招投标）。按照招标文件的有关规定，压缩工期为工期定额的 8%。

选择“措施项目”，选中“压缩工期措施增加费（招投标）”，在“费率”列中选择“压缩工期在 5% 以上 10% 内（含 10%）”即可完成，如图 4.3-2 所示。

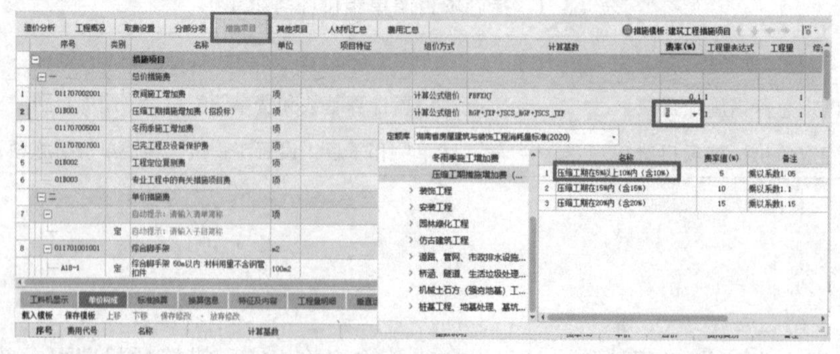

图 4.3-2

2. 单价措施项目费

以综合脚手架为例，进行操作演示。

按照定额的有关规定，凡能计算建筑面积的，均执行综合脚手架子目。根据设计图纸，本工程的檐口高度为 6.7 m，建筑面积为 494.19 m²。

（1）在单价措施项目费一栏中，双击空白清单，弹出“清单指引”窗口，选择清单项“综合脚手架”，勾选定额子目“综合脚手架 50m 以内材料用量不含钢管扣件”和“综合脚手架 50m 以内钢管扣件”，点击“插入清单”，如图 4.3-3 所示。

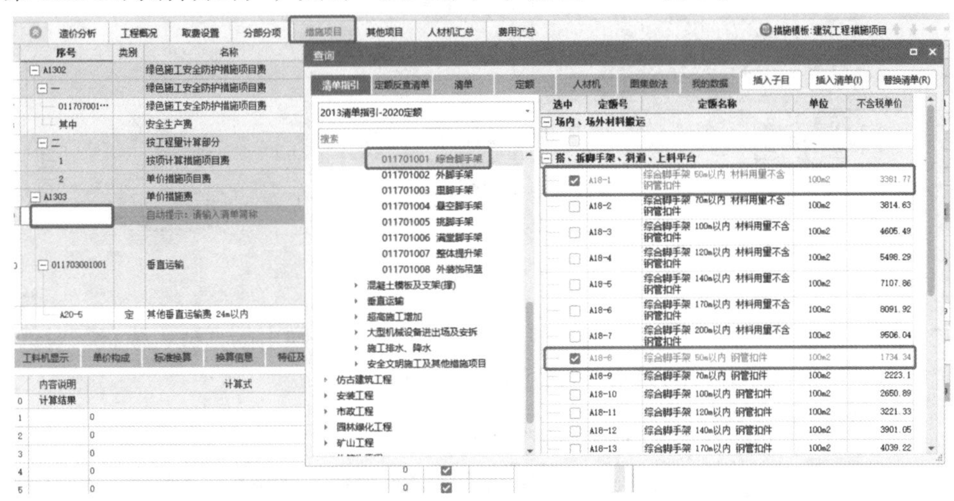

图 4.3-3

（2）选中清单项“综合脚手架”，输入项目特征，在“工程量表达式”中输入本工程的建筑面积“494.19”，如图 4.3-4 所示。

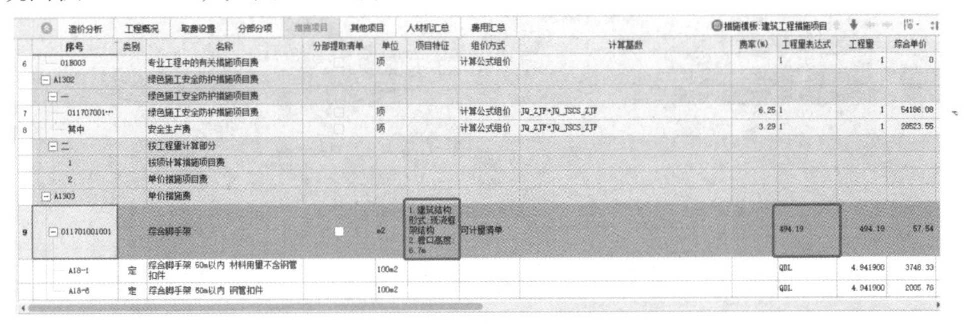

图 4.3-4

任务拓展

保存、载入模板

对于工程的措施项目、其他项目，不同的工程会有一些相同或类似的模板，在编制过程中，可以把典型或经常用到的措施项目、其他项目作为模板保存起来，以后在遇到类似的模板时，可以直接调用“载入模板”，节省时间，实现快速报价。

（1）保存模板。单击功能区中的“保存模板”按钮，在弹出的“保存模板”对话框中，

选择模板保存的位置，根据需要给模板命名，然后单击“保存”按钮，即可完成措施模板CSX文件的保存，如图4.3-5所示。

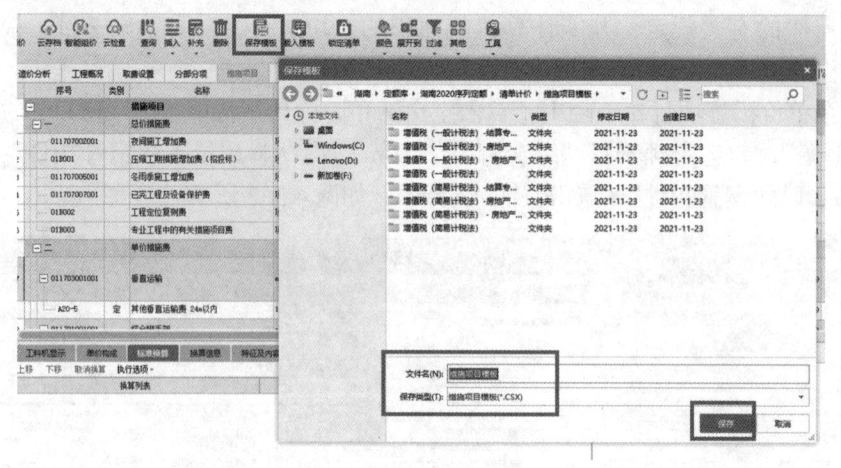

图4.3-5

（2）载入模板。单击功能区中的“载入模板”按钮，在弹出的“载入模板”对话框中，根据工程实际，选择要载入的模板，如图4.3-6所示。

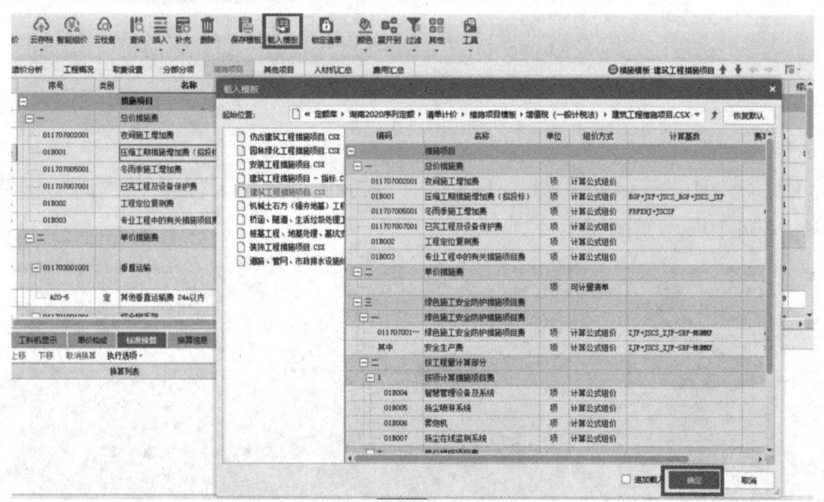

图4.3-6

任务4　其他项目清单组价

微课：其他项目清单组价

任务说明

在编制招标控制价过程中，应当考虑尚未确定或不可预见的费用、合同外零星工程发生的费用及支付必然发生但暂时不能确定价格的材料、工程设备的费用，完成表4.4-1其他项目清单组价任务工单所列的任务内容。

表 4.4-1　其他项目清单组价任务工单

编号	任务名称	任务内容
1	确定暂列金额	设置取费基数和费率，确立暂列金额
2	确定专业工程暂估价	填写工程内容和工程名称，设置取费基数和费率，生成专业工程暂估价
3	确定计日工费用	填写工程名称、数量、单价，设置单位，生成计日工费用
4	确定总承包服务费	填写项目名称、服务内容，设置项目价值、费率，生成总承包服务费

任务探究

根据《湖南省建设工程计价办法》（2020）的相关规定，其他项目费可分为暂列金额、专业工程暂估价、计日工费用、总承包服务费、优质工程增加费、提前竣工措施增加费、索赔签证费用及安全责任险、环境保护税。

任务实施

1. 暂列金额

暂列金额包括不可预见费和检验试验费，不可预见费由招标文件确定，检验试验费按分部分项工程费的 0.50% ～ 1.00% 计取。

按照招标文件的相关规定，不可预见费按分部分项工程费的 1% 计取，检验试验费的费率为 0.5%。

（1）选择“其他项目”选项，单击“暂列金额”按钮，选中“不可预见费”，在“取费基数”中选择分部分项工程费对应的费用代码“FBFXHJ”，然后在“费率”列中输入“1”，如图 4.4-1 所示。

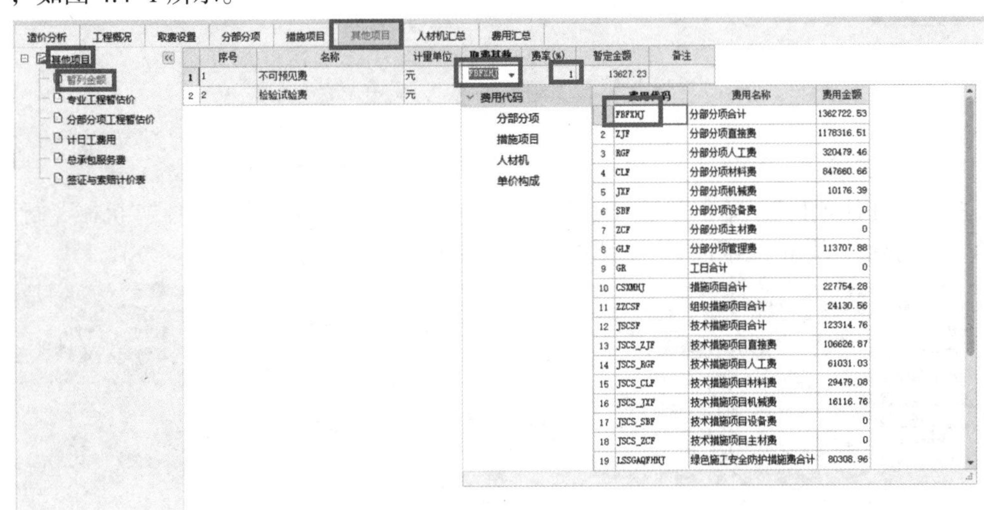

图 4.4-1

（2）选择“其他项目”，单击“暂列金额”按钮，选中“检验试验费”，在“费率”列中选择“检验试验费（最小值）0.5”，如图 4.4–2 所示。

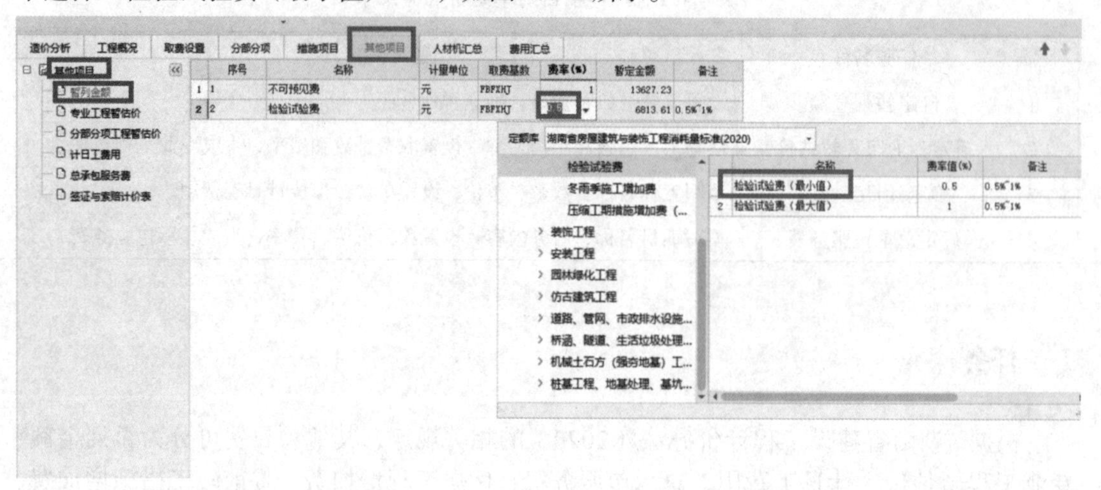

图 4.4–2

2．专业工程暂估价

按照招标文件的有关规定，专业工程幕墙工程的暂估价按分部分项工程费和措施项目费的 1% 进行计取。

选择“其他项目”，单击“专业工程暂估价”按钮，输入“工程名称”为“幕墙工程”，“工作内容”为“幕墙施工”，设置“取费基数”为“FBFXHJ＋CSXMHJ”，“费率”为“1”，如图 4.4–3 所示。

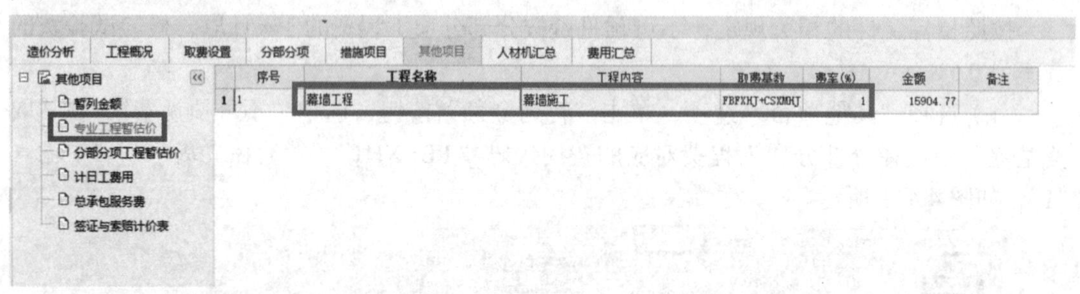

图 4.4–3

3．计日工费用

选择“其他项目”，单击“计日工费用”按钮，分别在“人工”“材料”“机械”行下输入“工程名称”“数量”“单价”，设置“单位”，如图 4.4–4 所示。

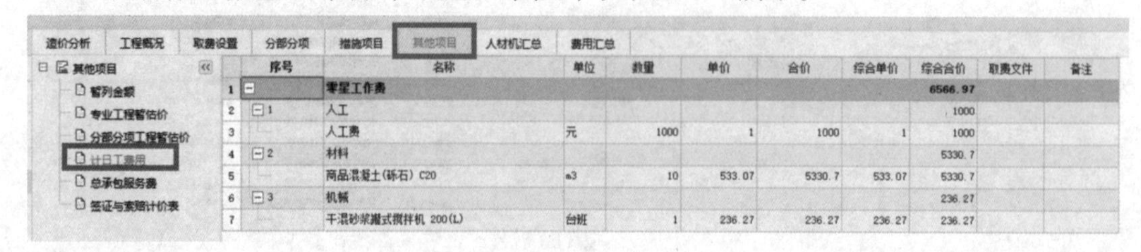

图 4.4–4

4. 总承包服务费

按照定额的有关规定，“总承包服务费”应根据招标文件列出的内容和要求在其他项目清单中计取，该费用由发包人向总承包人支付并计入工程造价。其中，专业工程服务费可按分部分项工程费的 2% 计算。

选择“其他项目”，单击“总承包服务费”按钮，输入“项目名称”为“专业工程服务费”，设置“项目价值”为“FBFXHJ”(分部分项工程费)，填写“服务内容”，单击“费率”下拉“一般计税”菜单，选择“计价程序类”中的“建筑工程”，单击“总承包服务费”按钮，选中“专业工程服务费”，如图 4.4-5 所示。

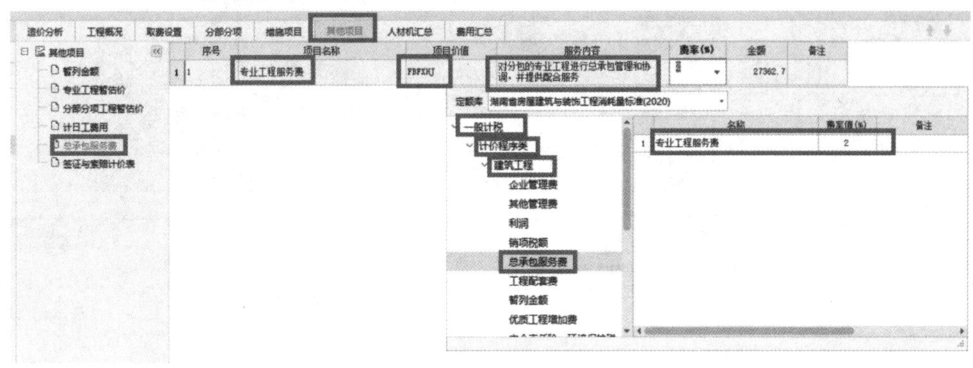

图 4.4-5

任务拓展

1. 查询费用代码

定额中明确指出部分措施项目费和其他项目费的计算规则为“计算基数 × 费率”，因此在编制时，需要根据实际情况查询选择费用代码作为取费基数。

选择“其他项目”，单击“查询费用代码”按钮，根据需要查询相应的费用代码，如图 4.4-6 所示。

图 4.4-6

2. 查询费用信息

措施项目费和其他项目费的费率值较多且有不同，需要直接查询出费率值。

选择“其他项目”，单击“查询费率信息”按钮，根据需要查询相应的费率值，如图 4.4–7 所示。

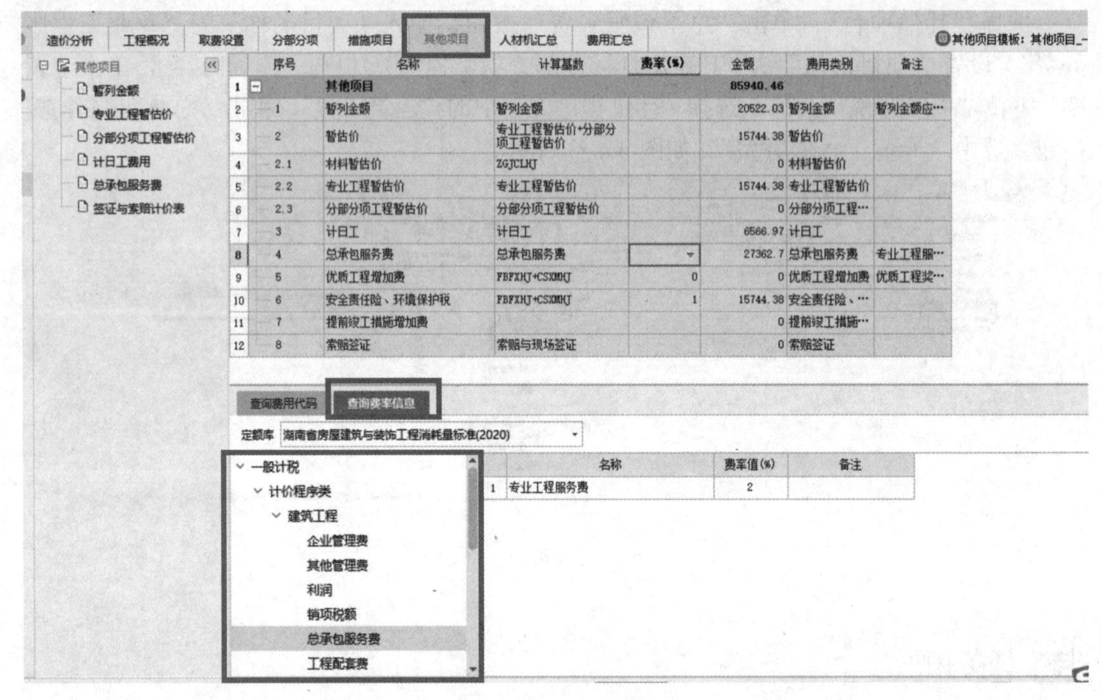

图 4.4–7

任务 5　调整人材机

任务说明

在编制招标控制价过程中，在“人材机汇总”界面载入信息价，完成调价工作。根据招标文件的要求，编制甲供材料及暂估材料，即完成表 4.5–1 调整人材机任务工单所列的任务内容。

表 4.5–1　调整人材机任务工单

编号	任务名称	任务内容
1	批量载价	采用“批量载价”，载入相应地区与时期的信息价
2	确定甲供材料	根据招标文件要求，修改相应材料的供货方式为“甲供材料”
3	确定暂估材料	根据招标文件要求，勾选暂估材料

任务探究

信息价是政府造价主管部门根据各类典型工程材料用量和社会供货量，通过市场调研经过加权平均计算得到的平均价格，属于社会平均价格。信息价可作为承发包双方在确定工程造价时的参考价格，多用于编制招标控制价。

专业测定价是基于对常用定额材料标准化处理后，进行多方渠道价格获取、综合比对的加权平均价格。

市场价一般指材料的供应价格，有时指出厂价（原价）；有时也指包括原价、运杂费及运输损耗费等到工地仓库或堆场的到场价，但一般不包括采购保管费。

在编制招标控制价过程中，个别材料没有信息价时，可以参照专业测定价或市场价。

任务实施

1. 批量载价

（1）选择“人材机汇总”，单击功能区的“载价”按钮，选择“批量载价”选项，如图 4.5-1 所示。

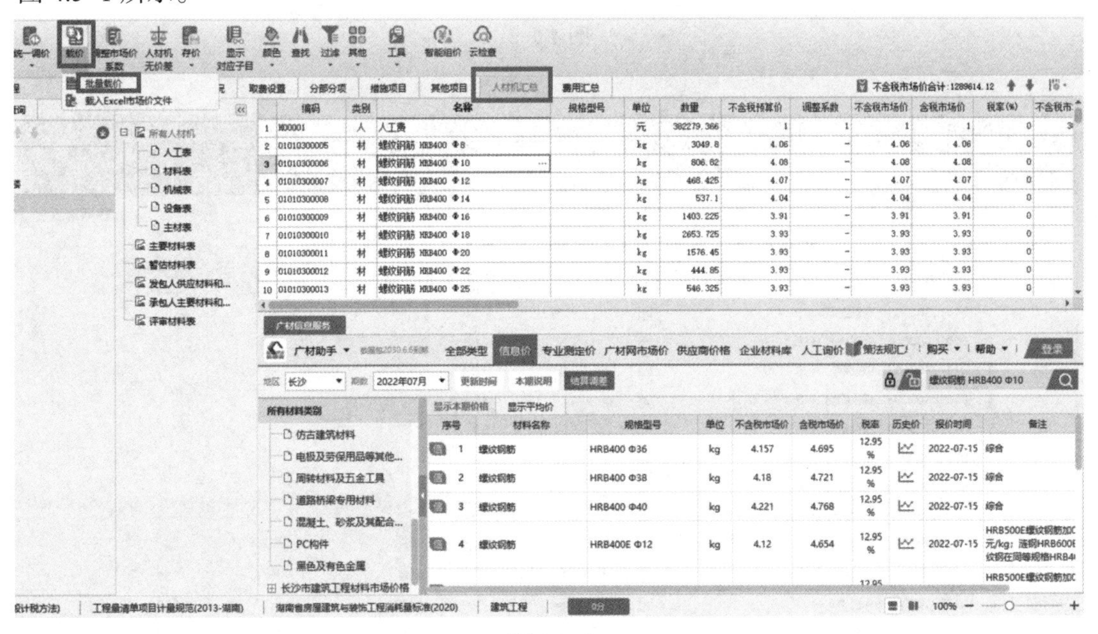

图 4.5-1

（2）在弹出的对话框中，根据工程实际选择需要载入某一期的信息价，然后单击“下一步”按钮，如图 4.5-2 所示。

（3）在“载价结果预览”对话框中，可以看到待载价格和信息价，根据实际情况也可以手动更改待载价格，完成后单击“下一步”按钮完成载价，如图 4.5-3、图 4.5-4 所示。

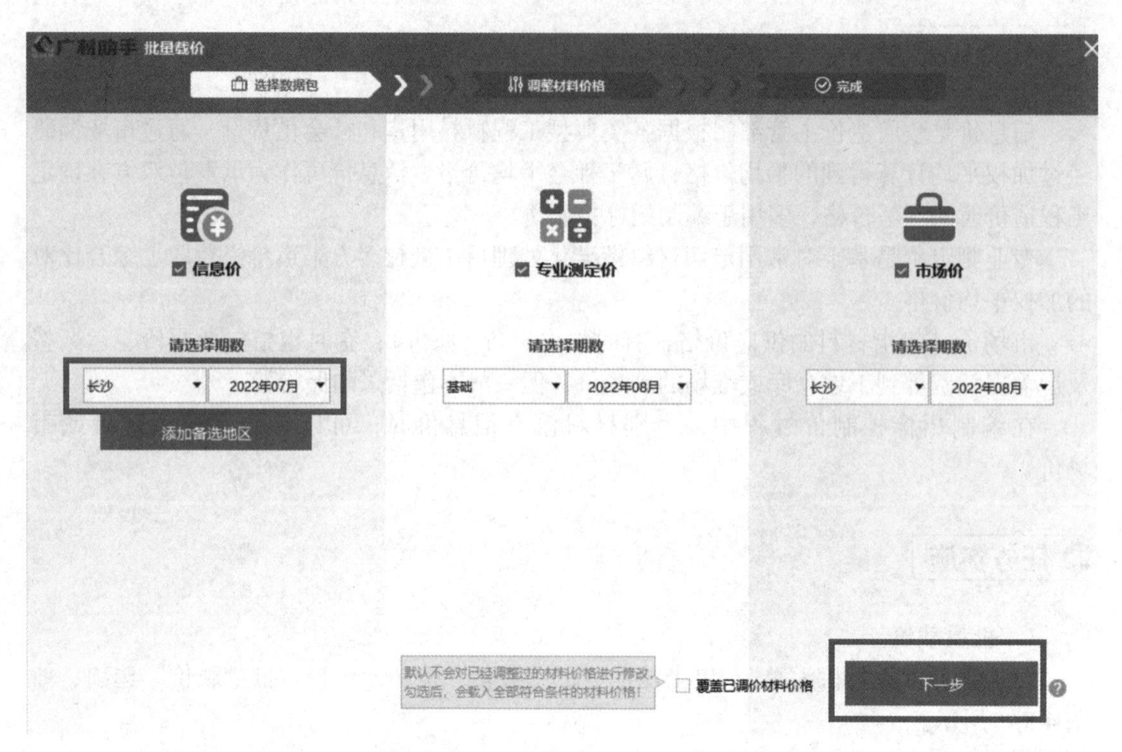

图 4.5-2

全选	序号	定额材料编码	定额材料名称	定额材料规格	单位	待载价格(不含税)	待载价格(含税)	参考税率	信息价(不含税)	市场价(不含税)	专业测定价(不含税)
☑	1	01010300005	螺纹钢筋 HRB...		kg	4.06	4.06				
☑	2	01010300006	螺纹钢筋 HRB...		kg	4.08	4.08				
☑	3	01010300007	螺纹钢筋 HRB...		kg	4.07	4.07				
☑	4	01010300008	螺纹钢筋 HRB...		kg	4.04	4.04				
☑	5	01010300009	螺纹钢筋 HRB...		kg	3.91	3.91				
☑	6	01010300010	螺纹钢筋 HRB...		kg	3.93	3.93				
☑	7	01010300011	螺纹钢筋 HRB...		kg	3.93	3.93				
☑	8	01010300012	螺纹钢筋 HRB...		kg	3.93	3.93				
☑	9	01010300013	螺纹钢筋 HRB...		kg	3.93	3.93				
☑	10	01050100015	加固钢丝绳		kg	专 7.55		13%			7.55
☑	11	01090100009	圆钢 Φ6		kg	专 4.59		13%			4.59
☑	12	01090100011	圆钢 Φ8		kg	专 4.51		13%			4.51
☑	13	01090100013	圆钢 Φ10		kg	4.29	4.29				
☑	14	01090100015	圆钢 Φ12		kg	4.28	4.28				
☑	15	01170100001	热轧工字钢		kg	信 4.417		12.95%	4.417		

图 4.5-3

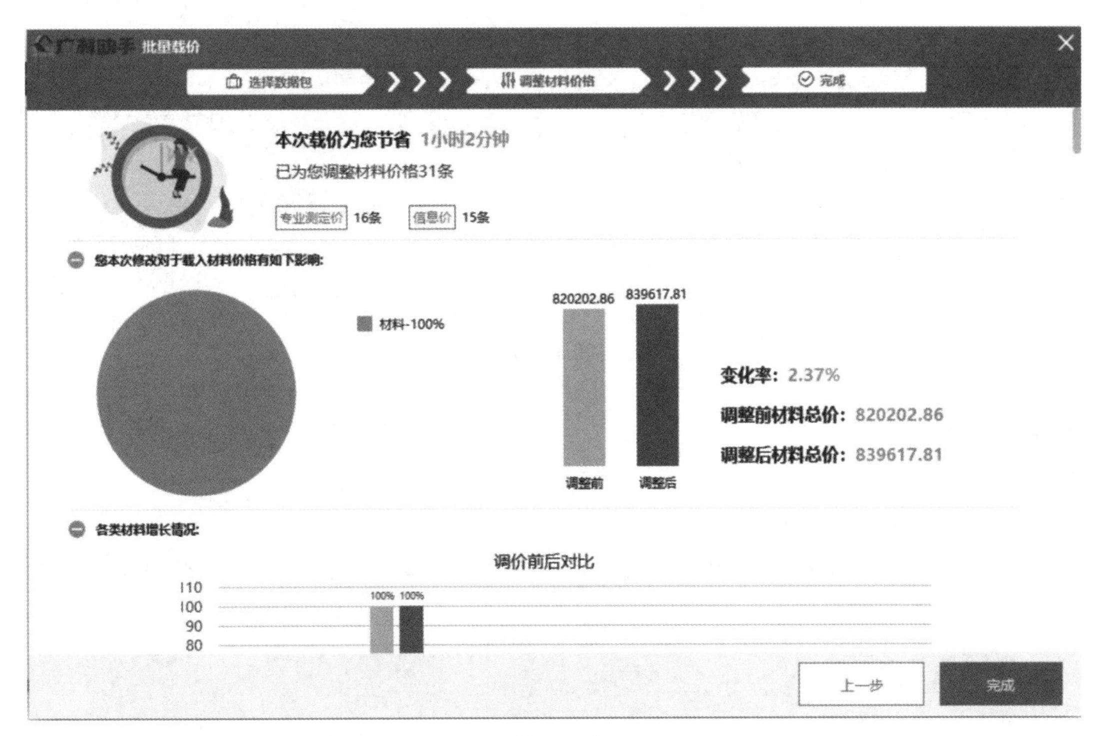

图 4.5-4

提示

在“批量载价”中，如果材料没有对应的信息价，软件会根据数据包使用顺序自动匹配专业测定价和市场价。

2. 增加甲供材料

选择需要甲供的材料，在“供货方式”列中将“自行采购”改为“甲供材料”，即可完成增加甲供材料，如图 4.5-5 所示。

	编码	类别	名称	规格型号	单位	含税市场价	税率(%)	不含税市场价合计	含税市场价合计	供货方式	二次分析	直接修改单价
1	R00001	人	人工费		元	1	0	343159.74	343159.74	自行采购		
2	01010300006	材	螺纹钢筋 HRB400 Φ10		kg	4.571	12.95	12020.56	13576.97	自行采购		
3	01010300007	材	螺纹钢筋 HRB400 Φ12		kg	4.654	12.95	2364.88	2671.4	自行采购		
4	01010300008	材	螺纹钢筋 HRB400 Φ14		kg	4.603	12.95	3504.4	3958.46	自行采购		
5	01010300009	材	螺纹钢筋 HRB400 Φ16		kg	4.457	12.95	6944.66	7843.99	自行采购		
6	01010300010	材	螺纹钢筋 HRB400 Φ18		kg	4.427	12.95	11010.53	12437.	甲供材料		
7	01010300011	材	螺纹钢筋 HRB400 Φ20		kg	4.427	12.95	6145.97	6942.64	甲定乙供		
8	01010300012	材	螺纹钢筋 HRB400 Φ22		kg	4.427	12.95	1755.42	1982.96	自行采购		
9	01010300013	材	螺纹钢筋 HRB400 Φ25		kg	4.427	12.95	2169.17	2450.34	自行采购		
10	01050100015	材	加固钢丝绳		kg	8.28	13	0.67	0.76	自行采购		

图 4.5-5

3. 增加暂估材料

选择需要暂估的材料，勾选“是否暂估”列，即可完成增加暂估材料，如图 4.5-6 所示。

图 4.5-6

任务拓展

1. 载入 Excel 市场价文件

（1）选择“人材机汇总”，单击功能区的“载价”按钮，选择“载入 Excel 市场价文件”选项，如图 4.5-7 所示。

图 4.5-7

（2）在弹出的对话框中，选择需要导入的 Excel 市场价文件，单击“打开”按钮，如图 4.5-8 所示。

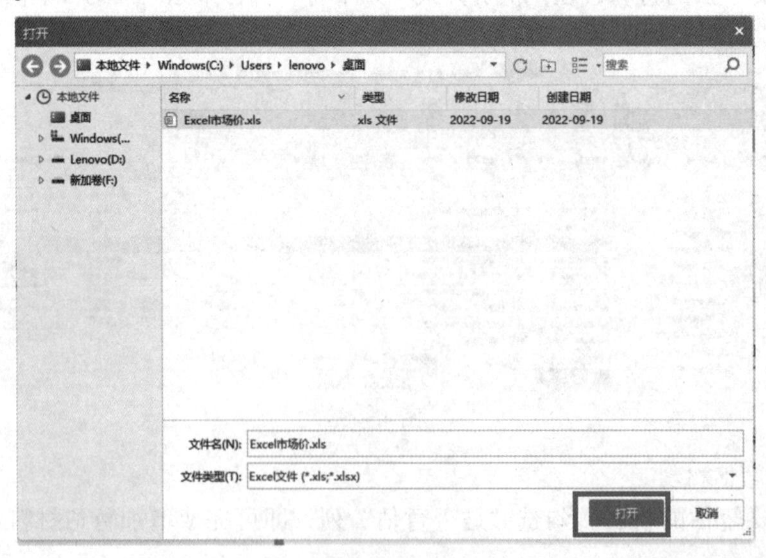

图 4.5-8

(3) 在弹出的对话框中，分别单击“识别列”“识别行”按钮，单击“导入”按钮，即可完成载入 Excel 市场价文件，如图 4.5-9 所示。

导入Excel市场价文件

Excel表: C:/Users/lenovo/Desktop/Excel市场价.xls 选择

数据表: 市场价文件

识别列 识别行 全部选择 全部取消 ○仅编码匹配 ○仅部分匹配 ◉全字段匹配

	A	B	C	D	E	F
1				材料号	名称	规格
2	选择	标识	序号	A	B	C
5	☑	材料	3	01010300005	螺纹钢筋 HRB400 Φ8	
6	☑	材料	4	01010300006	螺纹钢筋 HRB400 Φ10	
7	☑	材料	5	01010300007	螺纹钢筋 HRB400 Φ12	
8	☑	材料	6	01010300008	螺纹钢筋 HRB400 Φ14	
9	☑	材料	7	01010300009	螺纹钢筋 HRB400 Φ16	
10	☑	材料	8	01010300010	螺纹钢筋 HRB400 Φ18	
11	☑	材料	9	01010300011	螺纹钢筋 HRB400 Φ20	
12	☑	材料	10	01010300012	螺纹钢筋 HRB400 Φ22	
13	☑	材料	11	01010300013	螺纹钢筋 HRB400 Φ25	
14	☑	材料	12	01050100015	加固钢丝绳	
15	☑	材料	13	01090100009	圆钢 Φ6	
16	☑	材料	14	01090100011	圆钢 Φ8	
17	☑	材料	15	01090100013	圆钢 Φ10	
18	☑	材料	16	01090100015	圆钢 Φ12	

☐ 只载价 导入

图 4.5-9

2. 人材机无价差和清除载价信息

若想重置材料价格回归定额价，则可使用“人材机无价差”和“清除载价信息”功能。

(1) 选择“人材机无价差”选项，可以根据工程实际，选择“选中的范围”或“所有工料机”，单击“确定”按钮，即可完成部分或全部人材机的单价按定额价计入，如图 4.5-10 所示。

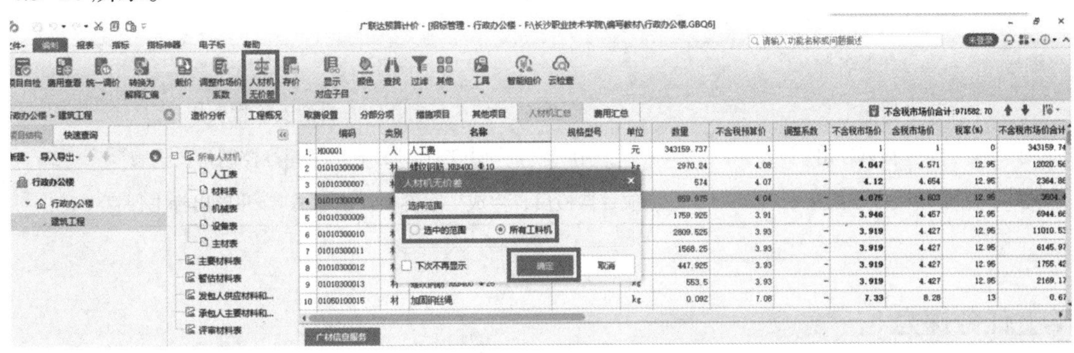

图 4.5-10

(2) 选择“其他”，单击“清除载价信息”按钮，在弹出的“确认”对话框中，单击“是”按钮，即可完成清除已载入的信息价或市场价，如图 4.5-11、图 4.5-12 所示。

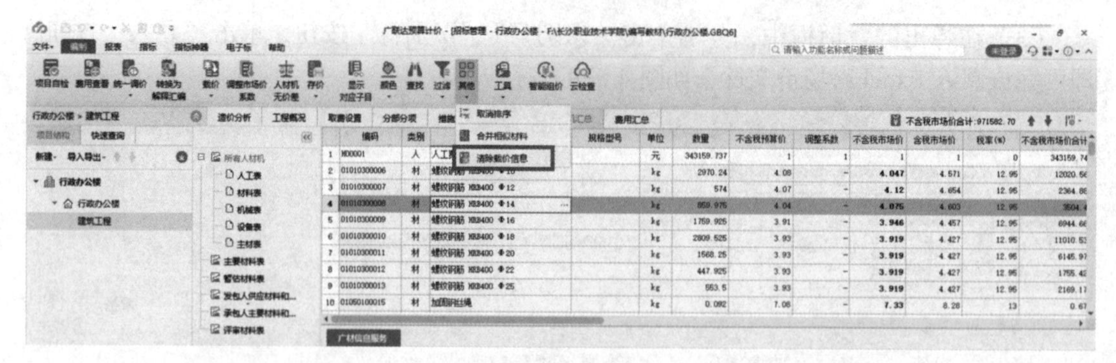

图 4.5-11

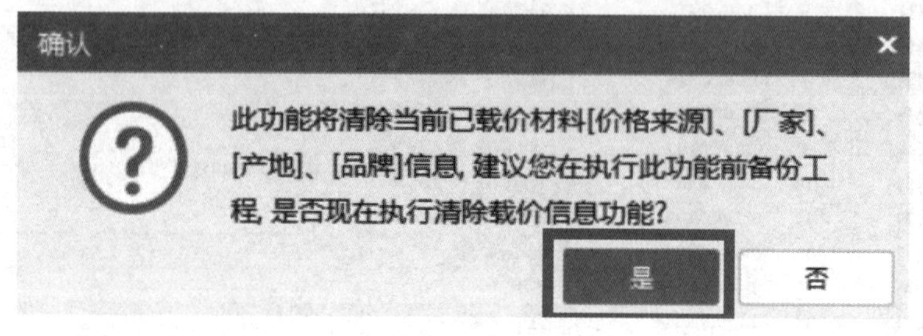

图 4.5-12

任务 6 费用汇总及报表导出

微课：费用汇总及报表导出

任务说明

查看费用汇总，导出报表，生成招标书，即完成表 4.6-1 费用汇总及报表导出任务工单所列的任务内容。

表 4.6-1 费用汇总及报表导出任务工单

编号	任务名称	任务内容
1	费用汇总	汇总案例项目费用，查看建安工程费用
2	报表导出	采用“批量导出 Excel”，导出“招标控制价”报表
3	生成电子招标书	项目自检后，生成“案例项目招标书”，并导出标书保存

任务探究

根据《湖南省建设工程计价办法》（2020）的相关规定，建筑安装工程费按照工程造价形成，由分部分项工程费、措施项目费、其他项目费和增值税组成。

编制招标控制价的最终成果是以招标控制价封面、扉页、工程量清单、工程计价总说

明、建设项目招标控制价汇总表、分部分项工程项目清单与措施项目清单计价表等一系列预算文件呈现。

任务实施

1. 费用汇总

选择“费用汇总”，查看“建安工程造价”，如图 4.6–1 所示。

	序号	费用代号	名称	计算基数	基数说明	费率(%)	金额	费用类别	打印费率(%)	输出
1	一	A	分部分项工程费	FBFXHJ	分部分项合计		977,672.15	分部分项合计		☑
2	1	A1	直接费	A11+A12+A13	人工费+材料费+机械费		849,287.63	分部分项直接费		☑
3	1.1	A11	人工费	RGF	分部分项人工费		272,035.93	分部分项人工费		☑
4	1.2	A12	材料费	CLF+ZCF+SBF+[illegible]	分部分项材料费+分部分项主材费+分部分项设备费+单株超过3万元的苗木		566,171.16	分部分项材料费		☑
5	1.2.1	A121	其中：工程设备费/其他	SBF+[illegible]	分部分项设备费+单株超过3万元的苗木		0.00	分部分项设备费和其他		☑
6	1.3	A13	机械费	JXF	分部分项机械费		11,080.54	分部分项机械费		☑
7	2	A2	管理费	GLF	分部分项管理费		79,164.50	分部分项管理费	9.65	☑
8	3	A3	其他管理费	QTGLF	其他管理费		0.00	其他管理费	2	☑
9	4	A4	利润	LR	分部分项利润		49,221.47	分部分项利润	6	☑
10	二	B	措施项目费	B1 + B2 + B3	单价措施项目费+总价措施项目费+绿色施工安全防护措施项目费		204,738.54	措施项目合计		☑
11	1	B1	单价措施项目费	JSCSF	技术措施项目合计		142,222.65	单价措施项目费		☑
12	1.1	B11	直接费	B111+B112+B113	人工费+材料费+机械费		122,297.37	单价措施直接费		☑
13	1.1.1	B111	人工费	JSCS_RGF	技术措施项目人工费		71,123.85	单价措施人工费		☑
14	1.1.2	B112	材料费	JSCS_CLF+JSCS_ZCF+JSCS_SBF	技术措施项目材料费+技术措施项目主材费+技术措施项目设备费		34,891.08	单价措施材料费		☑

图 4.6–1

2. 报表导出

在“报表”选项卡中，单击“批量导出 Excel”按钮，在“报表类型”中选择“招标控制价”，勾选需要导出的报表，单击“导出选择表”按钮，即可将报表导入至文件夹中，如图 4.6–2 所示。

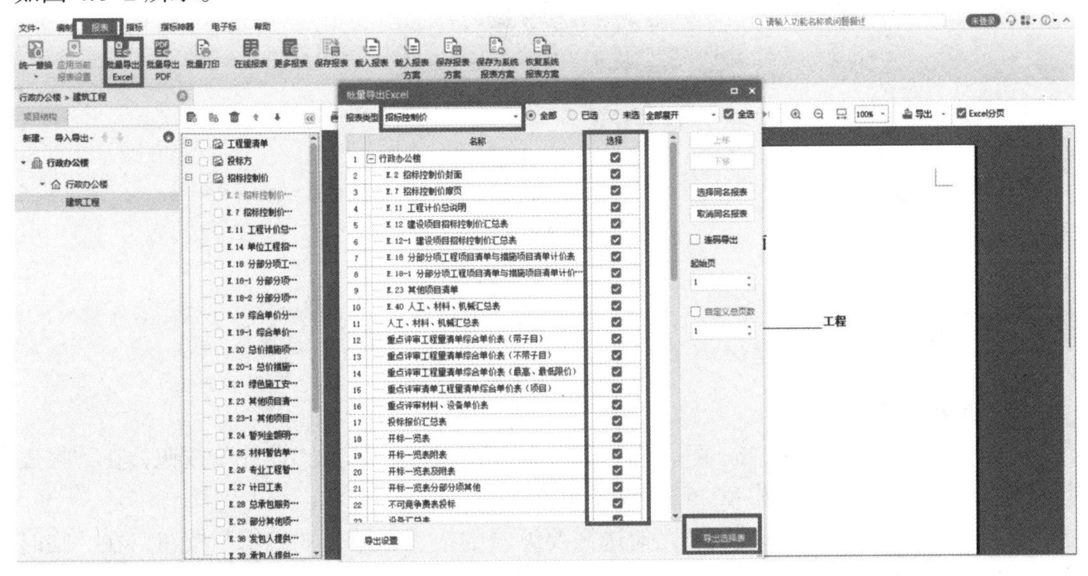

图 4.6–2

3. 生成电子招标书

（1）项目自检。在“编制”选项中，单击“项目自检”按钮，在弹出的对话框中单击

“执行检查”按钮，即可完成项目自检，如图 4.6-3 所示。

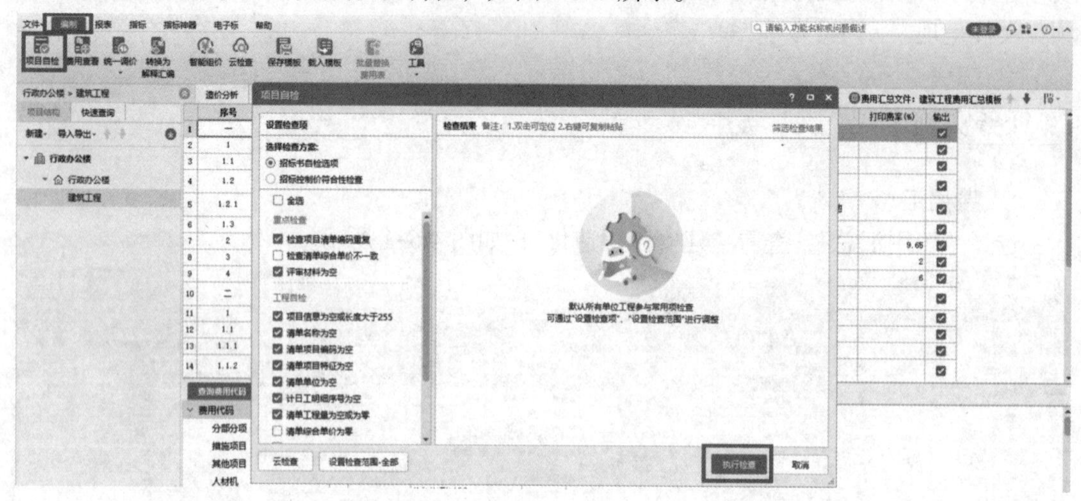

图 4.6-3

（2）生成标书。单击“电子标”按钮，选择“生成招标书”，在弹出的对话框中勾选“招标文件－招标控制价”，选择导出的位置，单击“确定”按钮，即可完成生成标书，如图 4.6-4 所示。

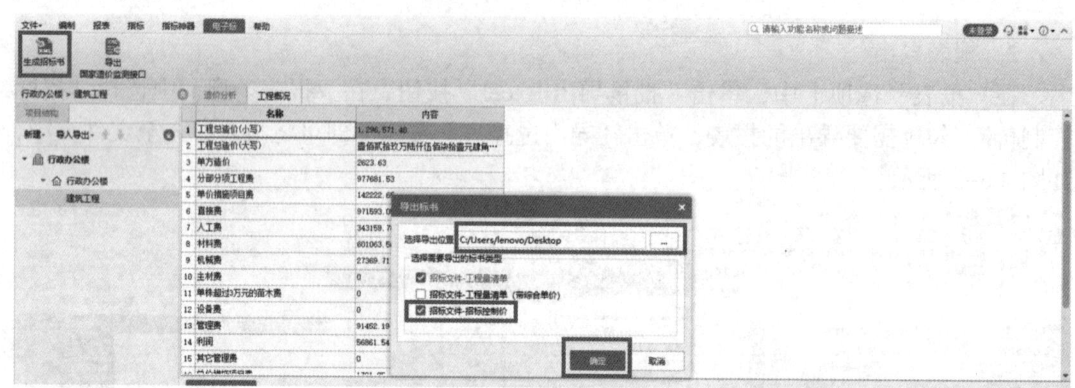

图 4.6-4

任务拓展

1. 报表设置

（1）设计报表。选择“报表”，勾选需要设计的报表，单击“设计”按钮，在“报表设计器”中进行设计，如图 4.6-5、图 4.6-6 所示。

（2）编辑报表。选择“报表”，勾选需要编辑的报表，单击“编辑”按钮，在“临时报表数据”中进行编辑，如图 4.6-7、图 4.6-8 所示。

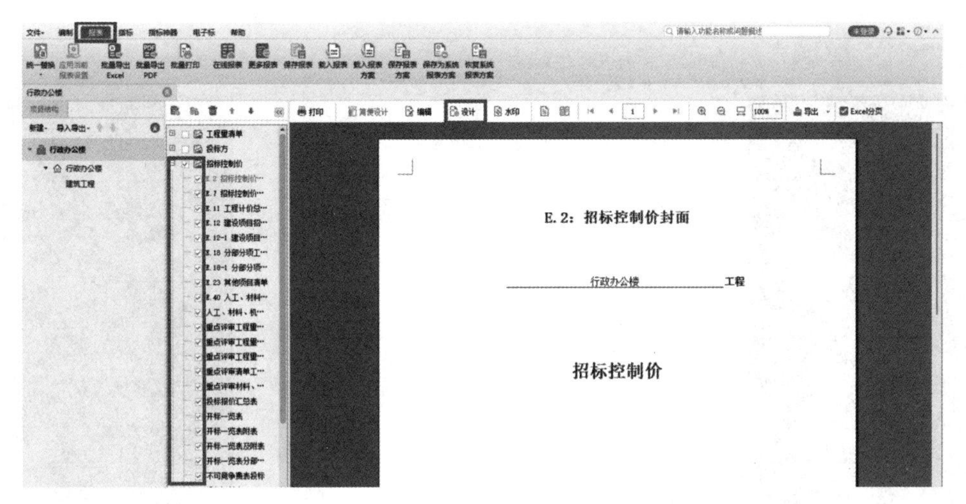

图 4.6-5

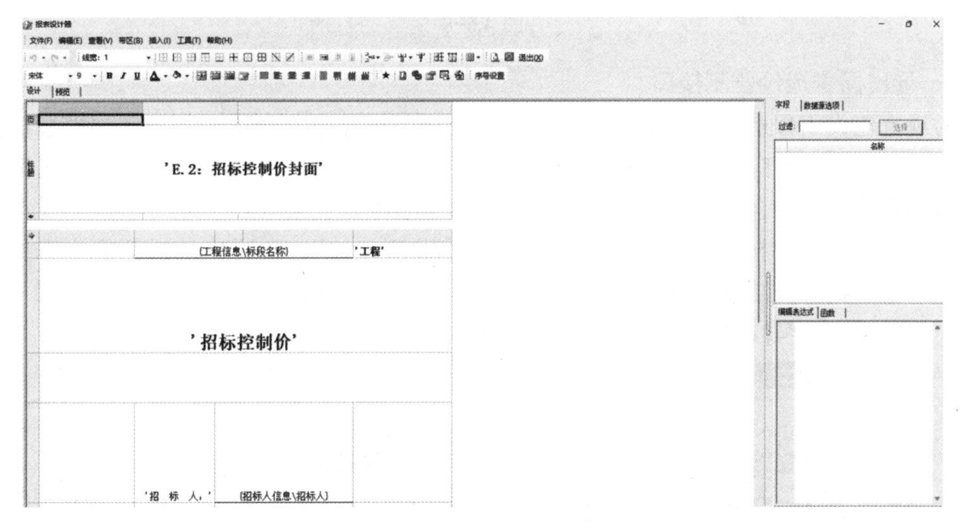

图 4.6-6

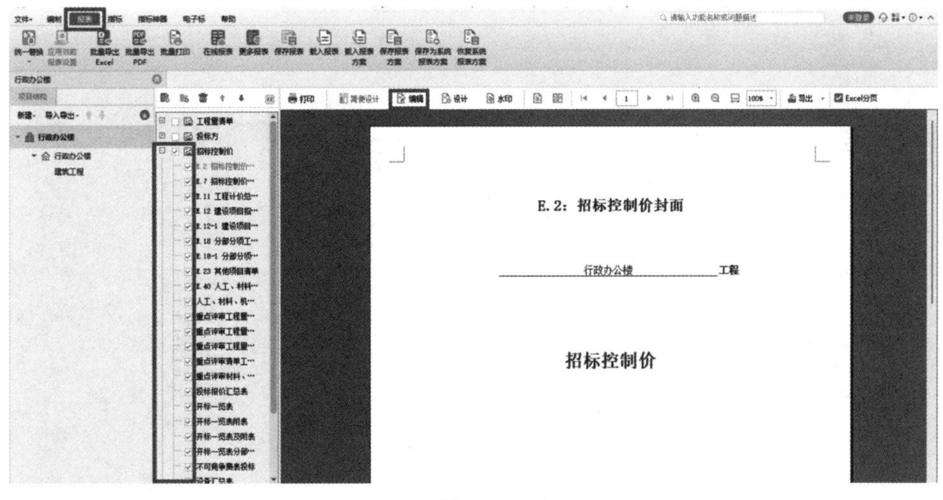

图 4.6-7

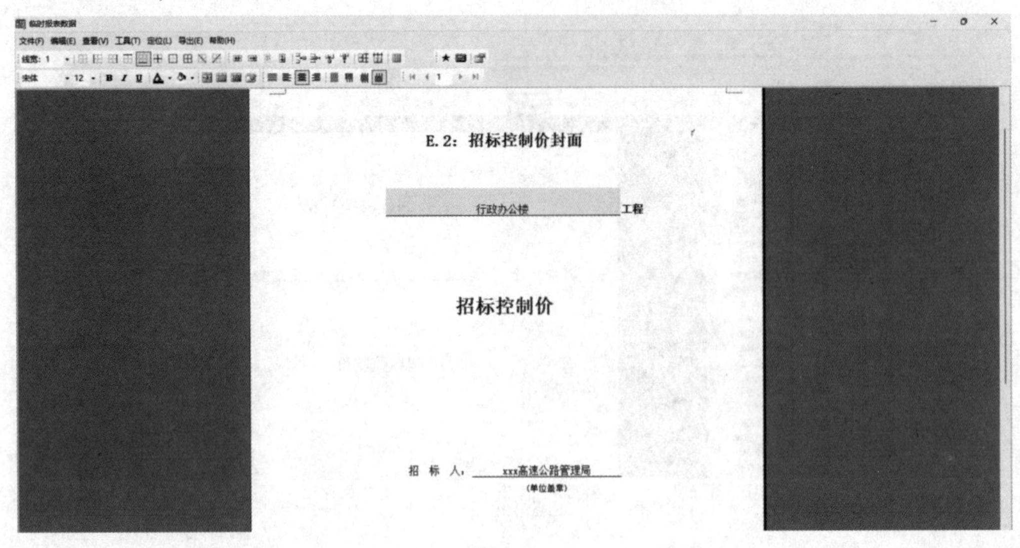

图 4.6-8

2. 导出国家造价监测接口

为规范建设工程造价电子数据交换格式，促进数据共享与利用，新增“国家造价监测接口”，适用于建设工程投资估算、设计概算、施工图预算、招标工程量清单、招标控制价、投标报价、签约合同价、竣工结算价的造价电子数据交换。

单击“电子标”按钮，选择“导出国家造价监测接口”，在弹出的对话框中选择“文件类型”为“招标控制价”，输入相应的“专业类别”“建设规模”“建设规模单位”“材料价格时间”，勾选“导出”，单击“确定”按钮，即可完成，如图 4.6-9 所示。

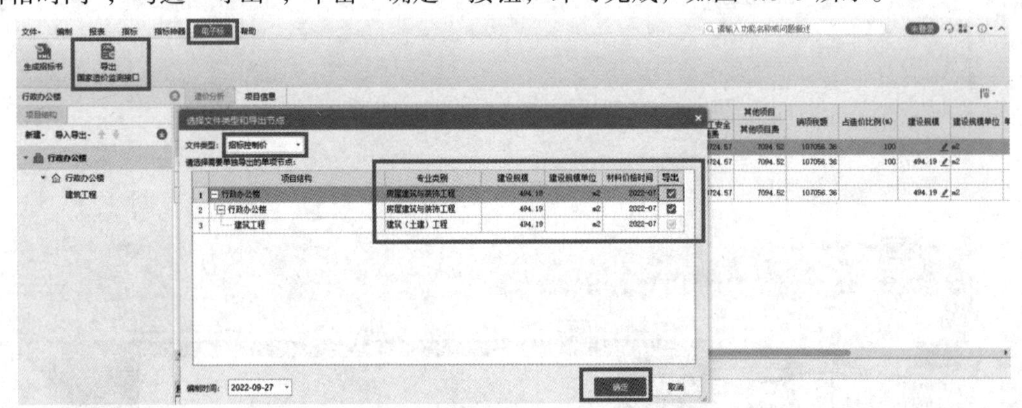

图 4.6-9

附录一　常用快捷键表

广联达 GTJ 算量软件快捷键

序号	快捷命令	快捷命令作用	序号	快捷命令	快捷命令作用
1	F1	帮助	31	Ctrl ＋ 2	二维切换
2	F2	定义绘图切换	32	Ctrl ＋ 3	三维切换（三维动态观察）
3	F3	批量选择	33	Ctrl ＋ Enter 键	俯视
4		点式构件绘制时水平翻转	34	Ctrl ＋ 5	全屏
5	Shift ＋ F3	点式构件绘制时上、下翻转	35	Ctrl ＋ I	放大
6	F4	在绘图时改变点式、线式图元的插入点位置	36	Ctrl ＋ U	缩小
7	F5	合法性检查	37	滚轮前后滚动	放大或缩小
8	F6	梁原位标注时输入当前列数据	38	按下滚轮，同时移动鼠标	平移
9	F7	图层管理显示隐藏	39	双击滚轮	全屏
10	F8	检查做法	40	~	显示方向
11	F9	汇总计算	41	空命令状态下空格	重复上一次命令
12	F10	查看图元工程量	42	SQ	拾取构件
13	F11	查看计算式	43	CF	从其他层复制
14	F12	图元显示设置	44	FC	复制到其他层
15	Ctrl ＋ F	查找图元	45	PN	锁定
16	Delete	删除	46	UP	解锁
17	Ctrl ＋ N	新建	47	CO	复制
18	Ctrl ＋ O	打开	48	MV	移动
19	Ctrl ＋ S	保存	49	RO	旋转
20	Ctrl ＋ Z	撤销	50	MI	镜像
21	Ctrl ＋ Y	恢复	51	BR	打断
22	Ctrl ＋←	视图：左	52	JO	合并
23	Ctrl ＋→	视图：右	53	EX	延伸
24	Ctrl ＋↑	视图：上	54	TR	修剪
25	Ctrl ＋↓	视图：下	55	DQ	单对齐
26	Tab	标注输入时切换输入框	56	DQQ	多对齐
27	Ctrl ＋＝（主键盘上的“＝”）	上一楼层	57	FG	分割
28	Ctrl ＋ －（主键盘上的“－”）	下一楼层	58	DH	导航树
29	Shift ＋右箭头	梁原位标注框切换	59	GJ	构件列表
30	Ctrl ＋ 1	钢筋三维	60	SX	属性

附录二　行政办公楼报表实例

行政办公楼报表实例

附录三　工程造价数字化应用职业技能等级要求

表 1　工程造价数字化应用职业技能等级要求（初级）

序号	工作领域	工作任务	职业技能要求
1	土建工程量计算	1.1　数字化建模	1.1.1　能准确识读建筑施工图、结构施工图； 1.1.2　能够依据图纸信息，在工程计量软件中完成工程参数信息设置； 1.1.3　能够依据图纸信息在工程计量软件中搭建三维算量模型； 1.1.4　能够基于建筑信息模型对三维算量模型进行应用及修改
		1.2　模型校验	1.2.1　能够对工程模型的合理性和完整性进行自定义范围检查； 1.2.2　能够依据工程模型数据接口标准，完成相关专业模型的数据互通； 1.2.3　能够利用历史工程数据、企业数据库或行业大数据对工程量指标合理性、工程量结果准确性进行校验
		1.3　清单工程量计算汇总	1.3.1　能够正确使用清单工程量计算规则，利用工程计量软件计算基础工程和主体结构工程、装饰装修工程等工程量； 1.3.2　能对工程模型进行实体清单做法的套取； 1.3.3　能够应用工程计量软件，按楼层、部位、构件、材质等清单项目特征需求提取土建工程量； 1.3.4　能够依据业务需求完成土建数据报表的编制
2	钢筋工程量计算	2.1　数字化建模	2.1.1　能够准确识读结构施工图； 2.1.2　能够依据图纸信息在工程计量软件中搭建三维算量模型； 2.1.3　能够基于建筑信息模型对三维算量模型进行应用及修改
		2.2　模型校验	2.2.1　能够对工程模型的合理性和完整性进行自定义范围检查； 2.2.2　能够运用历史工程数据、企业数据库或行业大数据对工程量结果准确性进行校核； 2.2.3　能够利用历史工程数据、企业数据库或行业大数据对工程量指标合理性进行校核
		2.3　清单工程量计算汇总	2.3.1　能够依据平法图集，利用工程计量软件计算梁、板、柱和基础等构件钢筋工程量； 2.3.2　能够应用工程计量软件，按楼层、部位、构件、规格型号等需求提取钢筋工程量； 2.3.3　能够依据业务需求完成钢筋数据报表的编制

表 2　工程造价数字化应用职业技能等级要求（中级）

土建类专业			
序号	工作领域	工作任务	职业技能要求
1	工程量计算	1.1　数字化建模	1.1.1　能够准确识读建筑施工图、结构施工图； 1.1.2　能够依据图纸信息，在工程计量软件中完成工程参数信息设置； 1.1.3　能够利用图纸识别技术在工程计量软件中将工程图纸文件转换为三维算量模型； 1.1.4　能够基于建筑信息模型对三维算量模型进行应用及修改； 1.1.5　能够应用软件实现预制柱、预制墙、叠合梁、叠合板等装配式构件的模型创建
		1.2　模型检查核对	1.2.1　能够对工程模型的合理性和完整性进行自定义范围检查； 1.2.2　能够依据工程模型数据接口标准，完成相关专业模型的数据互通； 1.2.3　能够利用历史工程数据、企业数据库或行业大数据对工程量指标合理性、工程量结果准确性进行校核
		1.3　清单工程量计算汇总	1.3.1　能够依据清单工程量计算规则、平法图集，利用工程计量软件计算土建工程量及钢筋工程量； 1.3.2　能对工程模型进行实体清单做法的套取； 1.3.3　能够利用建筑面积确定脚手架、混凝土模板、垂直运输和超高施工增加等项目的计量； 1.3.4　能够应用工程计量软件，依据清单项目特征需求提取工程量； 1.3.5　能够依据业务需求完成工程量数据报表的编制
2	工程量清单编制	2.1　基于图纸的工程量清单编制	2.1.1　能够依据招标文件，依据施工图，完成分部分项工程量清单的编制； 2.1.2　能够依据施工图纸及施工工艺，完成补充清单项目的编制； 2.1.3　能够依据施工图纸及施工方案，完成通用措施清单项和专用措施清单的编制； 2.1.4　能够依据招标文件及招标规划、概算文件等资料，完成其他项目清单下各清单项目的编制； 2.1.5　能够依据清单规范、财税制度和地区造价指导文件等资料，完成规费和税金项目的设置； 2.1.6　能够根据地区招标规定，对接政府行政主管部门相关服务信息平台，生成并导出电子工程量清单
		2.2　模拟工程量清单编制	2.2.1　能够依据招标文件确定模拟工程量清单的项目； 2.2.2　能够正确选择模拟工程所需清单范本或对标项目工程量清单； 2.2.3　能够对参照工程与模拟工程的差异进行比较，对工程量进行调整； 2.2.4　能够依据工程建设需求、初步设计图等资料，编制模拟工程量清单
		2.3　工程量清单检查	2.3.1　能够利用工程计价软件对给定工程量清单进行检查，确认清单列项是否存在重复、清单描述和内容不全面等现象，并进行修改； 2.3.2　能够对标历史同类工程和施工图纸，检查清单列项是否有漏项，并进行补充完善； 2.3.3　能够对标施工方案和施工图纸，检查工程量清单的特征描述内容准确性、合理性、全面性，并进行完善修改

附录四　工程图纸

1 号办公楼施工图

二层行政办公楼施工图

参考文献

[1] 中华人民共和国住房和城乡建设部，中华人民共和国国家质量监督检验检疫总局. GB 50500—2013 建设工程工程量清单计价规范 [S]. 北京：中国计划出版社，2013.
[2] 中华人民共和国住房和城乡建设部. GB 50854—2013 房屋建筑与装饰工程工程量计算规范 [S]. 北京：中国计划出版社，2013.
[3] 中华人民共和国住房和城乡建设部. GB/T 50353—2013 建筑工程建筑面积计算规范 [S]. 北京：中国计划出版社，2014.
[4] 中华人民共和国住房和城乡建设部. 22G101 混凝土结构施工图平面整体表示方法制图规则和构造详图 [S]. 北京：中国计划出版社，2022.
[5] 湖南省建设工程造价管理总站. 湖南省房屋建筑与装饰工程消耗量标准（基价表）[M]. 北京：中国建材工业出版社，2020.
[6] 湖南省建设工程造价管理总站. 湖南省建设工程计价办法 [M]. 北京：中国建材工业出版社，2020.
[7] 湖南省建设工程造价管理总站. 湖南省建设工程计价办法及消耗量标准（交底资料）[M]. 北京：中国建材工业出版社，2020.
[8] 广联达科技股份有限公司. 工程造价数字化应用职业技能等级标准 [M]. 北京：高等教育出版社，2021.
[9] 中华人民共和国教育部. 高等职业学校专业教学标准 [M]. 北京：高等教育出版社，2019.
[10] 中华人民共和国教育部. 职业院校专业（类）顶岗实习标准 [M]. 北京：高等教育出版社，2016.

参考文献